Matthias Gerold u. a.

Bemessung von Holzbauwerken

Bemessung von Holzbauwerken

nach EUROCODE 5

Dipl.-Ing. Matthias Gerold

Prof. Dr.-Ing. Heinz Brüninghoff
Dipl.-Ing. Markus Derix
Dipl.-Ing. Fritz Kunz
Dipl.-Ing. Jürgen Kürth
Dipl.-Ing. Tobias Wiegand

Mit 95 Bildern, 67 Tabellen und 82 Literaturstellen

Kontakt & Studium
Band 492

Herausgeber:
Prof. Dr.-Ing. Wilfried J. Bartz
Technische Akademie Esslingen
Weiterbildungszentrum
DI Elmar Wippler
expert verlag

Die Deutsche Bibliothek – CIP-Einheitsaufnahme

Bemessung von Holzbauwerken nach EURO-CODE 5 / Matthias Gerold und 5 Mitautoren. – Renningen-Malmsheim : expert-Verl., 1996
(Kontakt & Studium ; Bd. 492 : Baupraxis)
ISBN 3-8169-1310-5
NE: Gerold, Matthias; GT

ISBN 3-8169-1310-5

Bei der Erstellung des Buches wurde mit großer Sorgfalt vorgegangen; trotzdem können Fehler nicht vollständig ausgeschlossen werden. Verlag und Autoren können für fehlerhafte Angaben und deren Folgen weder eine juristische Verantwortung noch irgendeine Haftung übernehmen.
Für Verbesserungsvorschläge und Hinweise auf Fehler sind Verlag und Autoren dankbar.

Herausgeber-Vorwort

Bei der Bewältigung der Zukunftsaufgaben kommt der beruflichen Weiterbildung eine Schlüsselstellung zu. Im Zuge des technischen Fortschritts und der Konkurrenzfähigkeit müssen wir nicht nur ständig neue Erkenntnisse aufnehmen, sondern Anregungen auch schneller als der Wettbewerber zu marktfähigen Produkten entwickeln. Erstausbildung oder Studium genügen nicht mehr – lebenslanges Lernen ist gefordert!

Berufliche und persönliche Weiterbildung ist eine Investition in die Zukunft.
- Sie dient dazu, Fachkenntnisse zu erweitern und auf den neuesten Stand zu bringen
- sie entwickelt die Fähigkeit, wissenschaftliche Ergebnisse in praktische Problemlösungen umzusetzen
- sie fördert die Persönlichkeitsentwicklung und die Teamfähigkeit.

Diese Ziele lassen sich am besten durch die Teilnahme an Lehrgängen und durch das Studium geeigneter Fachbücher erreichen.

Die Fachbuchreihe Kontakt & Studium wird in Zusammenarbeit des expert verlages mit der Technischen Akademie Esslingen herausgegeben.

Mit ca. 500 Themenbänden, verfaßt von über 2.000 Experten, erfüllt sie nicht nur eine lehrgangsbegleitende Funktion. Ihre eigenständige Bedeutung als eines der kompetentesten und umfangreichsten deutschsprachigen technischen Nachschlagewerke für Studium und Praxis wird von den Rezensenten und der großen Leserschaft gleichermaßen bestätigt. Herausgeber und Verlag würden sich über weitere kritisch-konstruktive Anregungen aus dem Leserkreis freuen.

Möge dieser Themenband vielen Interessenten helfen und nützen.

Prof. Dr.-Ing. Wilfried J. Bartz　　　　Dipl.-Ing. Elmar Wippler

Vorwort

Vor dem Hintergrund eines gemeinsamen europäischen Marktes wurden im Auftrag der Kommission der europäischen Gemeinschaft eine Reihe von technischen Regelwerken des Bauwesens, die EUROCODEs, abgekürzt EC, geschaffen. Sie sind auf die wesentlichen Anforderungen an Bauwerke abgestimmt, auf die

Standsicherheit und Gebrauchstauglichkeit.

Für Tragwerke des Ingenieurholzbaus wird künftig der EC 5 maßgebend sein. Er liegt seit 1994 in einer dreisprachigen Fassung vor; in Deutschland als DIN V ENV 1995 Teil 1.1, Ausgabe Juni 1994, und behandelt Entwurf, Berechnung und (Kalt-) Bemessung von Holztragwerken. Teil 1.2 der Norm, die brandschutztechnische Bemessung, liegt z.Zt. als Entwurf vor; für Teil 2 'Holzbrücken' existiert noch kein Entwurf.

Gleichzeitig liefen in den einzelnen Mitgliedsländern der EG die Arbeiten für die nationalen Anwendungsdokumente (NAD) an. Sie sind ein zwingend notwendiges Hilfsmittel für die Tragwerksplaner, da z.B. vom Bauschnittholz über das Brettschichtholz bis hin zu den Holzwerkstoffen die Produkt-Normen und die davon abhängigen charakteristischen Werkstoffeigenschaften zur Anwendung der DIN V ENV 1995-1-1 verfügbar sein müssen.

Das Bemessungs- und Sicherheitskonzept der DIN V ENV 1995 unterscheidet sich in wesentlichen Punkten von den nationalen Normen. Hierzu gehören insbesondere die Einführung von Teilsicherheitsbeiwerten, Schnittkraftermittlung nach dem Traglastverfahren und neue Nachweisformen für die Grenzzustände der Gebrauchstauglichkeit und Tragfähigkeit.

Mit der Einführung der Eurocodes liegen im gesamten europäischen Raum einheitliche Regeln zur Planung, Bemessung und Konstruktion, auch von Bauwerken des Ingenieurholzbaus, vor. Die allgemeine Anwendung in der Baupraxis steht allerdings noch bevor. Sie bedeutet für den praktisch tätigen Ingenieur eine große Umstellung.

Mit dem vorliegenden Buch wird über den Inhalt und die Anwendung von EC 5 berichtet. Mit praktischen Beispielen wird die Bemessung von Bauwerken des Ingenieurholzbaus nach DIN V ENV 1995-1-1 veranschaulicht. Rechenhilfen werden vorgestellt. Die wesentlichen Unterschiede der Bemessungskonzepte, insbesondere zu dem der DIN, werden aufgezeigt.

Das vorliegende Buch wendet sich an Bauingenieure

- in Planungs- und Ingenieurbüros,
- in Konstruktionsbüros von Baufirmen,
- bei Baubehörden und in der Verwaltung,

die mit der Aufstellung oder Prüfung von Berechnungs- und Konstruktionsunterlagen für Bauwerke des Ingenieurholzbaus befaßt sind.

Karlsruhe, im Dezember 1995

Matthias Gerold

Inhaltsverzeichnis

1 Grundlagen

1.1 Entwicklung, Stand und Bedeutung der Europäischen Normung

H. Brüninghoff

1.1.1 Einleitung

Die Normenorganisationen und deren Gremien, die auf dem Gebiet des Holzbaues tätig sind, werden vorgestellt. Die einzelnen Stufen bis zur Vollendung der europäischen Holzbaunorm EUROCODE 5 werden verfolgt. Es wird kurz auf die Arbeiten zur Schaffung von begleitenden Normen eingegangen. Die Absichten und Auswirkungen des Bauproduktengesetzes auf das Baugeschehen und die Umsetzung europäischer Normen in deutsches Bauaufsichtsrecht wird erläutert.

1.1.2 Normenorganisationen

Das *Deutsche Institut für Normung e. V.* – DIN – erarbeitet bei Bedarf unter Mitwirkung aller interessierten Kreise in Deutschland technische Regelwerke, die den angenommenen Stand der Technik zum Zeitpunkt der Veröffentlichung des Werkes wiedergeben. Eine DIN-Norm hat zunächst keine rechtliche Wirkung, da sie lediglich von einem "Verein" vorgestellt wird. Zur Gültigkeit bedarf sie einer Vereinbarung zwischen den betroffenen Parteien. Bautechnische Normen werden öffentlich-rechtlich dann verbindlich, wenn sie von der Obersten Bauaufsichtsbehörde in einem Bundesland bauaufsichtlich eingeführt werden.

Das *Europäische Normeninstitut* – CEN – erarbeitet europäische Normen – EN-Normen – für die Länder der Europäischen Union und die verbliebenen EFTA-Länder. Die Länder sind im CEN über das nationale Normeninstitut vertreten, Deutschland somit durch das DIN. Das Deutsche Institut für Normung "spiegelt" die europäische Normenarbeit in die deutsche Fachöffentlichkeit über Spiegelausschüsse, in die Vertreter aller interessierten Kreise benannt werden. Verabschiedete europäische Normen werden als DIN-Normen veröffentlicht mit der Bezeichnung DIN EN XXX.

Die *Internationale Normenorganisation* – ISO – arbeitet weltweit. Mitglieder sind auch hier die nationalen Normenorganisationen, in Deutschland das DIN. Die Arbeit wird ebenfalls in Spiegelausschüssen verfolgt. ISO-Normen im Bauwesen werden nur vereinzelt für den Planer von Bauwerken von Interesse sein. Es handelt sich dabei eher um Normen für Normenmacher mit der Absicht, eine Vorlage für die Ausarbeitung nationaler Normen zu geben, um dadurch die Harmonisierung der Normen verschiedener Länder voran zu treiben. Wird eine ISO-Norm aber unverändert in eine deutsche Norm überführt, so wird sie als DIN ISO YYY veröffentlicht.

1.1.3 Europäische Normen

Bei europäischen Normen wird nach dem Bearbeitungsstand zwischen Normenentwürfen - prEN - und Normen – EN – unterschieden. Als Vornormen werden sie als prENV und ENV bezeichnet.

Zwischen dem CEN und den nationalen Normeninstituten besteht die Vereinbarung, daß nach der Veröffentlichung einer EN-Norm damit konkurrierende deutsche Normen zurückgezogen werden sollen. Aber auch dies ist für den planenden Beratenden Ingenieur zunächst unerheblich, es sei denn, die Anwendung von DIN EN XXX sei zwischen den Parteien vereinbart, oder die Norm wäre in dem Bundesland, in dem gebaut werden soll, bauaufsichtlich eingeführt. Außerdem ist das Zurückziehen nationaler Normen häufig nicht praktikabel, da die europäischen Normen nicht immer das gleiche Anwendungsgebiet vollständig abdecken. Daher wurden längere Übergangsfristen vereinbart, bis einigermaßen deckungsgleiche Pakete zum Tausch der nationalen gegen europäische Normen zur Verfügung stehen.

Eine europäische Vornorm soll zur vorläufigen Anwendung auf Probe dienen, um mit den Festlegungen Erfahrungen zu sammeln. Die Geltungsdauer ist zunächst auf drei Jahre begrenzt. Anschließend kann eine Vornorm entweder einmal um höchstens zwei Jahre verlängert, durch eine neue, überarbeitete ENV-Version ersetzt, ersatzlos zurückgezogen oder nach Überarbeitung und formaler Zustimmung in eine EN überführt werden.

Bei den EUROCODES für den konstruktiven Ingenieurholzbau handelt es sich um Vornormen. Nach den Vorstellungen des CEN sollen alle Teile von EC 1 – EC 9 bis zum Jahr 1999 in europäische Normen überführt werden mit der Absicht, konkurrierende nationale Normen, also auch die DIN 1052, zurückzuziehen.

1.1.4 Harmonisierte Europäische Normen

Die Europäische Union, vertreten durch die Kommission in Brüssel, beabsichtigt, den freien Warenverkehr mit Bauprodukten in Europa zu erleichtern. Dazu hat sie im Jahr 1988 die *Bauproduktenrichtlinie* erlassen. Bauprodukte sind Baustoffe, Bauteile und Anlagen, die hergestellt werden, die hergestellt werden, um dauerhaft in bauliche Anlagen eingebaut zu werden aus Baustoffen und Bauteilen vorgefertigte Anlagen, z.B. Fertighäuser.

Unterschiedliche technische Baubestimmungen stellen zunächst keine Handelshemmnisse dar. Nationale Rechtsvorschriften, wie zum Beispiel die Landesbauordnungen, sowie geforderte nationale Überwachungen und Zertifikate, führen letztendlich doch zu Behinderungen des freien Warenverkehrs. Daher werden harmonisierte europäische Normen und Zulassungen erstellt. Die Bauproduktenrichtlinie beschreibt die *wesentlichen Anforderungen*, die Bauprodukte zu erfüllen haben. Diese werden in sechs *Grundlagendokumenten* (1993) genauer beschrieben.

Auf der Grundlage dieser Dokumente gibt die europäische Kommission Mandate an CEN zur Erarbeitung harmonisierter Normen. Um etwaige unterschiedliche Bedingungen geographischer, klimatischer und lebensgewohnheitlicher Art sowie unterschiedliche Sicherheitsbedürfnisse zu berücksichtigen, die in den einzelnen Mitgliedstaaten bestehen, können für jede wesentliche Anforderung *Klassen* bzw. *Leistungsstufen* in den harmonisierten Regelwerken festgelegt werden. Jeder Mitgliedstaat kann verlangen, daß die von ihm für notwendig erachteten Stufen und Klassen enthalten sind. Diese Festlegungen sind deshalb im Normungsmandat der EU an das CEN vorgegeben. Ferner enthält das Mandat das von der EU geforderte *Konformitätsnachweisverfahren* für die Kennzeichnung des Bauproduktes mit dem *CE-Zeichen*.

Da die *Grundlagendokumente* erst 1993 fertiggestellt wurden, hat die Kommission bisher lediglich vorläufige Mandate für Normungsthemen vergeben. Bei den bisher geplanten endgültigen Mandaten sind noch keine für Holzbauprodukte enthalten.

Die harmonisierten europäischen Normen haben eine höhere Verbindlichkeit als ohne Mandat erarbeitete europäische Normen. Sie sind für die Mitgliedsstaaten bindend. Von ihnen kann weder durch Rechts- noch durch Verwaltungsvorschriften abgewichen werden. Es erfolgt daher auch keine bauaufsichtliche Bekanntmachung. Sie werden lediglich im Amtsblatt der EU veröffentlicht und in deutscher Sprache vom Bundesminister für Raumordnung, Bauwesen und Städtebau (BMBau) im Bundesanzeiger bekanntgegeben.

Nach den Grundlagendokumenten wird zwischen Normen verschiedener Kategorien unterschieden:

- Zur *Kategorie A* gehören Normen, die Entwurf, Bemessung und Ausführung von Bauwerken betreffen, z.B. der EUROCODE 5.
- Zur *Kategorie B* gehören Normen, die Eigenschaften, Prüfungen, Konformitätskriterien usw. eines Bauproduktes betreffen.

Das EUROCODE-Programm war die erste Initiative der EG, ein harmonisiertes Regelwerk zu erstellen. Die EUROCODES sollten ursprünglich über eine EG-Richtlinie in Gemeinschaftsrecht umgesetzt werden. Erst 1990 wurde die weitere Arbeit mit einem vorläufigen Mandat an das CEN übergeben.

1.1.5 Aktivitäten des CEN

1.1.5.1 Allgemeines

Die Kommission hat im Jahr 1984 einer Gruppe von fünf Fachleuten den Auftrag gegeben, einen ersten Entwurf des EUROCODE 5 – Gemeinsame einheitliche Regeln für Holzbauwerke – zu erarbeiten. Dieser wurde 1987 von der KEG als Bericht der Entwurfsgruppe veröffentlicht. Er basiert auf Arbeiten der Arbeitsgruppe W 18 (Holzbauwerke) des CIB (International Council for Building Research Studies and Documentation), insbesondere auf dem CIB-Bericht 66, dem "CIB Structural Timber Design Code" aus 1983.

Der Entwurf wurde der Fachöffentlichkeit in den damaligen Ländern der EG und der EFTA zur Diskussion vorgelegt. Die deutschen Stellungnahmen wurden vom Spiegelausschuß Holzbau gesammelt und vom DIN weitergeleitet. Eine in der Zusammensetzung gegenüber der genannten geänderte Entwurfsgruppe, dies wegen des Beitritts der Länder Südeuropas zur Gemeinschaft, sichtete die eingegangenen Einwände und erarbeitete ein neues Dokument. Die zwölf Länder der EG und die sechs Länder der EFTA waren dabei durch sogenannte Liaison-Ingenieure vertreten, die gleichzeitig die vorgeschlagenen Änderungswünsche ihrer Länder erläutern konnten.

Das neue Dokument wurde 1990 von der Entwurfsgruppe der Kommission übergeben.

Der EUROCODE 5 stellt lediglich eine Berechnungsnorm dar. Konstruktive Regeln sind nur soweit enthalten, wie diese als Voraussetzung für die Gültigkeit der Rechenregeln notwendig sind. Angaben zu den Materialien, wie Festigkeiten und Elastizitätsmoduln, werden nicht gegeben. Für die Verwendung des EUROCODE 5 sind somit begleitende Bestimmungen über die anzunehmenden Einwirkungen und über anzusetzende Materialkennwerte vonnöten.

Die Kommission hat dem CEN den Auftrag gegeben, die notwendigen begleitenden Normen auf der Grundlage der CEN-Regularien zu schaffen. In einem weiteren Schritt wurde das CEN auch mit der Überführung der vorliegenden EUROCODE-Entwürfe in CEN-Normen betraut. Die Ausarbeitung erfolgt in Technischen Komitees (TC). Beispielhaft für den Bereich des Holzbaus kann man nennen:

TC 38	Holzschutz
TC 112	Holzwerkstoffe
TC 124	Holztragwerke
TC 175	Rund- und Schnittholz für nichttragende Zwecke
TC 250	Eurocodes für Tragwerke

1.1.5.2 Aktivitäten des CEN TC 124

Für das TC 124 erarbeiten fünf Arbeitsgruppen mit Unterstützung zahlreicher Ad-Hoc-Gruppen etwa 50 Normen. Die fünf Arbeitsgruppen (WG) bearbeiten folgende Gebiete:

WG 1	Prüfmethoden
WG 2	Vollholz
WG 3	Brettschichtholz
WG 4	Dübel besonderer Bauart
WG 5	Eingeleimte Gewindestangen

1.1.5.3 Aktivitäten des CEN TC 250

Im TC 250 werden in Subkomitees (SC) Normen erarbeitet. Die Numerierung der SC's folgt der Einteilung der EUROCODES, verkürzt wiedergegeben:

SC 1	Grundlagen, Einwirkungen
SC 2	Stahlbeton, Spannbeton
SC 3	Stahl
SC 4	Stahl-Beton-Verbundbau
SC 5	Holzbau
SC 6	Mauerwerk
SC 7	Geotechnik
SC 8	Erdbeben
SC 9	Aluminium

Der im Auftrage der KEG erarbeitete Entwurf des EUROCODE 5 wurde in TC 250 SC 5 überarbeitet, das Ergebnis der Fachöffentlichkeit in den Ländern zur Diskussion gegeben. Nach Würdigung und Einarbeitung der eingegangenen Kommentare wurde das endgültige Dokument im November 1992 von TC 250 SC 5 mit der notwendigen Mehrheit angenommen. Anschließend erfolgte die Übersetzung der in englischer Sprache vorliegenden Fassung in die beiden anderen Amtssprachen der Gemeinschaft, französisch und deutsch. Das DIN hat die deutsche Fassung im Juni 1994 unter der Bezeichnung

DINV ENV 1995-1-1
Entwurf, Berechnung und Bemessung von Holztragwerken
Teil 1:
Allgemeine Bemessungsregeln, Bemessungsregeln für den Hochbau

herausgegeben.

DINV ENV 1995-1-2 - Bemessung von Holztragwerken für den Brandfall - wurde im Juni 1993 im formalen Verfahren angenommen. Nach erfolgter Übersetzung ins Deutsche und Französische ist auch hier bald mit der Veröffentlichung zu rechnen. DINV ENV 1995-2 – Holzbrücken – ist geplant; mit den Entwurfsarbeiten wurde begonnen.

1.1.6 Umsetzung europäischer Normung in deutsches Bauaufsichtsrecht

Die Umsetzung der Bauproduktenrichtlinie in nationales Recht erfolgt über das *Bauproduktengesetz* (BauPG) des Bundes vom 10.08.1992 und über die *Bauordnungen der Länder* (LBO). Dabei wird der Handel mit den Bauprodukten auf Bundesebene durch das BauPG bestimmt, während deren Verwendung durch die entsprechend angepaßten Landesbauordnungen geregelt wird. Die Novellierung der LBO's ist erforderlich, um festzulegen, welche der in harmonisierten europäischen Normen oder technischen Zulassungen angegebenen Produktklassen und -stufen in Deutschland verwendet werden dürfen. Die Änderungen betreffen insbesondere die §§ 20–24, in denen die Anforderungen und Eignungsnachweise für Bauprodukte festgelegt sind.

Künftig wird unterschieden zwischen

- Bauprodukten, die nach dem BauPG in Verkehr gebracht werden,
- Bauprodukten, die nach nationalen technischen Regeln hergestellt werden (geregelte Bauprodukte),
- Bauprodukten, die von nationalen technischen Regeln wesentlich abweichen oder für die es allgemein anerkannte technische Regeln nicht gibt (nicht geregelte Bauprodukte),
- Bauprodukten, die für die Erfüllung der Anforderungen der LBO's nur untergeordnete Bedeutung haben (sonstige Bauprodukte).

Für Bauprodukte nach dem BauPG soll in einer "Bauregelliste B" festgelegt werden, welche Klassen und Leistungsstufen sie erfüllen müssen, um in Deutschland verwendbar zu sein. Nur wenn das europäische Übereinstimmungszeichen (CE-Zeichen) diese Angaben ausweist, kann das Produkt verwendet werden.

Geregelte Bauprodukte werden in eine "Bauregelliste A" aufgenommen, die gleichzeitig die nationalen Normen enthält, denen die Produkte entsprechen müssen, und die auch festlegt, welcher Übereinstimmungsnachweis bauaufsichtlich gefordert wird. Geregelte Produkte bekommen künftig das nationale Übereinstimmungszeichen (Ü-Zeichen).

Nicht geregelte Produkte müssen ihre Verwendbarkeit wie bisher durch eine *nationale Zulassung*, eine *Zustimmung im Einzelfall* oder (neu!) durch ein *allgemeines bauaufsichtliches Prüfzeugnis* nachweisen. Auch sie bekommen künftig das Ü-Zeichen.

Sonstige Bauprodukte, die für die Erfüllung bauordnungsrechtlicher Anforderungen von untergeordneter Bedeutung sind, werden in eine "Bauregelliste C" aufgenommen. Diese Produkte bedürfen keines formellen Nachweises ihrer Verwendbarkeit und keines Übereinstimmungsnachweises.

Die Bauregellisten A und C werden zur Zeit vorbereitet. Eine rasche Fertigstellung ist wichtig, da die novellierten Bauordnungen bereits in den ersten Bundesländern veröffentlicht wurden. Die Bauregelliste B ist derzeit ohne Bedeutung, da es noch keine harmonisierte europäische Norm oder Zulassung gibt.

1.1.7 Probeweise Anwendung des EUROCODE 5

Die oberste Bauaufsichtsbehörde des Landes Baden-Württemberg unterstützt im öffentlichen Interesse die Erprobung des EUROCODE 5. Sie wird die Vornorm daher bauaufsichtlich bekanntmachen und als zu den geltenden nationalen Normen gleichwertige andere Lösung befürworten. Durch die bauaufsichtliche Bekanntmachung wird dem Anwender bestätigt, daß es sich bei der Vornorm um eine allgemein anerkannte Regel der Technik im Sinne der derzeit noch geltenden Landesbauordnung handelt. Diese Bestätigung ist bei einer Vornorm besonders wichtig, da ja die erklärte Absicht, sie vorerst probeweise anzuwenden, gegen die Vermutung des Vorliegens einer allgemein anerkannten Regel der Technik spricht.

Zur Anwendung des EUROCODE 5 wird das zugehörige *Nationale Anwendungsdokument* (NAD) benötigt. Nach dem Erscheinen des NAD im Februar 1995 hat die Bauaufsicht des Landes Baden-Württemberg die öffentliche Bekanntmachung unverzüglich vorbereitet. Die Veröffentlichung erfolgte im Mai 1995 im Gemeinsamen Amtsblatt. Es wird erwartet, daß andere Bundesländer dem Schritt folgen werden.

Somit sind nun die Tragwerksplaner aufgefordert, mit dem EUROCODE 5 zu arbeiten, Erfahrungen zu gewinnen und diese weiterzugeben, damit diese in die Überarbeitung der Vornorm zur zunächst endgültigen Fassung, die auch die nationale Norm DIN 1052 ablösen wird, einfließen können.

1.2 Das neue Bemessungskonzept

M. Gerold

1.2.1 Einleitung

Mit dem Seßhaftwerden begann der Mensch Höhlen und Häuser zu bauen. Die Arbeitsteilung führte dazu, daß sich Spezialisten mit dieser Aufgabe befaßten. Schon in der Gesetzessammlung des babylonischen Königs *Hammurabi* (1728–1686 v.Chr.) heißt es in § 229:
„Wenn ein Baumeister für irgend jemand ein Haus baut und sein Werk nicht stabil genug ist und einstürzt und dabei der Hausbesitzer ums Leben kommt, muß der Baumeister sterben" (nach SCHRÖDER, DRIGERT 1993).

Zumindest bis ins 16. Jahrhundert wurde gebaut ausschließlich aufgrund von Erfahrungen und der dabei gewonnen Erkenntnisse. Im Mittelalter waren es die Bauhütten, die die Berufsgeheimnisse wahrten und überlieferten (vgl. FOLLETT 1993). Dabei wurden, selbst für heutige Verhältnisse, fast unvorstellbare Leistungen erbracht. Dies bezeugen gut erhalten gebliebene Sakral- und Profanbauten; z.B. in Prag: Am Presbyterium der St. Veits-Kathetrale auf dem Prager Hradschin kann man in eindrucksvoller Weise erkennen, wie die Entwicklung zu immer schlankeren, d.h. auch im Materialeinsatz günstigeren Konstruktionen führte. Das Verfolgen des Kraftflusses führte zu gezieltem Materialeinsatz – ein Minimum an Materialaufwand, um ein Maximum an Raum zu umspannen. Die gotischen Baumeister setzten dabei folgende technisch-konstruktiven Mittel ein:

- Trennung der Mauern in tragende Pfeiler und raumabschließende, meist durch Fenster gebildete Füllflächen (vgl. auch Bild 1.2.1),
- durchgehende Verwendung des anpassungsfähigen Spitzbogens,
- Auflösung der Gewölbe in stützende Rippen und zwischen diese gespannte, leichte Gewölbekappen,
- ein System von Strebepfeilern und Strebebögen bis hin zum Einbau von Zugstangen zur Aufnahme des Gewölbeschubes.

Die Berechnung von Baukonstruktionen ist noch eine junge Wissenschaft. Die Voraussetzungen hierfür haben u.a. *Hooke* (1635–1703), *Bernoulli* (1654–1704) und *Navier* (1785–1836) sowie ergänzend *Euler* (1707–1783) und *Coulomb* (1736–1806) geschaffen. In der Mitte des 19. Jahrhunderts war die Festigkeitslehre soweit entwickelt, daß für Zug- und Druckstäbe sowie für Biegeträger die zu erwartenden Spannungen berechnet werden konnten.

Voraussetzung hierfür war allerdings die Kenntnis der einzuhaltenden Grenzwerte, z.B. der zulässigen Spannungen. Hierzu wurden in den verschiedenen Ländern Werkstoffprüfungen durchgeführt mit teilweise unterschiedlichen Ergebnissen. Erst mit der Herausgabe von DIN-Normen fand auf dem Gebiet der heutigen Bundesrepublik eine Vereinheitlichung der Werte statt. Dabei ist interessant festzustellen, daß die erste Ausgabe der DIN 1055 Blatt 1 (08/34) neben dem „Berechnungsgewicht" auch noch „Gewichtsgrenzen" angab; z.B.:

Beton aus Kies, Granitschotter und dgl.

- Berechnungsgewicht: 2200 kg/m³
- Gewichtsgrenzen: 1800 bis 2400 kg/m³

Bild 1.2.1: Kölner Dom, Querschnitt (in STRAUB 1975), links: Schnitt durch Pfeilersystem -- rechts: Schnitt durch Fensterachse

1.2.2 Formelzeichen (auszugsweise)

1.2.2.1 Physikalische Kenngrößen, Festigkeiten

E	Elastizitätsmodul
G	Schubmodul
f	Festigkeit
α_T	Lineare Temperaturdehnzahl

1.2.2.2 Querschnittsgrößen

A	Querschnittsfläche, Ansichtsfläche
I	Flächenmoment 2. Grades
W	Elastisches Widerstandsmoment
a	geometrische Größe, Abmessung
d	Durchmesser
N	Normalkraft
M	Biegemoment
V	Querkraft

1.2.2.3 Systemgrößen

l	Systemlänge eines Stabes
s_k	Knicklänge eines Stabes

1.2.2.4 Einwirkungen, Widerstandsgrößen und Sicherheitselemente

S	Einwirkung (allgemeines Formelzeichen, kann stehen für - strain Verformung - stress Spannung)
E	Beanspruchung (Reaktion auf Einwirkungen)
F	Kraft - Einwirkung (allgemeines Formelzeichen)
G	Ständige Einwirkung
Q	Veränderliche Einwirkung
A	Außergewöhnliche Einwirkung
C	Nennwert bei Verformungsberechnungen (z.B. zul. Durchbiegung)
R	Widerstand (allgemeines Formelzeichen, resistance, kann stehen für - Festigkeit - Geometrische Größen W, I, E)
X	Wert einer Baustoffeigenschaft
γ	Teilsicherheitsbeiwert (stets mit Fußzeiger) bzw. Globaler Sicherheitsbeiwert (ohne Fußzeiger)
γ_F	Teilsicherheitsbeiwert für die Einwirkungen
γ_M	Teilsicherheitsbeiwert für die Widerstandsgrößen

ψ	Kombinationsbeiwert
k	Koeffizient, Faktor (stets mit Fußzeiger)

1.2.2.5 Fußzeiger

A	Außergewöhnliche Einwirkung
G	Ständige Einwirkung
Q	Veränderliche Einwirkung
R	Widerstand, Tragfähigkeit
d	Bemessung (duration)
R,d	Beanspruchbarkeit
S,d	Beanspruchung
k	charakteristisch (characteristic)
nom	nominell (vgl. Betondeckungen: Vorhaltemaß)
M	Material (material)
05	5 %-Fraktil-Wert

1.2.2.6 Anmerkungen

Viele Formelzeichen leiten sich vom englischen Namen ab.
Die Formelzeichen stehen i.d.R. in Übereinstimmung mit internationalen Normenwerken wie ISO 8930; vgl. z.B. V für Querkraft anstelle von Q.
Doppelbelegungen sind zu beachten; z.B. Formelzeichen A, E.
Mit der endgültigen Fertigstellung der EUROCODEs werden weitere Ergänzungen oder zweckmäßige Veränderungen bei der Festlegung dieser speziellen Formelzeichen zu erwarten sein.

1.2.3 Bemessungskonzepte

Bauliche Anlagen sind so zu entwerfen, zu konstruieren und zu berechnen, daß sie bei sachgemäßer Ausführung und entsprechender Unterhaltung über die vorgesehene Nutzungszeit zuverlässig die an sie gestellten Anforderungen erfüllen. Dabei wird unterstellt, daß das Bauwerk als Ganzes sowie seine tragenden Bauteile allen voraussehbaren Belastungen standhalten und „die öffentliche Sicherheit oder Ordnung, insbesondere Leben und Gesundheit nicht bedroht werden" (LBO 1983 §3 (1)). Kurz: Man verlangt von Bauwerken zurecht die größtmögliche Sicherheit. Bei der Berechnung tragender Bauteile mit globalen (summarischen), zulässigen Sicherheitsbeiwerten, wie sie seit dem 17. Jahrhundert angewendet wurde, waren keine befriedigenden Rückschlüsse auf das Bruchverhalten möglich, da die Voraussetzungen „Ebenbleiben der Querschnitte" (*Bernoulli*) und „Proportionale Abhängigkeit von Spannung und Dehnung" (*Hooke*) vor dem Versagen nicht mehr gültig sind. Der Entwurf der Spannbeton-Vorschrift DIN 4227 von 1950 enthielt daher erstmals *globale Sicherheitsfaktoren für den Bruchzustand.* Dennoch waren weitere Unsicherheiten in den statischen Berechnungen vorhanden. RÜSCH 1954 nennt hier insbesondere die

- Annahmen, welche der Ermittlung der Schnittkräfte zugrunde liegen
- Annahmen, welche der Ermittlung der Spannungen zugrunde liegen
- Annahmen über die Abhängigkeit der Festigkeit der Werkstoffe von der Art der Beanspruchung
- Annahmen über die Güte der Werkstoffe
- Möglichkeit örtlicher Ausführungsfehler und von Rechenungenauigkeiten.

Die stärkere internationale Zusammenarbeit der letzten Jahrzehnte nahm sich dieser Thematik an: In dem länderübergreifenden Standard ISO 2394 ist nun die Berechnung nach Grenzzuständen (oder gebräuchlicher: die Berechnung nach Teilsicherheitsbeiwerten) niedergelegt. Das alte, deterministische Bemessungskonzept der zulässigen Spannungen (Gl. 1) und das neue Konzept der Grenzzustände (Gl. 2) unterscheiden sich nicht sehr wesentlich:

Beispiel Zugstab:

DIN 1052

$$(F/A) \cdot 1{,}0 \leq \text{zul } \sigma_z \quad \text{wobei} \quad \text{zul } \sigma_z = R / \gamma \tag{1}$$

DIN V ENV 1995-1

$$(F_k/A) \cdot \gamma_F \leq R_d \quad \text{wobei} \quad R_d = R_k / \gamma_M \tag{2}$$

mit

F	Einwirkung (hier: Zugkraft im Gebrauchsniveau)
A	Querschnittsfläche
R	Widerstand (hier: Zugfestigkeit)
zul σ_z	Zulässige Zugspannung nach DIN 1052
γ	Globaler Sicherheitsbeiwert
γ_F	Teilsicherheitsbeiwert für den charakteristischen Wert der Einwirkung F_k
γ_M	Teilsicherheitsbeiwert für den Widerstand R_k

Das neue Bemessungskonzept bedient sich, entsprechend Gl. 2, der Methode der Teilsicherheitsbeiwerte, und zwar sowohl für die Einwirkungen (z.B. Lasten) als auch für die Widerstände (z.B. Festigkeiten).

Das neue Konzept ist für alle Werkstoffe anwendbar und hat bereits in der bauaufsichtlich eingeführten DIN 18800 (Stahlbau, Ausgabe 11/90) bzw. DIN V 18932 Teil 1 (Stahlbeton- und Spannbetonbau) ihren Niederschlag gefunden. Wenn im Teil 1 der DIN 18800 zur Zeit noch die Grundlagen der Bemessung enthalten sind, so ist geplant, diese künftig im EUROCODE (EC) 1 – Einwirkungen – aufzunehmen. Der EC 1 wird als DIN V ENV 1991 erscheinen und soll, entsprechend Tabelle 1.2.1, mit 5 geplanten Teilen die Lastannahmen umfassend regeln:

Teil 1 beinhaltet die Grundlagen der Tragwerksplanung,
Teil 2 die Einwirkungen auf Tragwerke,
Teil 3 die Einwirkungen auf Brücken,

Teil 4 die Einwirkungen auf Silos und Flüssigbehälter und
Teil 5 die Einwirkungen aus Kranen und Maschinen.

ENV 1991-1	*Teil 1:*	*Grundlagen, Einwirkungen*
ENV 1991-2-1	*Teil 2.1:*	*Einwirkungen auf Tragwerke,* *Wichte, Eigengewicht, Nutzlasten*
ENV 1991-2-2	Teil 2.2:	Einwirkungen auf Tragwerke, *Brandeinwirkungen auf Tragwerke*
ENV 1991-2-3	Teil 2.3:	Einwirkungen auf Tragwerke, *Schneelasten* (statisch und dynamisch)
ENV 1991-2-4	Teil 2.4:	Einwirkungen auf Tragwerke, *Windeinwirkungen*
ENV 1991-2-5	Teil 2.5:	Enwirkungen auf Tragwerke, *Temperatureinwirkungen*
ENV 1991-2-6	Teil 2.6:	Einwirkungen auf Tragwerke, *Einwirkungen und Verformungen im Bauzustand*
ENV 1991-2-7	Teil 2.7:	Einwirkungen auf Tragwerke, *Außergewöhnliche Einwirkungen*
ENV 1991-2-X	Teil 2.X:	Einwirkungen auf Tragwerke, *Erd- und Wasserdruck*
ENV 1991-2-Y	Teil 2.Y:	Einwirkungen auf Tragwerke, *Einwirkungen aus Strömungen und Wellengang*
ENV 1991-3	*Teil 3:*	*Einwirkungen auf Tragwerke,* *Verkehrslasten auf Brücken*
ENV 1991-4	*Teil 4:*	*Einwirkungen auf Tragwerke,* *Lasten für Silos und Tanks*
ENV 1991-5	*Teil 5:*	*Einwirkungen auf Tragwerke,* *Einwirkungen aus Kranen und Maschinen*

Tabelle 1.2.1: Gliederung ENV 1991: EUROCODE 1 – Grundlagen der Tragwerksplanung und Einwirkungen auf Tragwerke

Die Nutzungsdauer von Bauwerken wurde in ENV 1991-1, Tab. 1, festgelegt zu
1–5 Jahre für Bauteile mit vorübergehender Nutzung
25 Jahre für fliegende Bauten
50 Jahre für Wohngebäude und öffentliche Bauwerke des Hochbaus
100 Jahre für Monumentalbauten, Brücken und andere zivil genutzte Konstruktionen des Ingenieurbaus.

Da die DIN V ENV 1995 für Bauwerke unter vorwiegend ruhender Belastung zu beachten ist, ist einer Bemessung i.d.R. für eine Wiederkehrperiode von 50 Jahre zugrunde zu legen.
Die Anzahl der zulässigen Verfahren zur Schnittgrößenermittlung wurden in den Eurocodes ebenfalls erweitert: Während die Schnittgrößen früher im Gebrauchszustand i.d.R. ausschließlich nach der Elastizitätstheorie ermittelt wurden, ist dies

nun für den Bruchzustand auch nach der Traglasttheorie sowie der Plastizitätstheorie möglich. Daher sind künftig insbesondere die Verformungsbedingungen zu überprüfen. Im Ingenieurholzbau allerdings ist i.d.R. weiterhin die Elastizitätstheorie anzuwenden; auch wenn einige Bemessungsgleichungen auf Grundlage der Plastizitätstheorie hergeleitet wurden.

Solange die ENV 1991 noch nicht in der endgültigen Fassung vorliegt, sind entsprechend dem Nationalen Anwendungsdokument (NAD) für eine probeweise Anwendung von DIN V ENV 1995-1 die Lastannahmen nach den DIN-Normen, insbesondere nach der Reihe DIN 1055, nach DIN 1074, DIN 4149 und gegebenenfalls auch bauaufsichtliche Ergänzungen und Richtlinien zu verwenden. Da in den EG-Mitgliedsstaaten unterschiedliche Anforderungen an wesentliche Schutzziele bestehen, werden auch nach Vorlage der endgültigen Fassung des EC 1 die obersten nationalen Baubehörden einzelne, landesspezifische Kenngrößen vorgeben; wie z.B. Schneelastzonen, Erdbeben-Beschleunigungen.

Die DIN V ENV 1995-1 darf ferner nur gemeinsam mit den entsprechenden, neuen Werkstoffnormen bzw. den Angaben des NAD zu den Werkstoffeigenschaften angewandt werden.
Prinzipiell gilt nicht nur für DIN V ENV 1995-1-1 folgendes *Mischungsverbot:*

Die Regelungen der EUROCODEs 2 bis 6 und die der Nationalen Anwendungsdokumente dürfen nicht mit Regelungen aus DIN-Normen oder anderen Regelwerken verknüpft werden – es sei denn, dies wird z.B. durch das NAD ausdrücklich gestattet.

1.2.4 Grundlagen der neuen Teilsicherheitsmethode

Aus Versuchen oder Beobachtungen können, entsprechend der Häufigkeit, sogenannte Histogramme dargestellt werden. Kennwerte wie Mittelwert und Standardabweichung können errechnet werden und sind ein Maß für die Streuungen der Werkstoffeigenschaften. In theoretischen Modellen werden Funktionen, z.B. die bekannte Normalverteilung nach Gauß, gewählt, um die bei Beobachtungen festgestellten Eigenschaften möglichst genau zu beschreiben. Mit diesem Modell lassen sich sowohl die Einwirkungen auf Bauwerke (z.B. die Lasten) als auch die diesen entgegenstehenden Bauteil-Widerstände (z.B. die Tragfähigkeiten) statistisch ermitteln und auswerten.

Bild 1.2.2 zeigt exemplarisch die theoretischen Wahrscheinlichkeitsverteilungen der Einwirkungen S und der Widerstände R: auf der Abszisse als gemeinsamer Achse sind die Größen S und R aufgetragen; auf der Ordinate deren Häufigkeiten (Dichtefunktionen) f(S) und f(R). Bestimmte Eigenschaften, z.B. der Mittelwert der Einwirkung S_{50}, kann dort abgelesen werden. Der Fußzeiger 50 bezeichnet dabei den Fraktil-Wert, der mit der angegebenen Wahrscheinlichkeit über- oder unterschritten wird. So kann die 50 %-Fraktile mit der gleichen Wahrscheinlichkeit über- oder unterschritten werden. Die 5 %-Fraktile R_{05} des Widerstandes wird statistisch von 5% der Werte unterschritten; die 98 %-Fraktile S_{98} der Einwirkungen von 2 % überschritten. Das Verhältnis R_k/S_k entspricht einem globalen, charakteristischen Sicherheitsbeiwert γ_k ; also dem Produkt der Teilsicherheitsbeiwerte γ_F und γ_M.

Der Schnittpunkt der Dichtefunktionen für Einwirkung und Widerstand markiert den Wert, für den beide Eigenschaften gleich groß sind. Die kreuzweise schraffierte Fläche unter dem Schnittpunkt ist wiederum ein Maß für die Versagenswahrscheinlichkeit eines Bauteiles oder einer Konstruktion mit dem gegebenen Widerstand unter der vorhandenen Einwirkung.

Die Versagenswahrscheinlichkeit kann begrenzt werden durch die Festsetzung von Teilsicherheitsbeiwerten für die streuenden Eigenschaften, also für die Einwirkungen *und* die Widerstände. Durch unterschiedlich hohe Teilsicherheitsbeiwerte kann verschiedenen Sicherheitsbedürfnissen Rechnung getragen werden. Die Festlegung der Teilsicherheitsbeiwerte erfolgt durch die nationalen Bauaufsichtsbehörden. Dabei wird gefordert:

$$S_d \leq R_d \tag{3}$$

mit

$S_d = S_k \cdot \gamma_F$ Bemessungswert der Einwirkungen
$R_d = R_k / \gamma_M$ Bemessungswert des Widerstandes

Vergrößert man in Bild 1.2.2 den charakteristischen Sicherheitsbeiwert γ_k derart, daß Gl. 3 eingehalten ist, so gilt die Standsicherheit als gegeben.

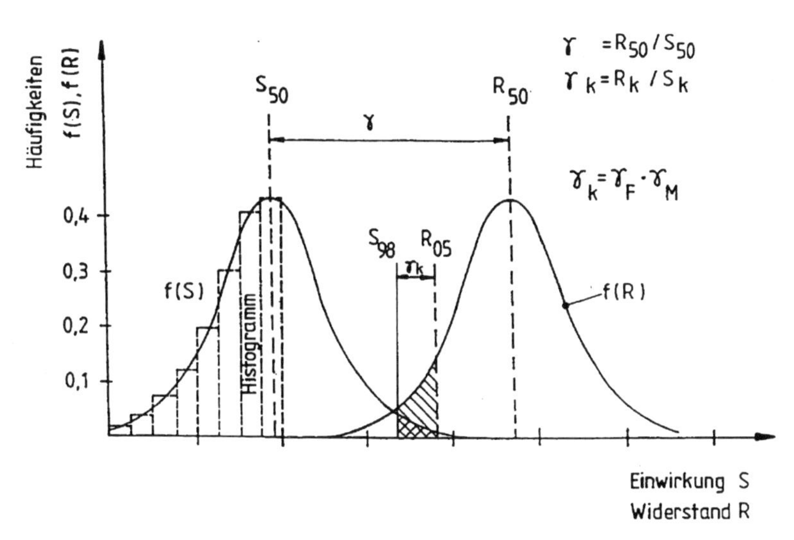

Bild 1.2.2: Dichtefunktionen der Einwirkung S und des Widerstandes R

1.2.5 Bemessungswerte der Einwirkungen

Bei den Einwirkungen wird zwischen direkten und indirekten Einwirkungen unterschieden: direkte Einwirkungen sind Lasten, die auf das Tragwerk wirken; indirekte Einwirkungen sind eingeprägte Verformungen (z.B. Temperatureinwirkung, Quellen und Schwinden, Setzung des Baugrundes), die bei statisch unbestimmten Tragwerken zu Schnittgrößen führen.

Ferner werden die Einwirkungen, entsprechend ihrer Veränderlichkeit mit der Zeit, klassifiziert nach:

- ständigen Einwirkungen (G)
- veränderlichen Einwirkungen (Q)
- außergewöhnlichen Einwirkungen (A)

Als charakteristische Werte S_k der Einwirkungen gelten grundsätzlich die Werte der DIN-Normen sowie des EC 1 (vgl. Tabelle 1.2.1). Für Einwirkungen, die nicht oder nicht vollständig in Normen oder anderen bauaufsichtlichen Bestimmungen angegeben sind, müssen entsprechende charakteristische Werte, ggfs. in Absprache mit der Bauaufsicht, vom Bauherrn bzw. in Absprache mit dem Bauherrn vom Tragwerksplaner festgelegt werden. Voraussetzung hierbei ist jedoch, daß die in den Normen vorgegebenen Werte nicht unterschritten werden.

1.2.5.1 Ständige Einwirkungen

Die charakteristischen Werte der ständigen Einwirkungen dürfen aus der mittleren Dichte der Baustoffe (z.B. mittlere Rohdichte der Hölzer) bestimmt werden. Für ständige Einwirkungen, die sich während der Nutzungsdauer des Bauwerkes ändern können (z.B. einzurechnende Lasten aus nachträglicher Aufstockung) oder in weiten Grenzen schwanken, sind zwei charakteristische Werte, ein oberer Wert $G_{k,sup}$ und ein unterer Wert $G_{k,inf}$, zu untersuchen, wobei

$\gamma_{G,sub}$ = 1,1 für die ungünstig wirkenden (An-) Teile
und $\gamma_{G,inf}$ = 0,9 für die günstig wirkenden (An-) Teile.

Ansonsten ist ein einziger charakteristischer Wert G_k (γ_G = 1,35) ausreichend.

Bei Durchlaufträgern kann zur Rechenvereinfachung für alle Felder der gleiche Bemessungswert des Eigengewichtes angesetzt werden.

Anmerkung:
In Element (712) von DIN 18800 Teil 1 heißt es, daß Grundkombinationen mit $\gamma_{G,sub}$ und $\gamma_{G,inf}$ dann zu bilden sind, wenn Teile ständiger Einwirkungen Beanspruchungen aus veränderlichen Einwirkungen verringern.

1.2.5.2 Veränderliche Einwirkungen

Zu den veränderlichen Einwirkungen zählen Nutzlasten, Schnee, Wind und Temperaturänderungen. Oft sind mehrere dieser Einwirkungen gleichzeitig zu berücksichtigen, wie z.B. auf einer Terasse. Die Wahrscheinlichkeit, daß sie alle zur gleichen Zeit mit ihrem maximalen Wert auftreten, ist dann geringer als bei einer veränderlichen Einwirkung. Deshalb werden neben dem Hauptwert Q_k noch folgende Werte gebildet:

$\psi_0 \cdot Q_k$	Kombinationswert (selten auftretender Anteil von Q_k)
$\psi_1 \cdot Q_k$	häufig auftretender Wert der veränderlichen Einwirkung (Werte können längere Zeit überschritten werden)
$\psi_2 \cdot Q_k$	quasi-ständiger Wert (Anteil) der veränderlichen Einwirkung (Werte können nur kurzzeitig überschritten werden im Bezugszeitraum)

Tabelle 1.2.2: Berücksichtigung mehrerer veränderlicher Einwirkungen

Dabei gelten die Komponenten einer veränderlichen Einwirkung, wie z.B. Wind rechtwinklig und parallel zum Dach, als *eine* Einwirkung.

1.2.5.3 Außergewöhnliche Einwirkungen

Außergewöhnliche Einwirkungen sind i.d.R. von kurzer Dauer und von geringer Wahrscheinlichkeit hinsichtlich ihres Auftretens, wie z.B. Explosion, (Fahrzeug-) Anprall oder Erdbeben.

1.2.5.4 Kombination der Einwirkungen

Zur Ermittlung der Bemessungswerte S_d der Einwirkungen werden die einzelnen Einwirkungen nach der Teilsicherheitsmethode wie folgt kombiniert:

$$\Sigma_j \gamma_{G,j} \cdot G_{k,j} + \gamma_{Q,1} \cdot Q_{k,1} + \Sigma_{i>1} \gamma_{Q,i} \cdot \psi_{0,i} \cdot Q_{k,i} \quad (4)$$

für die „normalen" Bemessungssituationen (Grundkombinationen),

$$\Sigma_j \gamma_{GA,j} \cdot G_{k,j} + 1{,}0 \cdot \psi_{1,1} \cdot Q_{k,1} + \Sigma_{i>1} 1{,}0 \cdot \psi_{2,i} \cdot Q_{k,i} + \gamma_A \cdot A_k \quad (5)$$

für die außergewöhnlichen Bemessungssituationen bzw.

$$\Sigma_j 1{,}0 \cdot G_{k,j} + 1{,}0 \cdot \psi_{1,1} \cdot Q_{k,1} + \Sigma_{i>1} 1{,}0 \cdot \psi_{2,i} \cdot Q_{k,i} + \gamma_A \cdot A_{Ed} \quad (5a)$$

für die Erdbeben-Bemessung sowie

$$\Sigma_j 1{,}0 \cdot G_{k,j} + 1{,}0 \cdot \psi_{2,1} \cdot Q_{k,1} + \Sigma_{i>1} 1{,}0 \cdot \psi_{2,i} \cdot Q_{k,i} + \gamma_A \cdot A_k \quad (6)$$

für Nachweise der Gebrauchstauglichkeit

mit

$G_{k,j}$ Charakteristische Werte der ständigen Einwirkungen
$Q_{k,i}$ Charakteristische Werte der veränderlichen Einwirkungen
A_k Charakteristischer Wert der außergewöhnlichen Einwirkungen
A_{Ed} Bemessungswert der Erdbeben-Einwirkung nach EC 8
$\gamma_{G,i}$ Teilsicherheitsbeiwerte für ständige Einwirkungen
$\gamma_{Q,i}$ Teilsicherheitsbeiwerte für veränderliche Einwirkungen
γ_A Teilsicherheitsbeiwert für außergewöhnliche Einwirkungen
$\psi_{0,i}$ Kombinationsbeiwert, berücksichtigt die Wahrscheinlichkeit des gleichzeitigen Auftretens verschiedener veränderlicher Einwirkungen
$\psi_{1,1}$, $\psi_{2,i}$ Kombinationsbeiwerte für außergewöhnliche Bemessungssituationen.

Bemessungs-situation	Auswirkung der Einwirkung	Ständige Einwirkungen γ_G bzw. γ_{GA}	Veränderliche Einwirkungen γ_Q bzw. γ_{QA}	Außergewöhnliche Einwirkungen γ_A
Zeile \ Spalte	1	2	3	4
1 normal	ungünstig $\gamma_{F,sup}$	1,35 (1,1)*)	1,5	---
2	günstig $\gamma_{F,inf}$	1,0 (0,9)*)	i.d.R. 0****)	
3 reduziert**)	ungünstig $\gamma_{F,sup}$	1,2 (1,1)*)	1,35	
4	günstig $\gamma_{F,inf}$	1,0 (0,9)*)	i.d.R. 0****)	
5 außer-gewöhnlich	ungünstig $\gamma_{FA,sup}$	1,0	1,0	1,0
6	günstig $\gamma_{FA,inf}$	1,0	i.d.R. 0****)	

*) a) für den Grenzzustand des Verlustes des statischen Gleichgewichtes
b) im Grenzzustand der ausreichenden Tragfähigkeit (Bruchzustand) für Baustoffe mit großem Variationskoeffizient sowie bei Bauteilen, bei denen sich die Einwirkungen während der Nutzungsdauer stark verändern können.

**) Reduzierte Teilsicherheitsbeiwerte können für einstöckige Gebäude mit mittleren Spannweiten, in denen sich nur gelegentlich Menschen aufhalten (Lagerhallen, Schuppen, Gewächshäuser, Gebäude für landwirtschaftliche Zwecke, Silos etc.), für gewöhnliche Lichtmaste, leichte Trennwände sowie für Verschalungen und Stürze verwendet werden. Es ist allerdings denkbar, daß sich die Fachkommision „Baunormung" bei der abschließenden Beratung des NAD gegen die Einführung reduzierter Teilsicherheitsbeiwerte ausspricht.

***) Grenzzustände der Gebrauchstauglichkeit (Zerstörung)

****) Siehe künftig auch ENV 1991

Tabelle 1.2.3: Teilsicherheitsbeiwerte für verschiedene Bemessungssituationen

Für die probeweise Anwendung der DIN V ENV 1995-1 können entsprechend dem NAD für die Teilsicherheitsbeiwerte die in Tabelle 1.2.3 und für die Kombinationsbeiwerte die in Tabelle 1.2.4 angegebenen Werte verwendet werden.

Einwirkungen	Kombinationsbeiwerte		
	ψ_0	ψ_1	ψ_2
Verkehrslasten auf Decken			
- Kategorie A, B *) Wohngebäude, Balkone, Büroräume, Verkaufsräume bis 50m², Räume in Krankenhäusern und Schulen, Flure (soweit nicht anders angegeben)	0,7	0,5	0,3
- Kategorie C *) Garagen und Parkhäuser, Versammlungsräume, Turnhallen, Flure in Labor- und Lehrgebäuden, Tribünen, Büchereien, Archive	0,8	0,8	0,5
- Kategorie D *) Geschäfts- und Warenhäuser, Ausstellungs- und Verkaufsräume ab 50m²	0,8	0,8	0,8
- Kategorie E *) Lagerräume	1,0	0,9	0,8
Windlasten	0,6	0,5	0
Schneelasten	0,7	0,2	0
alle anderen Einwirkungen	0,8	0,7	0,5
*) Kategorien nach ENV 1991; vgl. auch Abs. 10 dieses Kapitels			

Tabelle 1.2.4: Kombinationsbeiwerte für die veränderlichen Einwirkungen

Tabelle 1.2.4 ist dem EC 1 entnommen; wurde jedoch in den Nationalen Anwendungsdokumenten, z.B. auch dem des DAfStb zum EC 2 (DIN V 18932), leicht abgeändert. Zur Vereinfachung kann entsprechend EC 1 der Bemessungswert der Einwirkung auch mit Hilfe der Einwirkungs-Kombination nach Gl. 4 bestimmt werden durch

$$S_d = S_d \{ \sum \gamma_{G,j} \cdot G_{k,j} + 1{,}5 \cdot Q_{k,1} \} \quad (4a)$$

bei einer veränderlichen Einwirkung bzw.

$$S_d = S_d \{ \sum \gamma_{G,j} \cdot G_{k,j} + 1{,}35 \cdot \sum Q_{k,i} \} \quad (4b)$$

für alle ungünstig wirkenden veränderlichen Einwirkungen.
Der ungünstigere Wert ist maßgebend.

Beim Grenzzustand der Gebrauchstauglichkeit können ebenfalls vereinfachte Regeln angewendet werden:

$$E_d = E_d \{ \sum G_{k,j} + Q_{k,1} \} \leq C_d \quad (6a)$$

bei nur einer veränderlichen Einwirkung bzw.

$$E_d = E_d \{ \sum G_{k,j} + 0{,}9 \cdot \sum Q_{k,i} \} \leq C_d \quad (6b)$$

für alle ungünstig wirkenden veränderlichen Einwirkungen mit

E_d Bemessungswert der Einwirkungen
C_d Grenzwert der Verformung

Die ungünstigere Kombination ist maßgebend.

1.2.6 Bemessungswerte der Widerstände

1.2.6.1 „Kalt"-Bemessung

Der Bemessungswert des Bauteilwiderstandes R_d ergibt sich zum einen aus den geometrischen Größen a_d , zum anderen aus den Bemessungswerten X_d der Baustoffeigenschaften bzw. den entsprechenden Festigkeiten f_d. Für den natürlichen Baustoff Holz mit seinen vielzähligen Weiterverarbeitungsstufen bedarf es dabei, im Hinblick auf die Zuverlässigkeitstheorien, einer Vielzahl von Bezugsnormen, in denen die Qualitätsanforderungen festgelegt sind (siehe Kapitel 1.3 und 2). Hierzu gehören insbesondere Normen für:

- Bauschnittholz und Schichthölzer (z.B. BSH, Kerto, Parallem, Intrallam)
- Holzwerkstoffe (z.B. Flachpreßplatten (Spanplatten), Bau--Furniersperrholz, OSB, Holzfaserplatten)
- Klebstoffe für die Holzverleimung
- Holzschutzmittel
- Verbindungsmittel

Die Verwendung von Bemessungswerten R_d der Bauteilwiderstände, die durch Versuche ermittelt wurden, bedarf der Zustimmung der obersten Bauaufsichtsbehörde des jeweiligen Mitgliedsstaates.

Im Ingenieurholzbau findet man hinsichtlich der Baustoffeigenschaften auch ingenieurtechnisch begründete Werte, um überhaupt bauen zu können. In der DIN V ENV 1995-1-1 ist der Bemessungswert der Baustoffeigenschaft definiert zu:

$$X_d = k_{mod} \cdot X_k / \gamma_M \tag{7}$$

für Festigkeitswerte bzw.

$$X_d = X_k / \gamma_M \tag{7a}$$

für Elastizitäts- und Schubmoduln (i.d.R.) mit:

X_d Bemessungswert der Baustoffeigenschaften
X_k Charakteristischer Wert der Baustoffeigenschaften
k_{mod} Modifizierender Faktor nach Kapitel 2.1
γ_M Teilsicherheitsbeiwert für die Baustoffeigenschaften

Der charakteristische Wert der Baustoffeigenschaft kann sowohl eine Festigkeit als auch ein Wert des Elastizitätstensors sein. Beim Holz sind die charakteristischen Werte der Festigkeiten sowie des Elastizitätsmoduls für Stabilitätsberechnungen als untere 5 %-Fraktile festgesetzt worden (vgl. Bild 1.2.2); für die Berechnung von den Verformungen werden die 50 %-Fraktilen, d.h. die Mittelwerte der Elastitzitäts- bzw. Schubmoduln benutzt.

Die charakteristischen Werte der Holzeigenschaften werden an Normquerschnitten in Kurzzeitversuchen bei einer mittleren Holzfeuchte von ca. 12% ermittelt. Die Einflüsse Dauer der Einwirkung, Holzfeuchte, Bauteilquerschnitte und beanspruchtes Volumen sind daher durch weitere Faktoren in Rechnung zu stellen (vgl. Kapitel 2.1).

Der Faktor k_{mod} ist im EC 2 (Stahlbeton und Spannbeton) sowie im EC 3 (Stahlbau) nicht enthalten. Er berücksichtigt beim Werkstoff Holz den Einfluß der Einwirkungsdauer (z.B. von Lasten) und der Holzfeuchte. Der Faktor k_{mod} ist daher für die verschiedenen Hölzer und Holzwerkstoffe unterschiedlich und i.d.R. kleiner 1,0. Um den Einfluß der *Lasteinwirkungsdauer* zu erfassen, sind die anzusetzenden Lasten entsprechenden Lastdauerklassen gemäß Tabelle 1.2.5 (Beispiele aus DIN V ENV 1995-1-1) zuzuweisen. Im NAD zur DIN V ENV 1995-1-1 wurden für die verschiedenen Einwirkungen nach DIN 1055 die in Tabelle 1.2.6 wiedergegebenen Klassen der Lasteinwirkungsdauer verbindlich zugeordnet (vgl. auch Kapitel 1.3). Besteht eine Lastkombination aus Einwirkungen verschiedener Klassen der Lasteinwirkungsdauer, so kann k_{mod} für die Einwirkung mit der kürzesten Dauer gewählt werden. Erläuterungen zum Faktor k_{mod} in Abhängigkiet von den *Nutzungsklassen* und den relativen Luftfeuchten siehe Kapitel 2.1.2.2.

Die Teilsicherheitsbeiwerte der Holzeigenschaften werden, in Abhängigkeit vom Grenzzustand und der Lastkombination, durch die zuständigen nationalen Behörden festgelegt. Die DIN V ENV 1995-1.1 empfiehlt die in Tabelle 1.2.7 zusammengefaßten Werte.

Lasteinwirkungsdauer		Beispiele für Lasten
Klasse	Dauer	
ständig	länger als 10 Jahre	Eigenlast
lang	6 Monate bis 10 Jahre	Nutzlasten in Lagerhallen
mittel	1 Woche bis 6 Monate	Verkehrslasten ev. Schnee*)
kurz	< 1 Woche	Schnee*) und Wind
sehr kurz, stoßartig		außergewöhnliche Einwirkung

*) In Gegenden, in denen über längere Zeiträume hohe Schneelasten auftreten, sollte entsprechend dem NAD ein Teil der Schneelast als zur Lasteinwirkungsklasse 'mittel' gehörend angesehen werden.

Tabelle 1.2.5: Klassen der Lasteinwirkungsdauer nach DIN V ENV 1995-1-1

Für die Ermittlung von Beanspruchungen des Baugrundes oder der Beanspruchungen in Bauteilen, die nicht entsprechend dem Nachweiskonzept der Eurocodes bemessen werden, ist der Übergang auf das dafür jeweils zu Grunde zu legende Bemessungskonzept (z.B. nach den DIN-Normen) zu berücksichtigen. Dabei sind nach dem NAD die nach den Regeln der DIN V ENV 1995-1-1 ermittelten Bemessungswerte der Schnittgrößen im Grenzzustand der Tragfähigkeit durch den jeweils ungünstigsten Teilsicherheitsbeiwert, mindestens jedoch durch $\gamma_F = 1,4$ (bzw. 1,3 bei Verwendung reduzierter Teilsicherheitsbeiwerte) zu dividieren. Dies gilt auch für brandschutztechnische Nachweise von Bauteilen nach DIN 4102 Teil 4, wenn die Feuerwiderstandsdauer lastabhängig ist.

<u>Anmerkung:</u>
Nach der Anpassungsrichtlinie des DAfStb zum EC 2 (DIN V 18932) sind die Bemessungswerte der Schnittgrößen mindestens durch $\gamma_F = 1,35$ zu dividieren.

Einwirkung		Klasse der Lasteinwirkungsdauer
1	Lotrechte Verkehrslasten nach DIN 1055 Teil 3	
1.1	Gleichmäßig verteilte Lasten auf Dächer, Decken und Treppen	
1.1.1	Dächer, waagrechte oder bis 1:20 geneigte, bei zeitweiligem Aufenthalt von Personen	kurz
1.1.2	Decken	
1.1.2-1	Fertigteildecken mit geringer Tragfähigkeit während des Einbauzustandes, die mit Transportgefäßen für Beton befahren werden	kurz
1.1.2-2	Spitzböden, die aufgrund ihrer Querschnittsmaße nur bedingt begehbar sind	lang
1.1.2-3	Lagerräume	lang
1.1.2-4	Werkstätten und Fabriken mit schwerem Betrieb	Entscheidung im Einzelfall
1.1.3	Alle anderen lotrechten, gleichmäßig verteilten Lasten für Dächer, Decken und Treppen	mittel
1.2	Lotrechte Einzelverkehrslasten für Dächer	kurz
1.3	Lotrechte Verkehrslasten für befahrene Decken	kurz
1.4	Hubschrauberlandeplätze auf Dachdecken	mittel
1.5	Lotrechte Pendelkräfte	mittel
2	Waagrechte Verkehrslasten nach DIN 1055 Teil 3	
2.1	Horizontallast an Brüstungen und Geländern in Holmhöhe	kurz
2.2	Horizontallasten zur Berücksichtigung einer ausreichenden Längs- und Quersteifigkeit	entsprechend den zugehörigen lotrechten Lasten
2.3	Bremskräfte und Horizontallasten von Kranen und Kranbahnen	kurz
2.4	Horizontalstöße auf Stützen und Wände	sehr kurz
2.5	Waagrechte Pendelkräfte	mittel
2.6	Horizontallasten für Hubschrauberlandeplätze auf Dachdecken	
2.6.1	für den Überrollschutz	sehr kurz
2.6.2	übrige Horizontallasten	kurz
3	Windlasten bei nicht schwingungsanfälligen Bauwerken nach DIN 1055 Teil 4	kurz
4	Schneelast und Eislast nach DIN 1055 Teil 5	
4.1	Regelschneelast $s_o \leq 2{,}0$ kN/m²	kurz
4.2	Regelschneelast $s_o > 2{,}0$ kN/m²	mittel

Tabelle 1.2.6: Klassen der Lasteinwirkungsdauer nach NAD

Grenzzustand Bemessungs- situation	γ_M für Bauteile und Verbindungsmittel aus			
	Holz HWSt*)	Baustahl Profilbleche	Betonstahl Spannstahl	Beton
Grenzzustand der Tragfähigkeit				
normal - Grundkombination nach Gl. 4	1,3	1,1 1,25**)	1,15	1,5 1,35***)
- infolge Tragwerks-verformungen	1,3	1,1	1,15	1,35
außergewöhnlich (nach Gl. 5, 5a)	1,0	1,0	1,0	1,2
Grenzzustand der Gebrauchstauglichkeit (nach Gl. 6)	1,0	1,0	1,0	1,0

*) Holzwerkstoffe
**) für Verbundmittel im Verbundbau
***) im Brückenbau

Tabelle 1.2.7: Teilsicherheitsbeiwerte γ_M für Werkstoffe nach EC 2 bis 5

1.2.6.2 „Warm"-Bemessung

Im nachfolgenden sollen die Grundlagen zur brandschutztechnischen Bemessung nach ENV 1995-1-2 („Warm"-Bemessung) kurz erläutert werden, da in den weiteren Kapiteln der Hauptgliederung nur die sogenannte 'Kaltbemessung' von Bauteilen und Verbindungsmitteln gezeigt wird.

1.2.6.2.1 Allgemeines

Die Berechnungsgrundlagen für den Feuerwiderstand von Baukonstruktionen aus unterschiedlichen Werkstoffen erfolgen in separaten Teilen der Eurocodes; die Auslegungsgrundlagen und die Lastannahmen für den Brandfall werden baustoffübergreifend behandelt im EC 1, Teil 2.7 (siehe Bild 1.2.1). Die baustoffbezogenen Rechengrundlagen und Nachweisansätze sind in den Brandschutzteilen (Teile 1.2) der Eurocodes 2 bis 6 beschrieben. Die Systemrandbedingungen und Belastungen für Nachweise des Brandverhaltens (sog. Warmbemessung) werden generell in Einklang mit denen bei einer Kaltbemessung gewählt. Ungünstige Veränderungen der Randbedingungen infolge der Wirkung von thermischen Dehnungen sind jedoch konstruktiv oder rechnerisch zu berücksichtigen.

Nach dem probabilistischen Sicherheitskonzept dürfen beim Nachweis der Tragfähigkeit von Bauteilen im Katastrophenfall 'Brand' auf der Widerstandsseite die Materialkennwerte im allgemeinen mit ihrem 1,0-fachen Nennwert angesetzt werden. Auf der Lastseite dürfen zur Rechenvereinfachung die Bemessungsschnittgrößen im Brandfall mit ca. 60 % der Schnittgrößen aus der Kaltbemessung angenommen werden. Zur Zeit wird die deutsche Fassung des Nationalen Anwendungsdokumentes zu den Brandschutzteilen der Eurocodes zusammengestellt.

1.2.6.2.2 Grundlagen

Die im ENV 1995-1-2 festgelegten Abbrandraten entsprechen den in der DIN 4102 Teil 4 festgelegten charakteristischen Abbrandtiefen mit

$$d_k = \beta_0 \cdot t \tag{8}$$

mit

d_k Charakteristische Abbrandtiefe in [mm]
β_0 Abbrandgeschwindigkeit in [mm/min] nach Tabelle 1.2.8
t Feuerwiderstandsdauer in [min]

Zeile	Hölzer	β_0 [mm/min]
1	Nadelholz aus Brettschichtholz mit $\rho_k \cdot 290$ kg/m³ Vollholz mit $\rho_k \cdot 290$ kg/m³	 0,7 0,8
2	Vollholz oder Brettschichtholz aus Laubholz mit $\rho_k \cdot 290$ kg/m³ 1) 2)	0,7
3	Vollholz oder Brettschichtholz aus Laubholz mit $\rho_k \cdot 450$ kg/m³ 2)	0,5
1)	Die Abbrandgeschwindigkeiten für Buche entsprechen den Werten für Vollholz aus Nadelholz	
2)	Lineare Interpolation für Harthölzer zulässig	

Tabelle 1.2.8: Abbrandgeschwindigkeiten β_0 für Holz

Im Brandfall nehmen ferner die Bemessungswerte der Widerstände mit steigenden Verhältnis Umfang p zur Fläche des Restquerschnittes A_r ab. Dieser Zusammenhang ist im Anhang A zur ENV 1995-1-2 geregelt und in Bild 1.2.3 wiedergegeben (vgl. auch GEROLD, KEMMLER 1995).

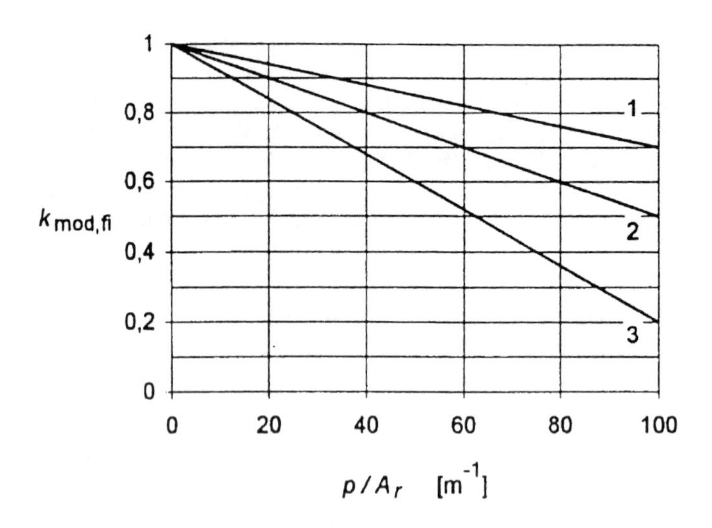

Bild 1.2.3: Abnahme der Festigkeits- und Elastizitätseigenschaften in Abhängigkeit vom Restquerschnitt im Brandfall.
1 Zugfestigkeit, Elastizitätsmodul, 2 Biegefestigkeit, 3 Druckfestigkeit

Allgemein sind z.B. die Festigkeiten im Brandfall definiert zu

$$f_{fi,d} = k_{mod,fi} \cdot (f_k / \gamma_{M,fi}) \cdot k_{fi} \qquad (9)$$

mit

$f_{fi,d}$ Abgeminderter Bemessungswert der Festigkeit im Brandfall in [N/mm²]
f_k Charakteristische Festigkeit bei Normaltemperatur (20 °C)
$\gamma_{M,fi}$ Teilsicherheitsbeiwert für brandbeanspruchte Bauteile
$k_{mod,fi}$ Reduktionsfaktor für die Festigkeiten im Brandfall entsprechend Bild 1.2.3 bzw. Gl. 10a bis 10c
$k_{fi} = 1,25$ Faktor für Vollholz
$k_{fi} = 1,15$ Faktor für Brettschichtholz

Die Zahlenwertgleichungen für die Reduktionsfaktoren $k_{mod,f}$ lauten für

- biegebeanspruchte Teile $k_{mod,fi} = 1,0 - p / (200 \cdot A_r)$ (10a)
- druckbeanspruchte Teile $k_{mod,fi} = 1,0 - p / (125 \cdot A_r)$ (10b)
- zugbeanspruchte Teile $k_{mod,fi} = 1,0 - p / (330 \cdot A_r)$ (10c)

mit

p Umfang des Restquerschnitts in [m]
$p = b_r + 2 \cdot h_r$ 3seitige Brandbeanspruchung

$p = 2 \cdot b_r + 2 \cdot h_r$ 4seitige Brandbeanspruchung
$A_r = b_r \cdot h_r$ Restquerschnittsfläche in [m²]

wobei
$b_r = b - 2 \cdot d_k$ Breite des Restquerschnittes in [m]
h_r Höhe des Restquerschnittes in [m]
$h_r = h - d_k$ 3seitige Brandbeanspruchung
$h_r = h - 2 \cdot d_k$ 4seitige Brandbeanspruchung

1.2.6.2.3 Brandschutztechnische Bemessung

Ausgehend von den allgemeinen Bemessungsregeln nach DIN V ENV 1995-1-1 muß im Brandfall folgende Bedingung eingehalten werden:

$$E_{fi,d} \leq R_{fi,d} \tag{3a}$$

mit
$E_{fi,d}$ Bemessungswert der Beanspruchung im Brandfall; vereinfachend zu $E_{fi,d} = 0,6 \cdot E_d$ (11)
$R_{fi,d}$ Bemessungswert des Bauteilwiderstandes im Brandfall unter Beachtung der Querschnittsschwächungen

Nach ENV 1995-1-2 gibt es grundsätzlich drei Verfahren der Brandschutzbemessung:

1. Pauschale Vergrößerung
der charakteristischen Abbrandraten d_k auf das Maß d_{ef}, um den Einfluß der Abnahme der Bemessungswerte der Widerstände abzudecken:

$$d_{ef} = d_k + k_0 \cdot d_0 \tag{12}$$

mit
d_{ef} Effektive Abbrandrate in [mm] ohne Berücksichtigung der Abnahme der Bemessungwerte der Widerstände
d_k Charakteristische Abbrandtiefe nach Gl. 8
d_0 Vergrößerungsmaß; i.d.R. 7 mm
k_0 Verkleinerungsfaktor [-]
$k_0 = 1,0$ Verkleinerungsfaktor für $t > 20$ min

2. Vereinfachtes Berechnungsverfahren
unter Berücksichtigung der Festigkeits- und Steifigkeitsverluste im Brandfall nach Gl. 9 unter Berücksichtigung der Abbrandraten nach Gl. 8.

3. Genaueres Verfahren
unter Berücksichtigung der im Anhang A des ENV 1995-1-2 angegebenen geringeren Abbrandgeschwindigkeiten in Verbindung mit dem Ausrundungsradius für den erhöhten Eckabbrand sowie Holzfeuchteverteilungen und Temperaturgradienten.

1.2.7 Grenzzustände

Unter einem Grenzzustand versteht man den Zustand, bei dessen Überschreiten das gesamte Bauwerk oder einzelne Teile die an sie gestellten Anforderungen nicht mehr erfüllen. Die Eurocodes unterscheiden zwei Gruppen von Grenzzuständen:

- Grenzzustände der Tragfähigkeit (ultimate limit states)
- Grenzzustände der Gebrauchstauglichkeit (serviceability limit states).

1.2.7.1 Grenzzustände der Tragfähigkeit

Der Grenzzustand der Tragfähigkeit soll die Standsicherheit eines Bauwerkes und seiner einzelnen Bauteile sichern. Dem entsprechen auch Zustände, die einem Tragwerksversagen voraus gehen und die vereinfacht anstelle des Verfahrens selbst betrachtet werden können. Er ist erbracht, sofern die nachfolgenden vier Bedingungen eingehalten werden:

(1) Statisches Gleichgewicht; keine Lageänderung des Tragwerkes

$$E_{d,dst} < E_{d,stb} \tag{13}$$

mit

$E_{d,dst}$ Bemessungswert der Beanspruchung aus den destabilisierenden Einwirkungen

$E_{d,stb}$ Bemessungswert der Beanspruchung aus den stabilisierenden Einwirkungen

Beispiele: Umkippen, Gleiten, Auftrieb

(2) Keine Ausbildung einer kinematischen Kette bzw. von Bruchlinien

(3) Ausreichende Tragfähigkeit im Bruchzustand

$S_d \leq R_d$ (3)

unter Berücksichtigungen der Gln. 4, 5 bzw.

$E_{fi,d} \leq R_{fi,d}$ (3a)

im Falle der Warmbemessung.

(4) Kein Stabilitätsverlust

Beispiele: Biegeknicken, Biegedrillknicken, Plattenbeulen

Beim Grenzzustand der Stabilität, der durch Beanspruchungen nach Theorie 2. Ordnung verursacht ist, ist nachzuweisen, daß kein instabiler Zustand entsteht. Dabei dürfen die Einwirkungen ihre Bemessungswerte nicht über-schreiten und die Eigenschaften des Tragwerks sind mit den entsprechenden Bemessungswerten zu bestimmen. Im übrigen ist Bedingung (3) einzuhalten.

Man erkennt, daß zum Nachweis der Grenzzustände der Tragfähigkeit nicht nur die insbesondere in den vorangegangenen Abschnitten untersuchte Bedingung (3) einzuhalten ist.
In Bild 1.2.4 ist der Ablauf für den Nachweis ausreichender Tragfähigkeit im Bruchzustand nocheinmal schematisch zusammengestellt.

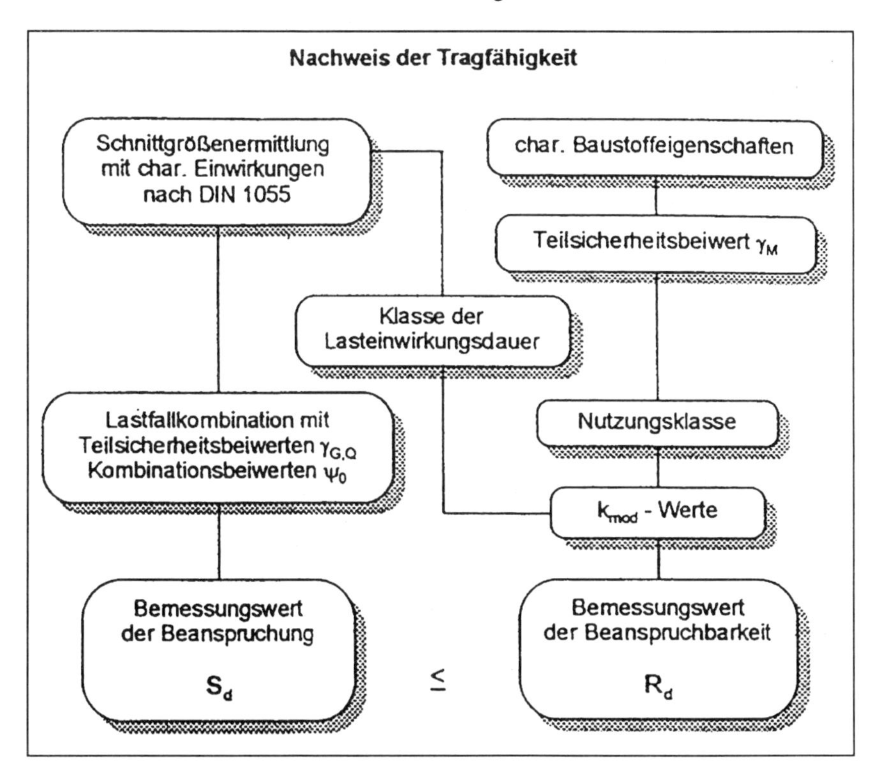

Bild 1.2.4: Schematischer Ablauf beim Nachweis der Tragfähigkeit

Bild 1.2.4 und Bild 1.2.5 stammen aus COLLING 1994.

1.2.7.2 Grenzzustände der Gebrauchstauglichkeit

Das Überschreiten der Grenzzustände der Gebrauchstauglichkeit ist i.d.R. nicht mit einer Gefahr für Menschen verbunden. Der Nachweis soll jedoch

- Verformungen oder Durchbiegungen begrenzen, welche das äußere Erscheinungsbild beeinträchtigen, eine uneingeschränkte Nutzung des Bauwerkes verhindern oder nicht tragende Bauteile bzw. Verkleidungen beschädigen,

- Eigenschwingungen verhindern, welche die Nutzung ausschließen bzw. bei den Benutzern Unbehagen hervorrufen, sowie
- übermäßige Beanspruchungen ausschließen, welche die Dauerhaftigkeit beeinflussen oder die Funktionstüchtigkeit einschränken.

Für den Nachweis der Gebrauchstauglichkeit von Bauwerken werden in der DIN V ENV 1995-1 als auch im Annex 1 des EC 1 Teil 1 Regeln gegeben, die die Berechnung von Verformungen und Durchbiegungen ermöglichen. Hinsichtlich der Kombination der Einwirkungen gilt Gl. 6, wobei sowohl die γ_F = 1,0-fachen Einwirkungen zugrunde gelegt wurden als auch geringere Kombinationsbeiwerte für die veränderlichen Einwirkungen im Vergleich zum Tragfähigkeitsnachweis.

Für die Begrenzung der Verformungen oder Durchbiegungen werden teilweise Grenzwerte C_d empfohlen; die Festlegung erfolgt letztendlich jedoch vom Tragwerksplaner, vom Bauherrn oder in Absprache mit dem Bauherrn. Hinsichtlich der Teilsicherheitsbeiwerte auf der Baustoffseite siehe Tabelle 1.2.7.

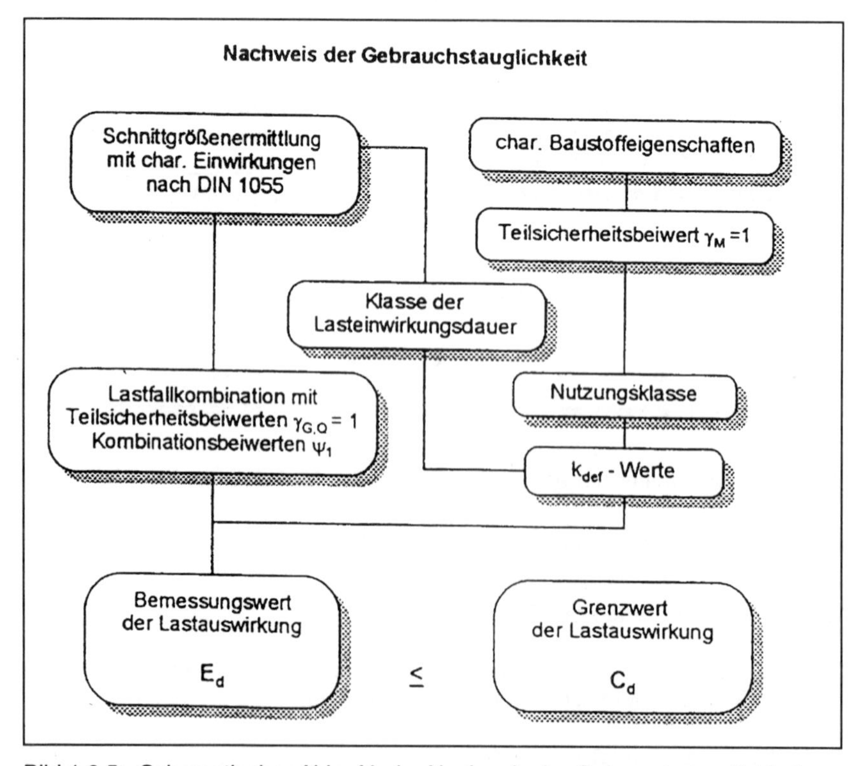

Bild 1.2.5: Schematischer Ablauf beim Nachweis der Gebrauchstauglichkeit

Weitere Einzelheiten zu den Grenzzuständen der Gebrauchstauglichkeit siehe Kapitel 3 der Hauptgliederung. In Bild 1.2 5 wurde von COLLING 1994 der Ablauf für den Nachweis der Gebrauchstauglichkeit dargestellt. Man erkennt, daß anstelle des modifizierenden Faktors k_{mod} beim Nachweis der Tragfähigkeit der Beiwert k_{def} beim Nachweis der Gebrauchstauglichkeit einzuführen ist. Er berücksichtigt den Einfluß der Lasteinwirkungsdauer und des Umgebungsklimas auf die Verformungen.

Vorschläge zur Definition und einheitlichen Verwendung der z.Z. sowohl zwischen den einzelnen Anwendungsnormen als auch zwischen den verschiedenen Sicherheitskonzepten sehr unterschiedlich verwendeten Begriffen beim Nachweis der Gebrauchstauglichkeit finden sich in SCHEER et al. 1994.

1.2.8 Zusammenfassung Bemessungskonzept

Die in den Eurocodes verwendete Sicherheitsmethode ist die der Bemessung nach Grenzzuständen. Im Unterschied zu der Methode der zulässigen Spannungen werden für die einzelnen Grenzzustände Teilsicherheitsbeiwerte sowohl für die Einwirkungen (z.B. Lasten) als auch für die Widerstände (z.B. Festigkeiten) in Ansatz gebracht. Dadurch ist die neue Methode genauer und wirklichkeitsgerechter. Das grundsätzliche Vorgehen bei der Anwendung der Teilsicherheitsmethode ist wie folgt:

1. Ermittlung der Bemessungswerte der Einwirkungen

1.1 Die charakteristischen Werte der ständigen Einwirkungen G_k, der veränderlichen Einwirkungen Q_k und der außergewöhnlichen Einwirkungen A_k werden künftig mit der mittleren Rohdichte der Baustoffe berechnet bzw. dem EC 1 entnommen. Als charakteristische Werte der veränderlichen Lasten werden im EC 1 die 98 %-Fraktil-Werte (und nicht mehr die 95 %-Fraktil-Werte) angegeben. Bis zum endgültigen Vorliegen des EC 1 können die Lastannahmen den entsprechenden DIN-Normen entnommen werden.

1.2 Die Teilsicherheitsbeiwerte werden dem EC 1 bzw. z.Zt. dem Nationalen Anwendungsdokument NAD entnommen.

1.3 Die Bemessungswerte G_d, Q_d und A_d der Einwirkungen werden durch Multiplikation der zugehörigen charakteristischen Werte mit den Teilsicherheitsbeiwerten γ_F gebildet.

1.4 Die Kombinationsbeiwerte ψ für die veränderlichen Einwirkungen werden dem EC 1 bzw. z.Zt. dem NAD entnommen. Die Kombinationsbeiwerte berücksichtigen die Häufigkeit des gemeinsamen Auftretens veränderlicher Einwirkungen und besitzen daher Werte kleiner als 1,0.

1.5 Die Kombination der verschiedenen Einwirkungen erfolgt nach Gln. 4 bis 6.

1.6 Die Beanspruchungen S_d werden i.d.R. mittels der Elastizitätstheorie ermittelt unter Berücksichtigung der maßgebenden Kombinationen der Einwirkungen bzw. zur Rechenvereinfachung nach Gln. 4a,b, 6a,b.

2. Ermittlung der Bemessungswerte der Widerstände

2.1 Die charakteristischen Werte der Baustoffeigenschaften X_k werden den Werkstoffnormen entnommen.

2.2 Die Teilsicherheitsbeiwerte für die Baustoffeigenschaften sowie der modifizierende Faktor k_{mod} bzw. der Beiwert k_{def} werden dem NAD, langfristig dem EC 1, entnommen.

2.3 Die Ermittlung der Bemessungswerte der Bauteilwiderstände X_d erfolgt durch Division der charakteristischen Werte durch die Teilsicherheitsbeiwerte für die Baustoffeigenschaften γ_M entsprechend Gl. 7a sowie ggfs. durch Multiplikation mit dem modifizierenden Faktor k_{mod} analog Gl. 7 bzw. Gl. 9 sowie dem Beiwert k_{def} entsprechend Kapitel 3.

Weitere Hinweise zur Ermittlung der Bemessungswerte finden sich insbesondere in CHARLIER 1994, BLAß et al. 1995 sowie BLAß et al. 1992.

3. Nachweis der Grenzzustände

In der DIN V ENV 1995-1-1 ist die Kaltbemessung von Holzbauteilen und deren Verbindungen geregelt.

3.1 Grenzzustände der Tragfähigkeit
Nachweise nach Abs. 1.2.7.1

3.2 Grenzzustände der Gebrauchstauglichkeit
Nachweise nach Abs. 1.2.7.2

4. Weiterleitung der Beanspruchungen

4.1 Geotechnische Nachweise
Die Bemessungswerte der Schnittgrößen sind im Grenzzustand der Tragfähigkeit durch den jeweils ungünstigsten Teilsicherheitsbeiwert, mindestens jedoch durch $\gamma_F = 1,4$ (bzw. 1,3 bei Verwendung reduzierter Teilsicherheitsbeiwerte) zu dividieren. Gleiches gilt für eine Warmbemessung nach DIN 4102.

4.2 Bauteile aus anderen Materialien wie Stahl und Stahlbeton
Neben den Bemessungswerten der Schnittgrößen sind im Grenzzustand der Tragfähigkeit auch die jeweils zugehörigen Teilsicherheitsbeiwerte für die einzelnen Einwirkungen anzugeben.

1.2.9 Lastannahmen nach ENV 1991

Im folgenden werden die sich z.Z. in der Diskussion befindlichen Vorschläge des ENV 1991 (Eurocode 1) für die veränderlichen Einwirkungen vorgestellt.

1.2.9.1 Allgemeines

Auf Grundlage der im Entwurf der ENV 1 Teil 1, Tab. 1, festgelegten Wiederkehrperiode von 50 Jahren für veränderliche Lasten werden sich für die klimatischen Einwirkungen höhere Werte (98 %-Fraktilen) als bisher nach DIN 1055 (Wiederkehrperiode 20 Jahre bzw. 95 %-Fraktilwert) ergeben; z.B. um ca. 20 % höhere Schneelasten. Bei der Größe der Nutzlasten und Windeinwirkungen sind im ENV 1991 im Vergleich zur Reihe DIN 1055 nach dem derzeitigen Stand keine großen Änderungen zu erwarten. Die Regelung der DIN 1055, daß der Winddruck auf Einzelbauteile, z.B. Sparren, mit dem Faktor 1,25 zu vervielfachen ist, entfällt im EC 1, da den Lastannahmen bereits die 98 %-Fraktilwerte zugrunde liegen.

Dem neuen Konzept der Teilsicherheitsbeiwerte folgend ergeben sich zwangsläufig einige Änderungen bei der Lastzusammenstellung im Übergang von DIN 1055 auf die ENV 1991:
So entfallen z.B. für die Überlagerung von Schnee- und Windlasten die konkurrierenden Kombinationsregeln (vgl. GEROLD 1989) der DIN-Normen. Auch die Besonderheit des Holzbrückenbaus gegenüber dem Hochbau, daß der Lastfall 'Schnee' nach DIN 1074 als Hauptlastfall einzustufen ist, entfällt.

1.2.9.2 Nutzlasten

Die im ENV 1991 vorgesehenen Nutzlasten sind in Tabelle 1.2.9 angegeben.

In Abhängigkeit von der Geschoßzahl n kann die Nutzlast für die Kategorien A und B abgemindert werden mit dem Faktor

$$\alpha_n = 0{,}6 / n + 0{,}7 \qquad n > 2,$$

sofern der Kombinationsbeiwert ψ kleiner 1,0 ist. Ferner ist eine Abminderung der Nutzlasten auf Park- und Verkehrsflächen für Fahrzeuge bei Lasteinzugsflächen von über 20 m^2 vorgesehen. Nicht vorwiegend ruhend beanspruchte Bauteile sind in der DIN V ENV 1995-1-1 nicht geregelt.

1.2.9.3 Schneelasten

Wie bereits erwähnt, ist das Ziel des EC 1, eine einheitliche europäische Regelung für die Schneelasten zu entwickeln ohne Belastungssprünge an administrativen Grenzen, wie sie derzeit noch vorhanden sind (z.B. ergibt ich für Straßburg nach den französischen Normen eine geringere Schneelast als für die Stadt Kehl). Eine Auswertung vorhandener Meßdaten Italiens und Deutschlands in GRÄNZER 1989 ergab die in Bild 1.2.6 dargestellte charakteristische Schneelast am Boden in Abhängigkeit von der geographischen Höhenlage h und der Schneelastzone z. Aus der charakteristischen Schneelast am Boden kann dann mit Hilfe der in Bild 1.2.7 dargestellten Dachformbeiwerte μ (vgl. KÖNIG et al. 1990) die Schneelast auf dem Dach $s = \mu \cdot s_k$ ermittelt werden.
Bei der Erstellung der darauf aufbauenden europäischen Schneezonenkarte ergaben sich einige Unzulänglichkeiten. Daher wurden im Anhang A6 zum EC (Bild 1.2.8) die für Deutschland charakteristischen Werte s_k in Abhängigkeit von den

Belastete Fläche		q_k [kN/m²]	Q_k [kN]
Kategorie A	- allgemein	2,0	2,0
	- Treppen	3,0	2,0
	- Balkone	4,0	2,0
Kategorie B	- allgemein	3,0	2,0
	- Treppen, Balkone	4,0	2,0
Kategorie C	- mit festen Sitzen	4,0	7,0
	- sonstige	5,0	7,0
Kategorie D	- allgemein	5,0	7,0
	- Treppen, Balkone	4,0	2,0
Kategorie F	- $Q_k \leq 35$ kN	2,0	35,0
Kategorie G	- 35 kN $< Q_k \leq 160$ kN	5,0	85,0

Kategorie A: nicht öffentliche Räume; z.B. Wohnungen, Kranken- und Hotelzimmer
Kategorie B: öffentliche Räume, bei denen Überfüllung durch Personen ausgeschlossen ist, z.B. Büroräume, Schulen
Kategorie C: öffentliche Räume mit möglicher Überfüllung, z.B. Ausstellungsräume, Boutiquen, Kino, Theater, Versammlungsräume, Turnhallen, Tribünen, Archive, Büchereien
Kategorie D: Geschäfts- und Warenhäuser
Kategorie E: Lagerräume
Kategorie F: Park- und Verkehrsflächen für Fahrzeuge bis zu einem Gesamtgewicht von 35 kN (einschl. φ)
Kategorie G: Park- und Verkehrsflächen für Fahrzeuge bis zu einem Gesamtgewicht von 160 kN (einschl. φ)
Kategorie H: Dächer, Horizontallasten

Tabelle 1.2.9: Vorschlag zu den Nutzlasten in Gebäuden bzw. auf Park- und Verkehrsflächen für Fahrzeuge

bestehenden Schneelastzonen einschließlich der Ergänzung für die neuen Bundesländer angegeben. Der vorgesehene enge Terminplan für die Einführung der Eurocodes 2 - 5 zwang nun, für eine Übergangsphase einen anderen Weg einzuschlagen:
Die Karte der Schneelastzonen einschließlich der Ergänzung für die neuen Bundesländer und die Tabelle für die Regelschneelast s_o (DIN) bleiben gültig. Dabei

wären allerdings die Werte mit dem Faktor 1,2 / 0,8 = 1,5 zu vergrößern gewesen: Der Faktor 1,2 hätte sich dabei, wie bereits erwähnt, durch die größere Wiederkehrperiode ergeben (98 %- statt 95 %-Fraktile); der Faktor 0,8 ergibt sich durch die unterschiedlichen Ansätze von DIN 1055 Teil 4 (Schneelast auf dem Dach)

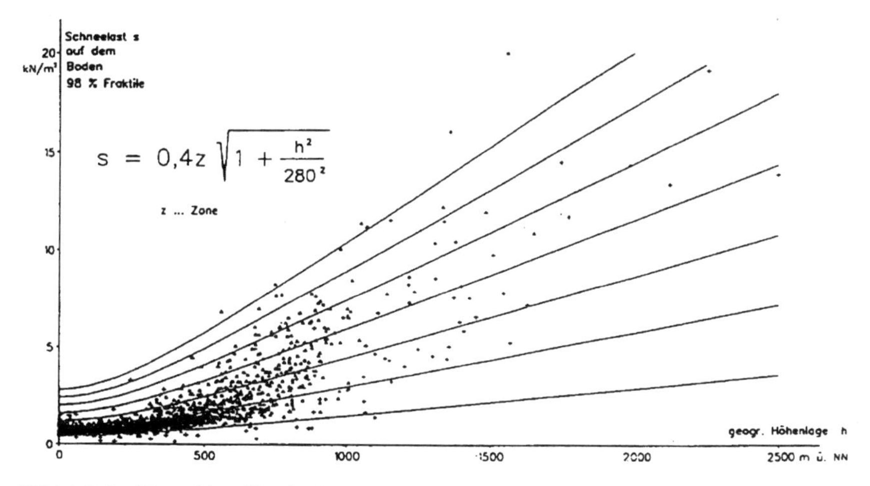

Bild 1.2.6: Vorschlag für die Schneelast s [kN/m²] am Boden in Abhängigkeit von der Höhenlage und der Zone

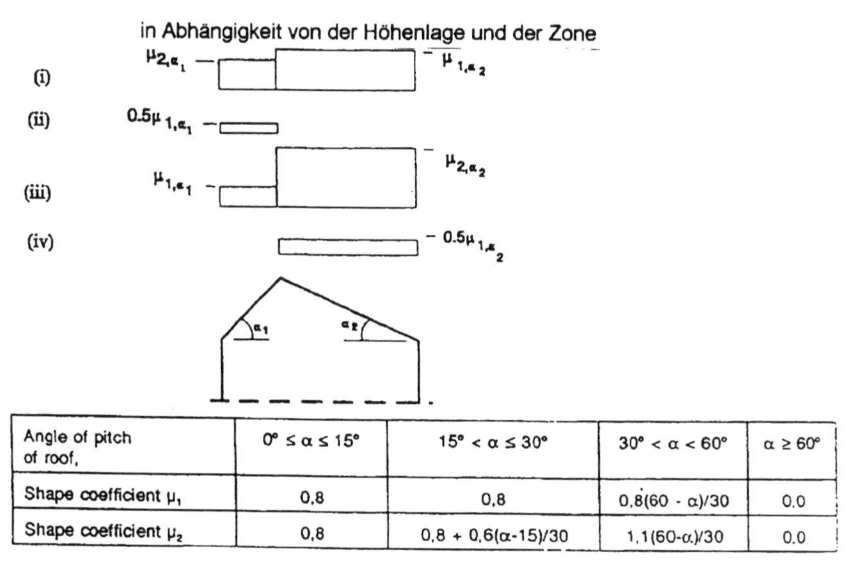

Angle of pitch of roof,	0° ≤ α ≤ 15°	15° < α ≤ 30°	30° < α < 60°	α ≥ 60°
Shape coefficient μ_1	0,8	0,8	0,8(60 - α)/30	0.0
Shape coefficient μ_2	0,8	0,8 + 0,6(α-15)/30	1,1(60-α)/30	0.0

Bild 1.2.7: Vorschlag für die Dachformbeiwerte μ

und EC 1 (Schneelast auf dem Boden). Im NAD bzw. den Anwendungsrichtlinien für die ECs 2 und 3 sind jedoch keine der beiden Erhöhungen erwähnt, da

- man der Meinung war, daß die Regelschneelasten nach DIN 1055 im Vergleich, insbesondere mit Anreinerstaaten, zu hoch sind und
- durch die Dachformbeiwerte μ (vgl. Bild 1.2.7) der Unterschied in den Lastansätzen nahezu egalisiert wird.

A6 GERMANY

For the National Zones defined in Figure A4 the characteristic snow loads on the ground are as given in A6.1 to A6.4.

A6.1 National Zone I

altitude (m)	<200	300	400	500	600	700	800	900	1000
s_k (kN/m²)	1,13	1,13	1,13	1,13	1,28	1,58	1,88	2,25	2,70

A6.2 National Zone II

altitude (m)	<200	300	400	500	600	700	800	900	1000
s_k (kN/m²)	1,13	1,13	1,13	1,35	1,73	2,25	2,78	3,45	4,20

A6.3 National Zone III

altitude (m)	<200	300	400	500	600	700	800	900	1000	1100	1200	1300	1400	1500
s_k (kN/m²)	1,13	1,13	1,50	1,88	2,40	3,00	3,83	4,65	5,70	6,95	8,20	9,60	11,10	12,70

A6.4 National Zone IV

altitude (m)	<200	300	400	500	600	700	800	900	1000	1100	1200	1300	1400	1500
s_k (kN/m²)	1,50	1,73	2,33	3,15	3,90	4,88	5,85	6,98	8,25	9,40	10,60	11,75	12,90	14,10

For sites situated in Zone IV but near to the boundary with Zone III, the snow load derived from A6.4 may be reduced by linear interpolation according to the formula -

$$s_k = s_{k,IV} - ((a/5)(s_{k,IV} - s_{k,III}))$$

where $s_{k,III}$ and $s_{k,IV}$ are the snow load values given in the tables for the altitude of the site;
a is the shortest distance from the site to the boundary between Zones IV and III (km).

Bild 1.2.8: Charakteristische Schneelasten s_k [kN/m²] am Boden für Deutschland in Abhängigkeit von den Zonen

1.2.9.4 Windlasten

Die Windlasten sind im ENV 1991 Teil 2.4 geregelt. Grundsätzlich wird zwischen schwingungsanfälligen und nicht schwingungsanfälligen Bauwerken unterschieden. Bild 1.2.9 zeigt die europäische Windgeschwindigkeitskarte.

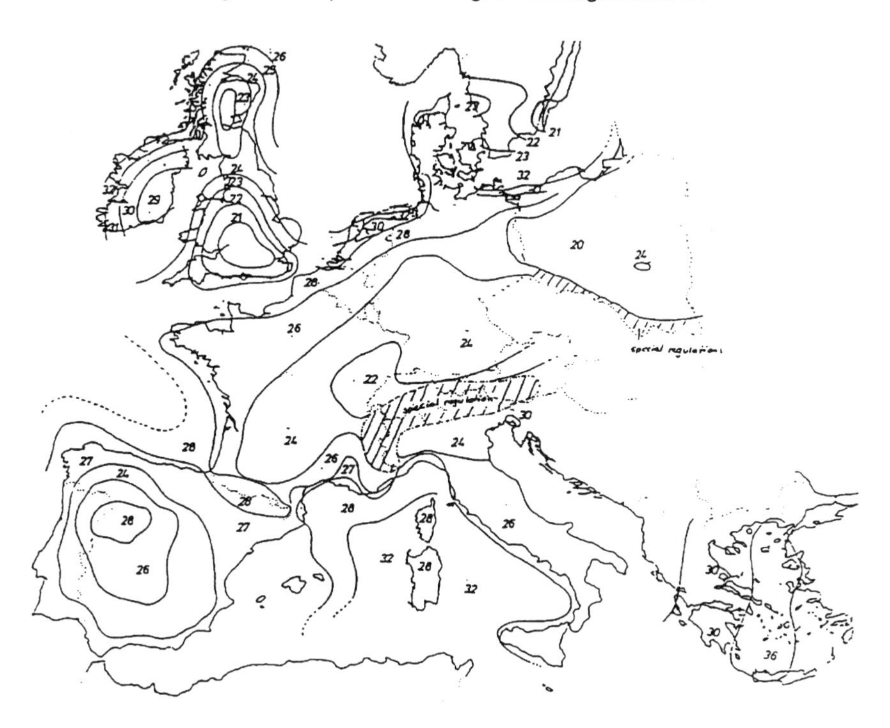

Bild 1.2.9: Europäische Karte mit den Referenzwindgeschwindigkeiten v_{ref} [m/sec]

Genauere Detailangaben zu einzelnen EG- bzw. EFTA-Staaten sind im Anhang zum EC 1 Teil 2.4 enthalten.

Die mittlere Windgeschwindigkeit ergibt sich nach EC 1 zu

$$v_m(z) = c_r(z) \cdot c_t(z) \cdot v_{ref} \qquad (14)$$

mit

z Höhe über Grund
$c_r(z)$ Faktor für die Geländerauhigkeit
$c_t(z)$ Faktor für die Topographie
v_{ref} Referenzwindgeschwindigkeit einer Zone

Der Staudruck ergibt sich zu

$$q_{ref} = \rho \cdot v_{ref}^2 / 2 \tag{15}$$

mit
q_{ref} Referenz-Staudruck
ρ Dichte der Luft (i.d.R. 1,25 kg/m³)
v_{ref} Referenzwindgeschwindigkeit

Der Winddruck läßt sich, entsprechend DIN 1055 Teil 4, wahlweise über globale Winddruck- und -sogkoeffizienten c_p für einzelne Baukörper bestimmen oder über die Aufsummation der aerodynamischen Kraftkoeffizienten $c_d \cdot c_f$ für die Einzelbauteile. Die Gesamtkraft ergibt sich nach der 1. Möglichkeit z.B. für Dächer zu

$$F_w = w \cdot A = q_{ref} \cdot c_e(z) \cdot c_{pe} \cdot A \tag{16}$$

mit
F_w Windbelastung
w Winddruck
A Windangriffsfläche
$c_e(z)$ Koeffizient für die Ausgesetztheit des Bauwerkes nach Bild 1.2.10
c_{pe} Äußerer (external) Winddruckkoeffizient nach Bild 1.2.11

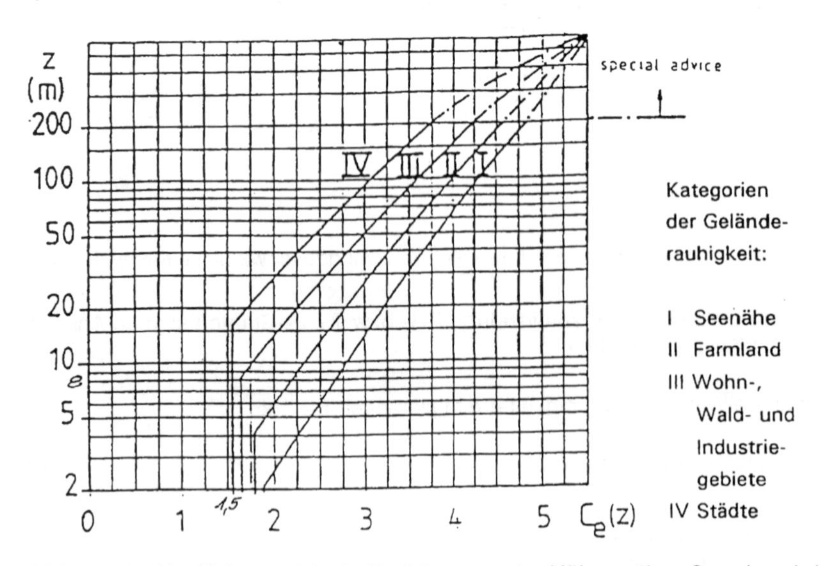

Bild 1.2.10: Koeffizient $c_e(z)$ als Funktion von der Höhe z über Grund und den Kategorien I bis IV der Geländerauhigkeit

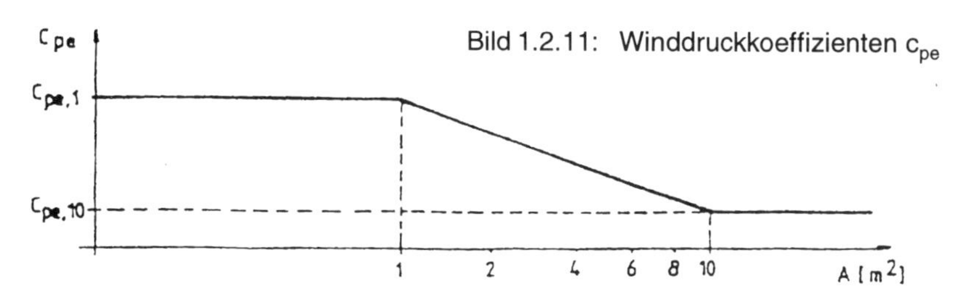

Bild 1.2.11: Winddruckkoeffizienten c_{pe}

$c_{pe} = c_{pe,1}$	$A \leq 1\ m^2$
$c_{pe} = c_{pe,1} + (c_{pe,10} - c_{pe,1}) \log_{10}A$	$1\ m^2 < A < 10\ m^2$
$c_{pe} = c_{pe,10}$	$A \geq 10\ m^2$

Wind direction 0°

	Zone for wind direction $\theta = 0°$									
Pitch	F		G		H		I		J	
angle α	$c_{pe,10}$	$c_{pe,1}$	$c_{pe,10}$	$c_{pe,1}$	$c_{pe,10}$	$c_{pe,1}$	$c_{pe,10}$	$c_{pe,1}$	$c_{pe,10}$	$c_{pe,1}$
-45°	-0,6		-0,6		-0,8		-0,7		-1,0	-1,5
-30°	-1,1	-2,0	-0,8	-1,5	-0,8		-0,6		-0,8	-1,4
-15°	-2,5	-2,8	-1,3	-2,0	-0,9	-1,2	-0,5		-0,7	-1,2
-5°	-2,3	-2,5	-1,2	-2,0	-0,8	-1,2	-0,3		-0,3	
5°	-1,7	-2,5	-1,2	-2,0	0,6	-1,2	-0,3		-0,3	
15°	-0,9	-2,0	-0,8	-1,5	-0,3		-0,4		-1,0	-1,5
	+0,2		+0,2		+0,2					
30°	-0,5	-1,5	-0,5	-1,5	-0,2		-0,4		-0,5	
	+0,7		+0,7		+0,4					
45°	+0,7		+0,7		+0,6		-0,2		-0,3	
60°	+0,7		+0,7		+0,7		-0,2		-0,3	
75°	+0,8		+0,8		+0,8		-0,2		-0,3	

(1) At $\Theta = 0°$ the pressures changes rapidly between positve and negative values on the windward face around a pitch angle of $\alpha = +30°$, so both positive and negative values are given.

(2) Linear interpolation for intermediate pitch angles of the same sign may be used between values of the same sign. (Do not interpolate between $\alpha = +5°$ and $\alpha = -5°$, but use the data for flat roofs in 6.10.2.3.

Tabelle 1.2.10: Winddruckbeiwerte für doppeltgeneigte Dächer

Die beiden nachfolgenden Abbildungen sind dem EC 1 Teil 2.4 entnommen und zeigen weitere Einzelheiten der Lastermittlung.

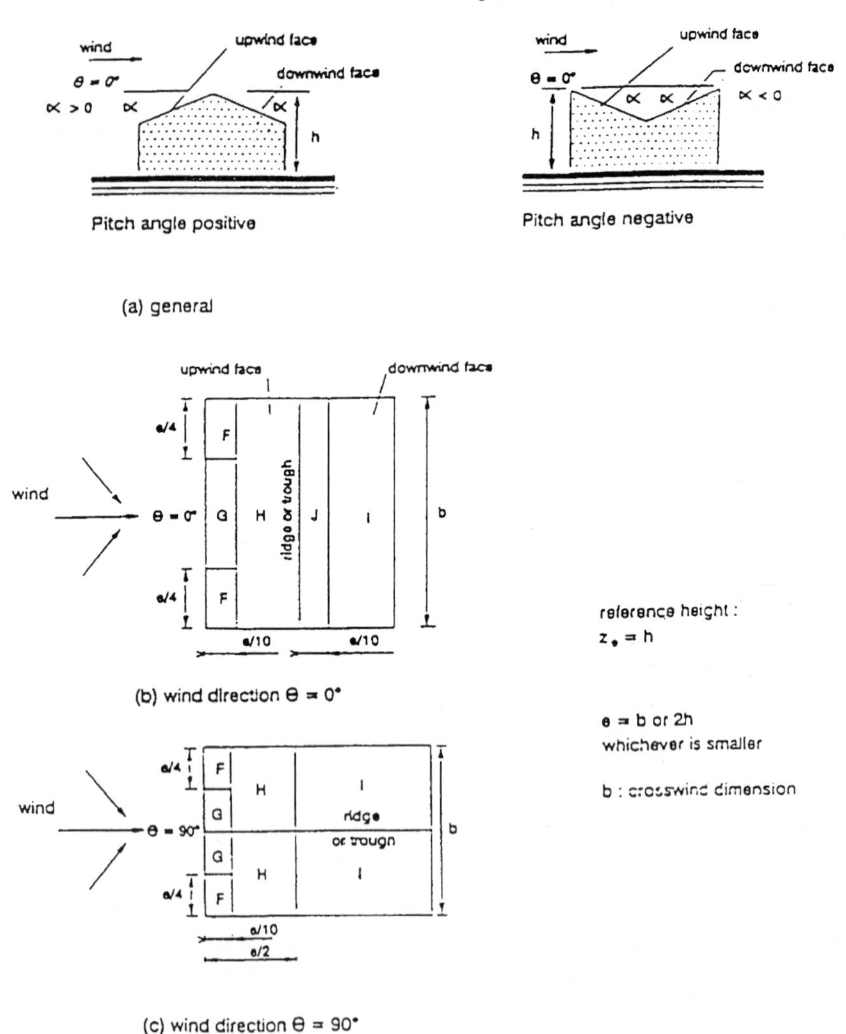

Bild 1.2.12: Belastete Flächen und Referenzhöhe doppeltgeneigter Dächer

Wie bereits erwähnt, sind noch nicht für alle Staaten Windgeschwindigkeitskarten vorhanden. Daher sind nach EC 1 sowie den Nationalen Anwendungsdokumenten weiterhin die gültigen nationalen Regelungen einer Bemessung nach DIN V ENV 1995-1-1 zugrunde zu legen.

1.2.10 Beispiele: Dachtragwerke aus Holz

1.2.10.1 Vergleich Lastannahmen ENV 1991 / NAD zur DIN V ENV 1995-1-1

Untersucht werden die Lastansätze für das in Bild 1.2.13 dargestellte Pfettendach.

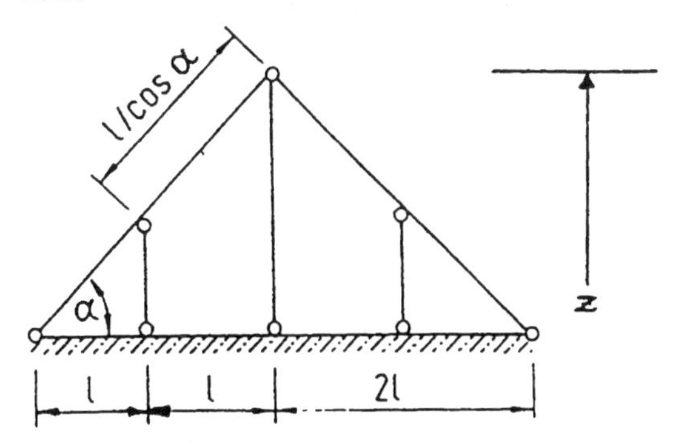

Bild 1.2.13: Pfettendach mit 45° Dachneigung

Bauwerksstandort: Deutschland
Schneelastzone III
Erdbebenzone 0
Geodätische Höhe 750 m über NN
Höhe Dach $8{,}0 \text{ m} < z < 20{,}0 \text{ m}$

Das Bauwerk sei nicht schwingungsanfällig (Schlankheit $h/b \leq 8$).

Dachtragwerk: $g = 0{,}5 \text{ kN/m}^2$

Lastzusammenstellung nach der Reihe DIN 1055 sowie EC 1:

- *Eigengewicht*

  $g / \cos 45° =$ $0{,}7 \text{ kN/m}^2$

- *Schneelast*

  nach DIN 1055

  $s_0 = 2{,}28 \text{ kN/m}^2$ vgl.

  $s =$ <u>1,4 kN/m²</u> GEROLD 1989

  nach EC 1

  Bild 1.2.8: $s_k = 6{,}83 \text{ kN/m}^2 / 2 = 3{,}42 \text{ kN/m}^2$

  Bild 1.2.6: $\mu_1 \cdot s_k = 0{,}4 \cdot 3{,}42 \text{ kN/m}^2 =$ <u>1,4 kN/m²</u> beidseitig

  $\mu_2 \cdot s_k = 0{,}55 \cdot 3{,}42 \text{ kN/m}^2 =$ <u>1,9 kN/m²</u>

  Fazit: Im konkreten Fall 36 % höherer Einzelwert für Schneelast.

– *Windlast* (ohne erhöhte Winddruckkoeffizienten im Rand- und Eckbereich, $\Theta = 0^o$)
nach DIN 1055

	$w_D =$		1,4 kN/m² vgl.
	$w_S =$		- 1,2 kN/m² GEROLD 1989
nach EC 1			
	$q_{ref} = 1{,}25 \cdot 24^2 / 2 \cdot 10^{-3} = 0{,}36$ kN/m²		
Bild 1.2.12	Zone H:	$\alpha = 45^o$:	$c_{pe} = +\ 0{,}6$
Tabelle 1.2.10	Zone I:	$\alpha = -\ 45^o$:	$c_{pe,1} = c_{pe,10} = -\ 0{,}7$
Bild 1.2.11:	Zone I:		$c_{pe} = -\ 0{,}7$
Bild 1.2.10:	Kategorie III:		$c_e(z) \leq 2{,}25$
	$w_D = 0{,}36 \cdot 2{,}25 \cdot 0{,}6 / \cos^2 45° =$		
			0,97 kN/m²
	$w_S = -\ 0{,}89 \cdot 0{,}7 / 0{,}5 =$		- 1,13 kN/m²

Fazit: Im konkreten Fall 44 % geringere Winddruckkräfte und nahezu gleiche Windsogkräfte.

Ferner sind für eine Ermittlung der Bemessungswerte die Schneelast als maßgebende veränderliche Einwirkung anzusetzen; die Windlast wäre mit dem Teilsicherheitsbeiwert $\psi_{0,1}$ zu beaufschlagen.

1.2.10.2 Beanspruchung Durchlaufträger

Gesucht wird die Zusammenstellung der Beanspruchungen nach DIN V ENV 1995-1-1 und dem NAD für die in Bild 1.2.14 dargestellte, dreifeldrige Firstpfette.

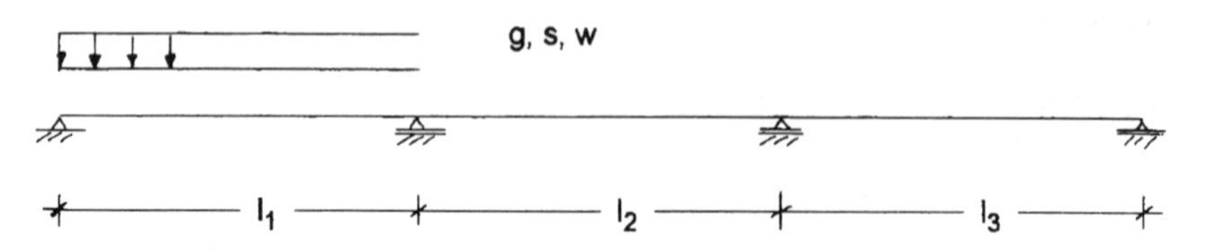

Bild 1.2.14: Statisches System Firstpfette

Bauwerksstandort: Deutschland
Schneelastzone III
Erdbebenzone 0
Geodätische Höhe < 300 m über NN
Höhe Dach 8,0 m < z < 20,0 m
Dachneigung 32°
Einflußbreite $b_m = 1{,}875$ m
(bezogen auf Grundrißebene Gfl.)

Das Bauwerk sei nicht schwingungsanfällig (Schlankheit h/b ≤ 8).

Lastzusammenstellung nach der Reihe DIN 1055:
(Lasten bezogen auf Grundrißebene Gfl.)

– *Eigengewicht* Lasteinwirkungsdauer lang

$g_{Falzziegel,\ Sparren} = 0{,}65\ kN/m^2 \cdot 1{,}875 / \cos 32°$
$= \underline{1{,}44\ kN/m}$

$g_{Pfette} = 5\ kN/m^3 \cdot 0{,}08 \cdot 0{,}20$
$= \underline{0{,}08\ kN/m}$

– *Schneelast* Lasteinwirkungsdauer kurz, da
$s_o = 0{,}75\ kN/m^2 < 2{,}0\ kN/m^2$, $k_s = 0{,}95$
$s = 0{,}75\ kN/m^2 \cdot 0{,}95$
$= \underline{0{,}71\ kN/m}$

– *Windlast* Lasteinwirkungsdauer kurz
$w_D = 1{,}25^{*)} \cdot 0{,}8 \cdot (32/50 - 0{,}2)$
$= \underline{0{,}44\ kN/m}$
$w_S = -\ 1{,}25 \cdot 0{,}8 \cdot 0{,}6$
$= \underline{-\ 0{,}60\ kN/m}$

*) Anmerkung:
Der Staudruck nach DIN 1055 Teil 4 stellt einen Mittelwert dar und berücksichtigt bereits die Böigkeit des Windes. Da im Böenmaximum die Mittelwerte überschritten werden, sind bei der Bemessung von windbelasteten Einzelbauteilen diese mit dem Faktor 1,25 entsprechend DIN 1055 Teil 4 zu beaufschlagen.

Teilsicherheits- und Kombinationsbeiwerte für Lastfallkombinationen LFK:

<u>LFK Ständige Lasten und Schnee</u>

$$S_d = S_d \{ \ 1{,}35 \cdot (2 \cdot 1{,}44 + 0{,}08) \cdot k_{mod,\ lang} + 1{,}5 \cdot (2 \cdot 0{,}71) \cdot k_{mod,\ kurz} \}$$

entsprechend Gl. 4a mit

$\gamma_{G,j} = 1{,}35$ vgl. Tabelle 1.2.3, Zeile 1, Spalte 2
$\gamma_{Q,1} = 1{,}5$ vgl. Tabelle 1.2.3, Zeile 1, Spalte 3

<u>LFK Ständige Lasten und Wind</u>

Die Horizontalbeanspruchung wird über Druck und Zug in den Sparren abgetragen. Die LFK Ständige Lasten und Wind ist daher nicht maßgebend; zumal die Vertikalbelastung aus Wind kleiner ist als die aus Schnee und die Teilsicherheitsbeiwerte sowie die k_{mod}-Werte für beide LFK gleich sind.
Abhebende Kräfte sind bei diesem Beispiel an der Firstpfette nicht möglich.

LFK Ständige Lasten, Schnee und Wind

$$S_d = S_d\{\ 1{,}35 \cdot (2 \cdot 1{,}44 + 0{,}08) \cdot k_{mod,\,lang} + 1{,}5 \cdot (2 \cdot 0{,}71) \cdot k_{mod,\,kurz} + 0{,}7 \cdot 1{,}35 \cdot (0{,}44 - 0{,}60) \cdot k_{mod,\,kurz}\}$$

entsprechend Gl. 4a mit

$\gamma_{G,j} = 1{,}35$ s.o.
$\gamma_{Q,1} = 1{,}5$ s.o.
$\gamma_{Q,2} = 1{,}5$ vgl. Tabelle 1.2.3, Zeile 1, Spalte 3
$\psi_{0,2} = 0{,}7$ vgl. Tabelle 1.2.4

Alternativ gilt entsprechend Gl. 4b:

$$S_d = S_d\{\ 1{,}35 \cdot (2 \cdot 1{,}44 + 0{,}08) \cdot k_{mod,\,lang} + 1{,}35 \cdot (2 \cdot 0{,}71 + 0{,}44 - 0{,}60) \cdot k_{mod,\,kurz}\}$$

1.2.10.3 Belastung einer Dachfläche durch umstürzenden Baum

Gesucht wird die Beanspruchung der Dachfläche eines eingeschossigen Wohnhauses durch eine umstürzende Eiche oder Buche. In Bild 1.2.15 bedeuten:

$G_{k,1}$	Charakteristisher Wert des Gewichtes der Baumkrone
$G_{k,2}$	Charakteristisher Wert des Gewichtes des Baumstammes
S_1	Schwerpunkt der ständigen Einwirkung $G_{k,1}$
S_2	Schwerpunkt der ständigen Einwirkung $G_{k,2}$
$d \approx l/3$	Durchmesser der Baumkrone (idealisiert als Kugel)
l	Länge des Baumstammes (idealisiert als Kegelstumpf)
l_a	Abstand Haus - Waldrand
h	Höhe des Aufprallpunktes
$h_1 \approx r_1 - h - d/2 + w$	Fallhöhe der Baumkrone
$h_2 = h_1 \cdot r_2 / r_1$	Fallhöhe des Baumstammes
$r_1 = l - d/2$	Radius zugehörig zu S_1
$r_2 \approx l/3$	Radius zugehörig zu S_2
w	Abbremsweg beim Anprall

Unter Ansatz einer energetischen Betrachtung kann der charakteristische Wert der Einwirkung S_d auf die Dachfläche abgeschätzt werden. Hierzu sind gewisse Annahmen erforderlich:

- Außergewöhnliche Einwirkung: $\gamma_{BA} = 1{,}0$ entspr. Tabelle 1.2.3
- Geometrie: Baumkrone hat Kugelform, Baumstamm hat Form eines Kegelstumpfes mit Schwerpunkt näherungsweise im (unteren) Drittelspunkt

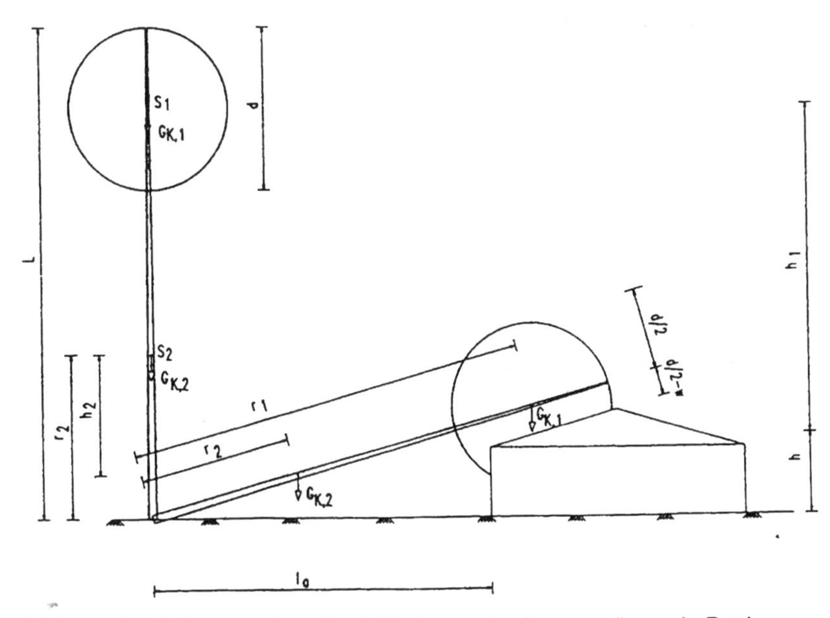

Bild 1.2.15: Belastung einer Dachfläche durch eine umstürzende Buche

- *Fall a:*
  Baum ist voll belaubt, d.h.
  „Weicher" Stoß - die kinetische Energie des stoßenden Körpers wird im wesentlichen von seiner eigenen Deformationsarbeit aufgezehrt. Dabei wird unterstellt, daß am Waldrand stehende Bäume auf der dem Haus zugewandten Seite ausreichend Äste besitzen.

- *Fall b:*
  Baum ist nicht belaubt; ggfs. ist Schnee- und Eisansatz vorhanden, d.h.
  „Harter" Stoß - die kinetische Energie des stoßenden Körpers wird im wesentlichen von der Deformationsarbeit der Dachkonstruktion aufgezehrt.
  In beiden Fällen soll jedoch gelten:
  - Elastische Verformung der Dachkonstruktion bei Anprall vernachläsigbar
  - Elastische Verformung des Baumstammes vernachlässigbar
  - Wirkung der Drehfeder am Wurzelstock vernachlässigt
  - Deformation der Baumkrone durch Verbiegen und Brechen der Äste; damit verbundene Abbremsung des Aufpralls mit
    - Abbremsweg $w \approx d / 3$, da max $w = d / 2$
    - progressiver, parabelförmiger Federkennlinie entspr. Bild 1.2.16

mit der Federenergie $E_{Feder} = 1/3 \cdot S_{d,dyn} \cdot w$ (17)

- Energetische Betrachtung: $E_{Feder} \leq E_{pot}$ (18)

Mit $1/3 \cdot S_{d,dyn} \cdot w \leq \gamma_A \cdot (G_{k,1} \cdot h_1 + G_{k,2} \cdot h_2)$

$$S_{d,dyn} \leq \gamma_A \cdot (G_{k,1} + G_{k,2} \cdot r_2/r_1) \cdot (h_1 \cdot 3 / w) \quad (19)$$

folgt $S_{d,dyn} \leq S_{d,stat} \cdot D$ (19a)

wobei

$$S_{d,stat} = g_A \cdot (G_{k,1} + G_{k,2} \cdot r_2/r_1) \quad (20)$$

mit

$S_{d,dyn}$ Bemessungswert der dynamischen Stoßlast
$S_{d,stat}$ Bemessungswert der statischen Einwirkung
D Dynamischer Erhöhungsfaktor

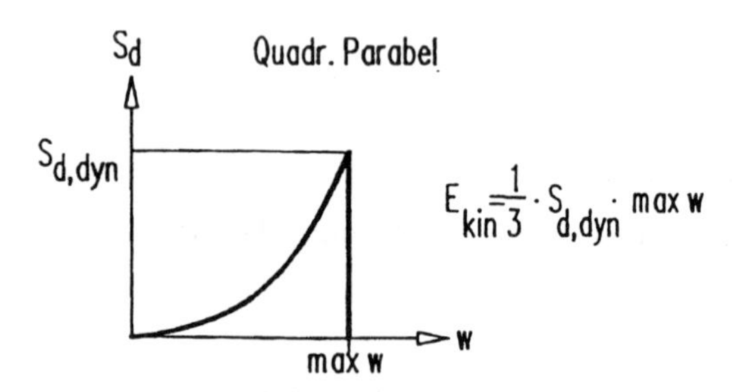

Bild 1.2.16: Federkennlinie des Abbremsvorganges

Die Masse aus Schnee- und Eisansatz möge dabei der der jährlich absterbenden Baumteile entsprechen, sodaß immer der voll belaubte Baum der Rechnung zugrunde zu legen ist.

Der dynamischer Erhöhungsfaktor, beim harten Stoß in der Literatur Vergrößerungsfaktor genannt, strebt entsprechend Gl. 19 für immer geringere Dämpfungen gegen Unendlich. Dem sind jedoch baupraktisch obere Schranken gesetzt. Für den weichen Stoß gilt nach Bild 1.2.17

$$D \leq \begin{cases} 3 \cdot h_1 / w \\ 2 \end{cases} \quad (21a)$$

Für den harten Stoß ist eine geringe Dämpfung anzusetzen, da es sich näherungsweise um ein schlankes Bauteil handelt. Für x · 0,125 ergibt gilt nach EIBL et al. 1988

$$D \leq \begin{cases} 3 \cdot h_1 / w \\ 4 \end{cases} \quad (21b)$$

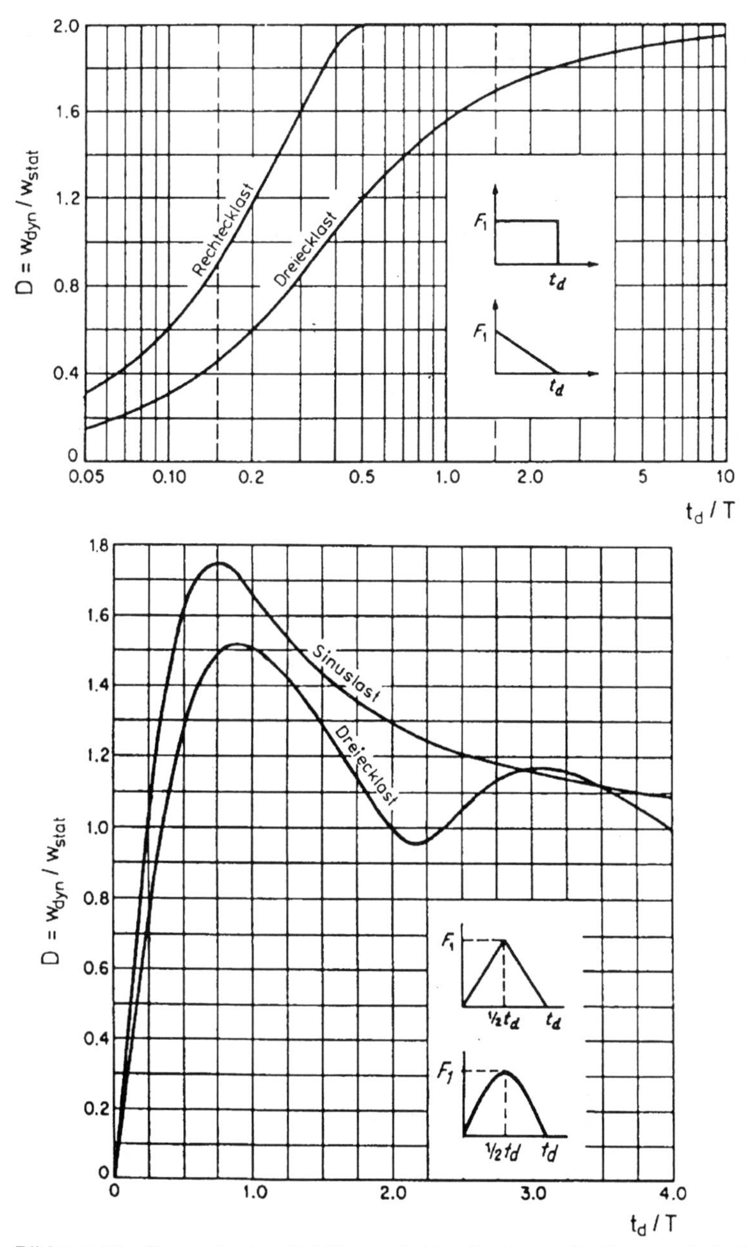

Bild 1.2.17: Dynamischer Erhöhungsfaktor D eines elastischen Schwingers infolge Stoßbelastung (aus BIGGS 1964)

Der dynamische Erhöhungsfaktor für einen elastischen Schwinger hängt entsprechend Bild 1.2.17 vom Verhältnis der Lasteinwirkungszeit t_d zur Schwingzeit T ab. Dabei gilt:

$$D = w_{dyn} / w_{stat} \approx S_{d,dyn} / S_{d,stat} \tag{22}$$

Der Bemessungswert $S_{d,dyn}$ der Einwirkung ist je nach Dachkonstruktion Einzelbauteilen, z.B. einer Pfette zuzuweisen. Bei räumlichen Tragkonstruktionen ist der Bemessungwert auf die beanspruchte Fläche zu verteilen. Annahmen hierzu könnten sein:

– Verteilung der Stoßkraft über die Anprallfläche:
  - Kreisförmige Anprallfläche A_A entsprechend Bild 1.2.18
  - Spannungshügel als Rotationsparaboloid entsprechend Bild 1.2.19

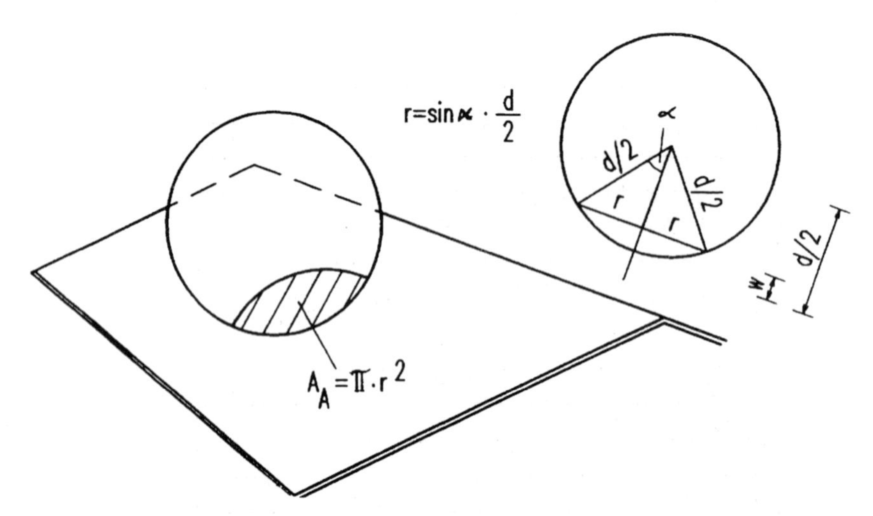

Bild 1.2.18: Anprallfläche A_A

Es wird darauf hingewiesen, daß nach Ansicht des Autors dieser Nachweis einer Zustimmung im Einzelfall bei der obersten Baurechtsbehörde bedarf, da die Schwierigkeit in der Festlegung der Massen respektive der nichtlinearen Federkennlie(n) besteht und es keine diesbezüglichen normativen Regelungen in Deutschland gibt.

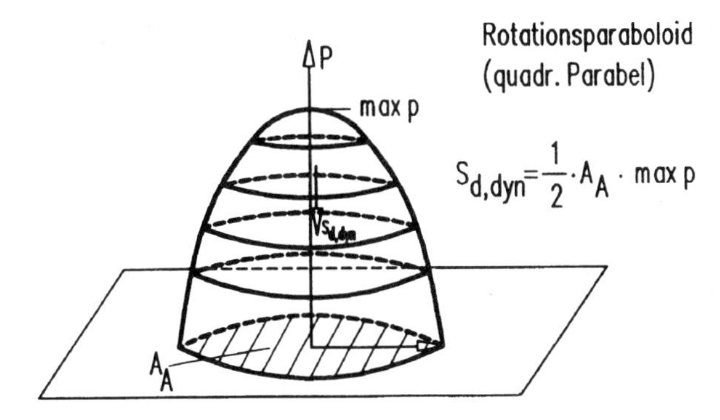

Bild 1.2.19: Parabelförmig angenommene Pressungsverteilung

Beispiel:

Gegeben: ca. 50-jährige Buche
Bei einer Nutzungsdauer von 50 Jahren für das neu zu erstellende Bauwerk ist daher eine 100-jährige Buche zugrunde zu legen. Aus MLR 1993 ergibt sich für eine mittlere Ertragsklasse des Bodens:

Oberhöhe: $l = 30$ m
Mitteldurchmesser Stamm: $D_m = 0{,}31$ m

Damit ergibt sich:

$r_2 = 10{,}0 \text{ m} \approx l / 3$
$d = 10{,}0 \text{ m} \approx l / 3 \quad \Rightarrow \quad r_1 = 25{,}0 \text{ m}$
$\Rightarrow \quad r_2 / r_1 = 0{,}4$
$\Rightarrow \quad w \leq 3{,}3 \text{ m}$
$h \gg 5{,}3 \text{ m} \quad \Rightarrow \quad h_1 = 18{,}0 \text{ m}$
$\Rightarrow \quad h_2 = 7{,}5 \text{ m}$
Durchmesser Zopf: $D_o \approx 0{,}10$ m (Annahme)
Durchmesser Baumstamm unten: $D_u \approx 0{,}52$ m

Ermittlung von $G_{k,1}$, $G_{k,2}$:

$V_2 = \pi \cdot l \cdot (D_u^2 + D_u \cdot D_o + D_o^2) / 12 = 1{,}79 \text{ m}^3$

$\Rightarrow \quad G_{k,2} \approx 5{,}2 \text{ kN/m}^3 \cdot 3{,}32 \text{ m}^3 = 17{,}3 \text{ kN}$

$V_1 = \pi \cdot D^3 / 6 = 523{,}6 \text{ m}^3$

$\Rightarrow \quad G_{k,1} \approx 0{,}4\% \cdot 5 \text{ kN/m}^3 \cdot 523{,}6 \text{ m}^3 = 10{,}5 \text{ kN}$

$\Rightarrow \quad S_{d,stat} = 1{,}0 \cdot (10{,}5 + 6{,}91) = 17{,}4 \text{ kN}$

Ermittlung des Bemessungswertes S_d der dynamischen Einwirkung:

$D \leq 4 << 3 \cdot 18{,}0 / (10{,}0 / 3) = 16{,}2$

$\Rightarrow \quad S_{d,dyn} \leq 4 \cdot 17{,}4 \text{ kN} = 69{,}6 \text{ kN}$

Bei einer flächigen Dachtragkonstruktion kann entsprechend den Bild 1.2.18 und Bild 1.2.19 ferner angenommen werden:

$\cos\alpha$ = (d/2 - u) / (d/2) = 1/3
α = 70,5°
r = $\sin\alpha \cdot d / 2 = 0{,}94 \cdot 5{,}0 = 4{,}71$ m
A_A = $\pi \cdot 4{,}71^2 = 69{,}8\ m^2$
max p_d = $69{,}6 \cdot 2 / 69{,}8 = 2{,}00\ kN/m^2$
Zusatzbeanspruchung aus Baumfall
> $s_d = s \cdot \gamma_Q \cdot \cos^2\alpha \leq 0{,}75 \cdot 1{,}5 = 1{,}13\ kN/m^2$
Größte veränderliche Einwirkung;
hier Schneelastzonen 1, 2 bei H ≤ 900 m ü.N.N.
g_d = $g \cdot \gamma_G \cdot \cos\alpha \leq 0{,}75 \cdot 1{,}35 \approx 1{,}00\ kN/m^2$
Ständige Belastung aus Ziegeldach

jeweils bezogen auf die Dachfläche.

Zur Ermittlung der Bemessungswerte S_d der Einwirkungen werden die einzelnen Einwirkungen nach der Teilsicherheitsmethode wie folgt kombiniert:

$$S_d = S_d \{ \Sigma_j \gamma_{G,j} \cdot G_{k,j} + 1{,}5 \cdot Q_{k,1} \} \qquad (4a)$$
$$= S_d \{ 1{,}00 + 1{,}13 = 2{,}13\ kN/m^2 \}$$

bei einer veränderlichen Einwirkung (Schneelast) für die „normale" Bemessungssituation (Grundkombination) bzw.

$$S_d = S_d \{ \Sigma_j \gamma_{GA,j} \cdot G_{k,j} + 1{,}0 \cdot \psi_{1,1} \cdot Q_{k,1} + \Sigma_{i>1} 1{,}0 \cdot \psi_{2,i} \cdot Q_{k,i} + \gamma_A \cdot A_k \} \quad (5)$$
$$= S_d \{ 1{,}0 \cdot 0{,}75 + 1{,}0 \cdot 0{,}5 \cdot 0{,}75 + 0 + 1{,}0 \cdot 2{,}00 = 3{,}13\ kN/m^2 \}$$

für die entsprechende außergewöhnliche Bemessungssituation bei einem Wohngebäude.

Fazit:
Die Bemessungssitution 'Baumfall' ist in diesem Beispiel maßgebend. Die Beanspruchungen aus Wind wurden nicht untersucht.

1.2.11 Literatur

DIN 1052 Holzbauwerke
insbes. Teil 1 Berechnung und Ausführung (04/88)
Teil 2 Mechanische Verbindungen (04/88)

DIN 1054 Baugrund - Zulässige Belastung des Baugrundes (11/76)

DIN 1055 Lastannahmen für Bauten
insbes. Teil 1 Lagerstoffe, Baustoffe und Bauteilen, Eigenlasten und Reibungswinkel (07/78)
Teil 3 Verkehrslasten (06/71)
Teil 4 Verkehrslasten, Windlasten bei nicht schwingungsanfälligen Bauwerken (08/86) unter Beachtung von
Teil 4 A1 Änderung 1: Berichtigungen (06/87)
sowie
Teil 40 Windwirkung auf Bauwerke (Entwurf)
Teil 5 Verkehrslasten – Schneelast und Eislast (06/75)
Teil 5 A1 Änderung 1: Karte der Schneelastzonen (06/87)

DIN 1074 Holzbrücken - Berechnung und Ausführung (05/91)

DIN 4102 Brandverhalten von Baustoffen und Bauteilen
Teil 4 Zusammenstellung und Anwendung klassifizierter Baustoffe, Bauteile und Sonderbauteile (03/94)

DIN 4149 Bauten in deutschen Erdbebengebieten
Teil 1 Lastannahmen; Bemessung und Ausführung üblicher Hochbauten (04/81)
Teil 1 A1 Änderung 1: Karte der Erdbebenzonen

DIN 18800 Stahlbauten
Teil 1 Bemessung und Konstruktion (11/90)

DIN V 18932 EUROCODE 2 – Planung von Stahlbeton- und Spannbetontragwerken
Teil 1 Grundlagen und Anwendungsregeln für den Hochbau (10/91)

DIN V ENV 1995 EUROCODE 5 – Entwurf, Berechnung und Bemessung von Holzbauwerken
Teil 1.1 Allgemeine Bemessungsregeln, Bemessungsregeln für den Hochbau (06/94) Nachdruck in bauen mit holz 1994, H. 12 u. 1995, H. 1,2

prEN 1995 EUROCODE 5 – Entwurf, Berechnung und Bemessung von Holzbauwerken
Teil 1.2 Allgemeine Bemessungsregeln, Ergänzende Bemessungsregeln für Bauteile unter Brandeinwirkung (E 11/94)
Teil 2 Bemessungsregeln für den Brückenbau (z.Zt. in Bearbeitung)

prEN 1991 EUROCODE 1 – Grundlagen der Tragwerksplanung und Einwirkungen auf Tragwerke
Teil 1 Grundlagen der Tragwerksplanung (E08/93)
Teile 2–4 Einwirkungen auf Tragwerke (E08/93)

ISO 8930 Allgemeine Grundsätze für die Zuverlässigkeit von Tragwerken; Verzeichnis der gleichbedeutenden Begriffe

LBO 1983 Landesbauordnung für Baden-Württemberg, zuletzt geändert am 17.12.1990

DAfStb Richtlinie zur Anwendung von EC 2 (04/93)
Beuth Verlag GmbH, Berlin, Vertriebs-Nummer 65018

NAD Nationales Anwendungsdokument.
Richtlinie zur Anwendung von DINV ENV 1995 Teil 1-1 (02/95)
DIN, DGfH (Hrsg.), Beuth Verlag GmbH, Berlin

BLAß, H.J.; GÖRLACHER, R.; STECK, G. 1995: Holzbauwerke, STEP 1: Bemessung und Baustoffe nach Eurocode 5. Fachverlag Holz der ARGE Holz e.V., Düsseldorf (Hrsg.), ISSN-Nr. 0446-2114

BLAß, H.J.; EHLBECK, J.; WERNER, H. 1992, Grundlagen der Bemessung von Holzbauwerken nach dem EUROCODE 5 Teil 1 – Vergleich mit DIN 1052. In: Betonkalender Teil II, Verlag Ernst & Sohn, Berlin
Vorsicht !! Regelungen zwischenzeitlich teilweise überholt !!

BIGGS, J.M. 1964: Introduction to Structural Dynamics. McGraw-Hill Bock Comp., New-York

BRÜNINGHOFF, H.: Beispielhafte Vergleichsrechnungen Eurocode 5/ DIN 1052, zur Festlegung noch „freier" Parameter im Hinblick auf die Sicherung des derzeitigen Sicherheitsniveaus. Forschungsvorhaben: Universität Wuppertal, Fachbereich Ingenieurholzbau

CHARLIER, H. 1994: Grundlagen für den Entwurf und die Bemessung. In: Europäische Normung im Holzbau (Eurocode 5), Fachseminar VDI (Hrsg.), Stuttgart

COLLING, F. 1994: Eine Einführung in den Eurocode 5. In: Holzbau '94 - Fachtagung für Ingenieure, Arge Holz e.V., Düsseldorf (Hrsg.)

EIBL, J.; HENSELEIT, O.; SCHLÜTER, F.-H. 1988: Baudynamik. In: Betonkalender, Teil II Verlag Ernst & Sohn, Berlin

EHLBECK, J.; LARSEN, H.J. 1993: Grundlagen der Bemessung von Verbindungen im Holzbau. In: bauen mit holz, H.10, S.

FOLLETT, K. 1993: Die Säulen der Erde. Verlag Bastei-Lübbe, 12. Auflage

GEROLD, M.; KEMMLER, R. 1995: Brandschutztechnische Bemessung unbekleideter Rundholzstützen. In: bauen mit holz, H. 6, S. 521–523, H. 7, S. 612–619, H. 8, S. 696.

GEROLD, M. 1989: Vergleich der alternativen Spannungsnachweise bei Dachtragwerken aus Stahl und Holz. In: Bautechnik, H.4, S. 137–140.

GRÄNZER, M 1989: Angabe von Schneelasten, geographisch nach Zonen gegliedert, den Eurocode „Lasten" Teil 7. Schlußbericht: Landesstelle für Bautechnik, Tübingen (12/89)

KÖNIG, G.; RACKWITZ, R.; RUSCHEWEYH, H.; SEDLACEK, G.; FISCHER, A:; MERZENICH, G. 1990: Harmonisierung europäischer Baubestimmungen – Eurocode 1. Abschlußbericht: Technische Hochschule Darmstadt

MLR 1993: Hilfstabellen für die Forsteinrichtung. Ministerium für ländlichen Raum, Ernährung, Landwirtschaft und Forsten, Landesverwaltung Baden-Württemberg (Hrsg.)

RÜSCH, H. 1954: Spannbeton und Spannbeton-Erläuterungen. Verlag Ernst & Sohn, Berlin

SCHEER, J.; PASTERNAK, H.; HOFMEISTER, M. 1994: Gebrauchstauglichkeit - (k)ein Problem? In: Bauingenieur, H. 4, S. 99 - 106 und H. 7/8, S. 286. Zuschrift: STIER, W. 1994. In: Bauingenieur, H. 12, S. 468

SCHRÖDER, K.; DRIGERT, K.-A. 1993: Neues Sicherheitskonzept in der europäischen Normung – Entwicklung der Berechnungsverfahren im Bauwesen. Werner-Ingenieur-Texte 88, Werner-Verlag, Düsseldorf.

STRAUB, H. 1975: Die Geschichte der Bauingenieurkunst – Ein Überblick von der Antike bis in die Neuzeit. Birkhäuser Verlag, Basel und Stuttgart, 3. Auflage.

1.3 Stand und Bedeutung der nationalen Anwendungsdokumente (NAD)

H. Brüninghoff

1.3.1 Zweck des Nationalen Anwendungsdokumentes (NAD)

Der EUROCODE 5, offiziell als DINV ENV 1995-1-1 bezeichnet, ist eine Berechnungsnorm für tragende Bauteile aus Holz für den Ingenieur- und den Hochbau, die zunächst als Vornorm probeweise während eines Zeitraums von drei bis vier Jahren verwendet werden kann. In der Vornorm sind wesentliche für die Bemessung von Tragwerken notwendige Angaben nicht enthalten, so zum Beispiel für die Einwirkungen (Lasten) und für die Festigkeitswerte der Baustoffe. Das NAD soll die vorhandenen Lücken so weit schließen, daß die Vornorm gleichwertig zur bisherigen nationalen Bemessungsnorm DIN 1052 in der Praxis eingesetzt werden kann.

Im europäischen Normenkommittee CEN werden zahlreiche Prüf-, Werkstoff- und Produktnormen bearbeitet, die weitgehend noch nicht fertiggestellt oder gar verabschiedet worden sind. Einige geplante Arbeiten wurden noch nicht begonnen. Bis zur Fertigstellung dieser den EUROCODE 5 unterstützenden Normen sind im NAD Querverweise zu nationalen Normen und ergänzende Angaben geplant, die die Anwendung der neuen Bemessungsnorm ermöglichen.

1.3.2 Regelungen des Nationalen Anwendungsdokumentes

1.3.2.1 Einwirkungen

Die Einwirkungen werden in EN 1991 festgelegt. Die Reihe dieser Norm ist noch nicht fertiggestellt. Im NAD wird daher bestimmt, daß für die die Anwendung der Bemessungsnorm DINV ENV 1995-1-1 zunächst die Lastannahmen nach DIN 1055 getroffen werden sollen. Die Werte der Lasten werden als charakteristische Werte, meist als 95 %-Quantilen, angesehen. Die Wahrscheinlichkeit des Aufeinandertreffens dieser Einwirkungen werden durch Kombinationsbeiwerte ($\psi < 1$) berücksichtigt, die das NAD für die verschiedenen Einwirkungen angibt.

1.3.2.2 Sicherheitselemente

Im Hinblick auf die Verantwortlichkeit der zuständigen Behörden in den Mitgliedsstaaten der Europäischen Union für Sicherheit, Gesundheit und andere Dinge, die durch die wesentlichen Anforderungen des Bauproduktengesetzes (BauPG) abgedeckt sind, wurden bestimmte Elemente der Vornorm als indikative Werte festgelegt, die durch eine Einrahmung gekennzeichnet sind. Diese Werte werden im NAD festgelegt. Dabei wurden die bereits in der Vornorm enthaltenen, dort vorgeschlagenen Werte übernommen.

1.3.2.3 Feuchteeinwirkung, Lastdauerklassen

DIN 1052 berücksichtigt die Einwirkung von Feuchte auf die Tragfähigkeit von Holzbauteilen durch Abminderungen der zulässigen Beanspruchungen und der elastischen Eigenschaften des Holzes. Die Abhängigkeit der Holzfestigkeit von der Dauer der einwirkenden Lasten wird durch erhöhte zulässige Beanspruchungen im Lastfall HZ berücksichtigt.

Im EUROCODE 5 werden die Einflüsse der Feuchte und der Lastdauer durch Modifizierungsfaktoren k_{mod} berücksichtigt. Zur Anwendung werden im NAD die Einwirkungen Lastdauerklassen zugeordnet. Die Feuchteklassen sind über das in der Norm festgelegte Klima, mit Temperaturen und Luftfeuchten, denen die Bauteile am Einsatzort voraussichtlich ausgesetzt sein werden, geregelt.

1.3.2.4 Querverweise

Zum Zeitpunkt der Herausgabe der Vornorm standen viele der zur Anwendung vorgesehenen Bezugsnormen noch nicht zur Verfügung. Das NAD enthält somit Querverweise auf andere Vorschriften, hauptsächlich auf nationale deutsche Normen. Darüber hinaus dürfen die Bestimmungen der Vornorm und konkurierender deutscher Normen nicht „gemischt“ werden.

1.3.2.5 Ergänzungen und Änderungen

Es besteht die Möglichkeit, Regelungen der Vornorm, die aus deutscher Sicht nicht praktikabel oder unsicher sind, auszuschließen oder zusätzliche Regelungen einzubringen. So kann die Vornorm weitgehend an die nationale Norm, die zur Zeit die Sicherheit und Wirtschaftlichkeit von Konstruktionen bestimmt, herangeführt werden. Der Ausschuß, der das NAD vorbereitet hat, wie auch die *Fachkommission Baunormung,* die für die Bauaufsicht tätig war, haben jedoch bewußt auf große Eingriffe in die Festlegungen des EUROCODE 5 verzichtet, um dessen probeweise Verwendung möglichst praxisnah und vergleichbar mit anderen Ländern der Europäischen Union durchführen zu können

1.3.2.6 Bauaufsichtliche Zulassungen

Für Bauteile und Bauarten, die nicht genormt sind, kann die Erteilung einer allgemeinen bauaufsichtlichen Zulassung beantragt werden. Beispielhaft mögen die

Zulassungen für Balkenschuhe und für Nagelplatten genannt sein. Auch im Rahmen der europäischen Baubestimmungen ist die Erteilung von Zulassungen geplant. Zuständig wird dafür die EOTA (European Organization for Technical Approval) sein; diese befindet sich im Aufbau. Bisher wurden für tragende Bauteile oder deren Komponenten noch keine europäischen Zulassungen erteilt.

Die Inhaber bauaufsichtlicher Zulassungen können beim Deutschen Institut für Bautechnik beantragen, daß die deutsche Zulassung um charakteristische Festigkeitswerte ergänzt wird, so daß die zugelassenen Gegenstände bei Berechnung eines Bauwerks nach dem EUROCODE 5 berücksichtigt werden können. Im (normativen) Anhang D des EUROCODE 5 sind Regeln zur Bemessung von Fachwerkbindern mit Nagelplattenverbindungen angegeben. Das NAD weist darauf hin, daß für diese Nachweise die charakteristischen Werte für die Plattenfestigkeit und für die Nageltragfähigkeit der für die jeweilige Nagelplatte erteilten allgemeinen bauaufsichtlichen Zulassung zu entnehmen sind.

1.3.3 Einführung des Nationalen Anwendungsdokumentes

Der EUROCODE 5 ist als Vornorm in deutscher Sprache unter der Bezeichnung DINV ENV 1995-1-1 seit Juni 1994 veröffentlicht. Das zugehörige Nationale Anwendungsdokument wurde von den Herausgebern

DIN Deutsches Institut für Normung e. V.,
DGfH Deutsche Gesellschaft für Holzforschung e. V.

im Februar 1995 abgeschlossen. Die *Fachkommission Baunormung* hatte dem Inhalt vorher zugestimmt.

Somit sind nun die obersten Bauaufsichtsbehörden der 16 Bundesländer aufgerufen, die Anwendung des EUROCODE 5 in Verbindung mit dem zugehörigen Nationalen Anwendungsdokument als gleichwertige andere Lösung gegenüber der nationalen Norm DIN 1052 bekannt zu machen. Im Land Baden-Württemberg ist dies bereits geschehen. Der entsprechende Erlaß wurde im Gemeinsamen Amtsblatt veröffentlicht.

2 Werkstoffeigenschaften

2.1 Bauholz, Brettschichtholz, Holzwerkstoffe

J. Kürth

2.1.1 Allgemeines

Die Festigkeits- und Steifigkeitswerte des natürlich gewachsenen Baustoffes Holz streuen durch die unvermeidlichen Wuchsunregelmäßigkeiten (Äste, Schrägfaserigkeit, etc.) in weiten Grenzen. Um eine gute Ausnutzung der vorhandenen Reserven zu erreichen, wurde zu allen Zeiten auf die Sortierung des Holzes großer Wert gelegt. Die ersten Kriterien hierzu entstanden aus der handwerklichen Tradition des Bauens, die sich auf Erfahrungen und regional verschiedene Gebräuche stützten. Daraus entstanden nationale Baustoffnormen (z.B. DIN 1052, DIN 68705, DIN 4074, DIN 52182), die die Grundlagen für die Tragfähigkeits- und Gebrauchstauglichkeitsnachweise bilden.

Die in den verschiedenen Ländern Europas geltenden nationalen Normen zeigen deshalb in ihren Festlegungen erhebliche Unterschiede und sind nur schwer vergleichbar (Unterschiede in: Sortiernormen, Prüfnormen, Produktnormen, Bemessungsnormen (konservativ mit zulässigen Spannungen oder charakteristische Werte der Tragfähigkeit)).

Bei der Schaffung des europäischen Binnenmarktes ist ein wichtiges Ziel die Verwirklichung des freien Warenverkehrs, d.h. auf den Holzbau bezogen, die Beseitigung der technischen Handelshemmnisse. Durch harmonisierte europäische Normen soll folgendes erreicht werden:

- Vereinheitlichung der Kriterien zur Beurteilung der Produkteigenschaften,

d.h. Produkte sollen unabhängig von ihrer Herkunft vergleichbar werden, ohne alle nationalen Anforderungen und Traditionen zu vereinheitlichen.

Um dies zu erreichen, wurden bzw. werden folgende europäische Normen erarbeitet:

- Prüfnormen zur einheitlichen Bestimmung der Materialkennwerte,
- Sortiernormen, Normen über Anforderungen an die Herstellung,
- sowie Produktnormen.

In den Prüfnormen werden die Prüfverfahren, die Prüfkörpergeometrie und -größe, und die Klimabedingungen bei der Versuchsdurchführung geregelt. Damit werden Einflüsse der Belastungsgeschwindigkeit, des Größeneffektes (Volumeneffekt, Höheneffekt) der Prüfkörper und der Holzfeuchte auf das Prüfergebnis ausgeschlossen. In weiteren Prüf- und Berechnungsnormen ist festgelegt, wie aus den so gewonnenen Versuchsergebnissen charakteristische Festigkeits-, Steifigkeits- und Rohdichtekennwerte ermittelt werden können.

In den Sortiernormen werden Anforderungen an Normen (also eine Norm für Normen) über visuelle oder maschinelle Sortierung geregelt und nationale Normen aufgeführt, die diese Regeln erfüllen (z.B. DIN 4074).

In den Produktnormen wird der gesamte Bereich der heute in Europa üblichen Holz- und Holzwerkstoffqualitäten durch Einteilung in Klassen (Festigkeitsklassen) abgedeckt. Daraus kann jedes Land diejenige(n) Klasse(n) aussuchen, die seinen Bedürfnissen entspricht, d.h. jedes Land findet seine nationalen Güteklassen wieder.
Im Unterschied zu den DIN Normen werden in den europäischen Produktnormen die Baustoffeigenschaften nicht als „zulässige Werte“, sondern entsprechend dem neuen Bemessungskonzept des EC 5 als charakteristische Werte festgelegt (bei den Festigkeits- und Rohdichtewerten als 5 % Fraktilen, bei den Formänderungskennwerten als 50 % Fraktilen). Um nicht alle bisher ermittelten Materialkennwerte neu zu ermitteln, wird versucht, alte Versuche neu auszuwerten bzw. alte Versuchsergebnisse „umzurechnen“.

Der EC 5 benötigt dadurch im Gegensatz zur DIN 1052 keine Angaben über Baustoffkennwerte der Hölzer und Holzwerkstoffe, sondern verweist auf die entsprechenden europäischen Produktnormen.

Zum gegenwärtigen Zeitpunkt stehen die benötigten Angaben für die holzhaltigen Werkstoffe, vom Bauschnittholz über das Brettschichtholz bis hin zu der breiten Palette der plattenförmigen Holzwerkstoffe für tragende Zwecke (vor allem die Festigkeits- und Steifigkeitskennwerte und die Rohdichten), in harmonisierten europäischen Normen oder auch in europäischen technischen Zulassungen für den Tragwerksplaner noch nicht zur Verfügung, obwohl die Produktnormen bereits seit Jahren im Europäischen Komitee für Normung (CEN) in Vorbereitung sind.

Um den EC 5 als Vornorm für die praktische Erprobung bei Entwurf, Berechnung und Bemessung von Hoch- und Ingenieurbauwerken des Holzbaus anwenden zu können, muß über das „Nationale Anwendungsdokument“ (NAD) die fehlende Brücke zwischen den in Deutschland derzeit geltenden Baustoffnormen und dem EC 5 geschlagen werden.

In den folgenden Kapiteln werden zunächst die für den Tragwerksplaner wichtigen europäischen Baustoffnormen für die Hölzer und Holzwerkstoffe und die darin vorgesehenen Werkstoffkenngrößen vorgestellt, anschließend werden die Festlegungen des NAD auf der Grundlage der deutschen Baustoffnormen gezeigt.

2.1.2 Europäische Baustoffnormen – Grundlagen der Zukunft

2.1.2.1 Festigkeitsklassen

2.1.2.1.1 Bauholz

Die für das Bauholz wichtigen Produktnormen sind in Tabelle 2.1.1 zusammengestellt.

EN 338	Bauholz; Festigkeitsklassen
EN 518	Bauholz für tragende Zwecke; Sortierung Anforderungen an Normen über ***visuelle*** Sortierung nach der Festigkeit
EN 519	Bauholz für tragende Zwecke; Sortierung; Anforderungen an ***maschinell*** nach der Festigkeit sortiertes Bauholz und an Sortiermaschinen

Tabelle 2.1.1: Produktnormen für Bauholz

Festigkeiten, Steifigkeiten in N/mm² und Rohdichten von Bauholz nach EN 338

Festigkeitsklasse	...C24	...C30	...C40
Biegung	24	30	40
Zug			
parallel	14	18	24
rechtwinklig	0,4	0,4	0,4
Druck			
parallel	21	24	27
rechtwinklig	5,3	5,7	6,3
Schub	2,5	3,0	3,8
mittlerer E-Modul	11000	12000	14000
Rohdichte [kg/m³]	350	380	420

Tabelle 2.1.2: Auszug aus EN 338 mit charakteristischen Werten für Nadelholz

In EN 338 werden insgesamt 12 Festigkeitsklassen für Nadel-, Pappel- und Laubholz angegeben. Die Bezeichnung der Klassen erfolgt nach der Biegefestigkeit. Jeder Festigkeitsklasse sind alle für die Bemessung erforderlichen charakteristischen Werte zugeordnet, d.h. es werden die charakteristischen Festigkeits-, Steifigkeits- und Rohdichtekennwerte angegeben (vgl. Tabelle 2.1.2).

Im Vergleich mit DIN 1052 fällt folgendes auf:

- Es sind mehr Klassen vorhanden, so daß auch maschinell sortiertes Holz mit höheren Festigkeiten eingestuft werden kann. Für Nadelholz sind insgesamt neun Festigkeitsklassen vorgesehen, wobei die höchste Klasse eine charakteristische Biegefestigkeit von 40 N/mm^2 besitzt.
- Zusätzlich sind für höhere Klassen der Festigkeit auch höhere Formänderungskennwerte und höhere Rohdichtekennwerte angegeben. Dadurch können Hölzer aus einer hohen Festigkeitsklasse bei Formänderungsnachweisen und bei den Nachweisen für die Verbindungsmittel besser ausgenutzt werden.

Die Zuordnung des Bauholzes zu einer Klasse erfolgt mit den charakteristischen Werten der Biegefestigkeit, der Rohdichte und des mittleren Elastizitätsmoduls in Faserrichtung, die größer oder gleich den Werten der entsprechenden Klasse sein müssen.

Die Einstufung in eine der Festigkeitsklassen setzt voraus, daß das Holz entsprechend einer nationalen Norm sortiert wurde, wobei diese Norm die festgelegten Anforderungen der EN 518 an Normen über visuelle Holzsortierung oder der EN 519 an Normen über maschinelle Holzsortierung erfüllen muß. Die deutsche Sortiernorm DIN 4074 erfüllt diese Anforderungen.

2.1.2.1.2 Brettschichtholz

Die wichtigsten Produktnormen für Brettschichtholz sind in Tabelle 2.1.3 zusammengestellt.

In EN 1194 werden 5 Festigkeitsklassen für Brettschichtholz angegeben. Die Bezeichnung der Klassen erfolgt nach der Biegefestigkeit (vgl. Tabelle 2.1.4).

Ausgehend von der Festigkeitsklasse der Lamellen entsprechend EN 338, der charakteristischen Biegefestigkeit der Keilzinkenverbindung nach EN 385 und dem Lamellenaufbau des Querschnittes wird das Brettschichtholz in eine der Festigkeitsklassen eingestuft.

Daneben müssen die Anforderungen zur Herstellung von Brettschichtholz nach EN 386 und die Anforderungen an Klebstoffe nach EN 301 erfüllt werden.

EN 1194	Brettschichtholz; Festigkeitsklassen und Bestimmung charakteristischer Werte
EN 385	Keilzinkenverbindungen in Bauholz
EN 386	Brettschichtholz; Anforderungen an die Herstellung
EN 301	Leime für tragende Holzbauteile; Polykondensationsleime auf Phenol- und Aminoplastbasis; Klassifizierungs- und Festigkeitsanforderungen

Tabelle 2.1.3: Produktnormen für Brettschichtholz

Festigkeiten, Steifigkeiten in N/mm² und Rohdichten von Brettschichtholz nach EN 1194

Festigkeitsklasse	...GL24	GL28	GL32	GL36
Biegung	24	28	32	36
Zug				
parallel	18	21	24	27
rechtwinklig	0,35	0,45	0,45	0,45
Druck				
parallel	24	27	29	31
rechtwinklig	5,5	6,0	6,0	6,3
Schub	2,8	3,0	3,5	3,5
mittlerer E-Modul	11000	12000	13500	14500
Rohdichte [kg/m³]	380	410	440	480

Tabelle 2.1.4: Auszug aus EN 1194 mit charakteristischen Werten für Brettschichtholz

Neben der Einstufung in eine der Festigkeitsklassen gibt es zwei weitere Möglichkeiten, charakteristische Festigkeiten und Steifigkeiten des Brettschichtholzes nachzuweisen:

- durch Berechnung aus den Lamelleneigenschaften unter Berücksichtigung des Trägeraufbaues oder
- durch Versuche.

Biegung:	$f_{m,g,k} = 12 + f_{t,0,l,k}$
Zug: parallel zur Faserrichtung	$f_{t,0,g,k} = 9 + 0,75 \cdot f_{t,0,l,k}$
rechtwinklig zur Faserrichtung	$f_{t,90,g,k} = 1,15 \cdot f_{t,90,l,k}$
Druck: parallel zur Faserrichtung	$f_{c,0,g,k} = (1,5 - 0,01 \cdot f_{c,0,l,k})\ f_{c,0,l,k}$
rechtwinklig zur Faserrichtung	$f_{c,90,g,k} = \min \begin{cases} 1,1 \cdot f_{c,90,l,k} \\ 6,3 \end{cases}$

Tabelle 2.1.5: Brettschichtholzeigenschaften

Schub:	$f_{v,g,k} = \min \begin{cases} 0,7 \cdot f_{v,l,k}^{1)} + 1,4 \\ 3,5 \end{cases}$ 1) Schubfestigkeit der inneren Lamellen bei kombiniertem BSH
Elastizitätsmodul: parallel zur Faserrichtung	$E_{0,mean,g} = \max \begin{cases} \left(1,25 - \frac{E_{0,mean,l}}{60000}\right) \cdot E_{0,mean,l} \\ 1,05 \cdot E_{0,mean,l} \end{cases}$ $E_{0,05,g} = 0,8 \cdot E_{0,mean,g}$
Rohdichte:	$\rho_{g,k} = 0,95 \cdot \rho_{l,mean}$

Tabelle 2.1.6: Brettschichtholzeigenschaften

Die Berechnung der charakteristischen Festigkeits- und Steifigkeitskennwerte für Brettschichtholz aus den Lamelleneigenschaften und dem Trägeraufbau ist in den Tabellen 2.1.5 und 2.1.6 zusammengestellt.

Diese Gleichungen sind für homogenes Brettschichtholz gültig, das aus Lamellen einer Festigkeitsklasse aufgebaut ist. Die Zugfestigkeit in Faserrichtung beträgt 75% der Biegefestigkeit (bei Bauholz 60 %). Die charakteristische Rohdichte von Brettschichtholz beträgt 95 % der mittleren Rohdichte der Lamellen (Vergütungseffekte).

Für kombiniertes Brettschichtholz mit einer Kombination von Lamellen mehrerer Festigkeitsklassen gelten obige Gleichungen für die einzelnen Querschnittsteile gleicher Eigenschaften. Der Trägeraufbau kann dadurch entsprechend der späteren statischen Nutzung aufgebaut werden, d.h. bei Biegeträgern können die äußeren Lamellen aus höheren Festigkeitsklassen als die inneren Lamellen gewählt werden, während bei vorwiegend auf Schub oder Querzug beanspruchten Bauteilen die mittleren Bereiche der Querschnitte mit Lamellen höherer Festigkeit sinnvoll sind. Beispiele für einen sinnvollen Lamellenaufbau nach EN 1194 enthält Tabelle 2.1.7.

Festigkeitsklassen	GL 20	GL 24	GL 28	GL 32	GL 36
Homogenes BSH					
alle Lamellen	C 18	C 22	C 27	C 35	C 40
Kombiniertes BSH					
äußere Lamellen [1]	C 22	C 24	C 30	C 35	C 40
innere Lamellen	C 16	C 18	C 22	C 27	C 35

1) Die Anforderungen gelten für das äußere Sechstel der Höhe auf beiden Seiten.

Tabelle 2.1.7: Lamellenaufbau für Brettschichtholz

Die Bemessung erfolgt nach der Theorie der Verbundquerschnitte.

Für die Endverbindung der Lamellen (Keilzinken) wird die Anforderung gestellt, daß die charakteristische Biegefestigkeit bei Flachprüfung mindestens dem 1,3 (1,4)-fachen der Biegefestigkeit des homogenen (kombinierten) Brettschichtholzes entsprechen muß.

Der Nachweis der Materialeigenschaften von Brettschichtholz über Versuche wird entsprechend EN 408 und EN 1193 durchgeführt.

2.1.2.1.3 Holzwerkstoffe

Der EC 5 unterscheidet bei den Holzwerkstoffen zwischen Sperrholz, Spanplatten (einschließlich OSB) und Faserplatten. Die europäischen Produktnormen für die bei der statischen Berechnung benötigten Festigkeits- und Steifigkeitskennwerte werden zur Zeit erarbeitet, Entwürfe liegen noch nicht vor. Es bestehen lediglich Normen mit Mindestanforderungen an die Plattenherstellung und die Einteilung der Platten nach Verwendungszweck und Belastung.

Im folgenden werden kurz die entsprechenden Normen aufgelistet.

2.1.2.1.3.1 Sperrholz

In EN 636 werden Anforderungen an Sperrholz entsprechend der Verwendung festgelegt:

EN 636	Sperrholz; Anforderungen
	Teil 1: ... für Innenverwendung im Trockenen Teil 2: ... für Außenverwendung unter Dach Teil 3: ... für Außenverwendung nicht unter Dach

Tabelle 2.1.8: Produktnormen für Sperrholz

2.1.2.1.3.2 Spanplatten

Unter Spanplatten wird nach EC 5 neben der herkömmlichen Platte aus feinen und/oder gröberen Spänen auch OSB (= oriented strand board) aus langen (5 bis 7,5 cm), schlanken, ausgerichteten Spänen verstanden.

Die Anforderungen an die Spanplatten werden in EN 312 geregelt, die Anforderungen an die OSB Platten in EN 300:

EN 312	Spanplatten; Anforderungen
	Teil 4: ... für tragende Zwecke zur Verwendung im Trockenbereich Teil 5: ... für tragende Zwecke zur Verwendung im Feuchtbereich Teil 6 und Teil 7: sinngemäß für hochbelastbare Spanplatten
EN 300	Spanplatten; Platten aus langen, schlanken, ausgerichteten Spänen (OSB)

Tabelle 2.1.9: Produktnormen für Spanplatten

2.1.2.1.3.3 Faserplatten

Die Anforderungen an harte und mittelharte Faserplatten werden in EN 622 festgelegt:

EN 622	Faserplatten; Anforderungen
	Teil 3: ... für tragende Zwecke zur Anwendung im Trockenbereich
	Teil 5: ... für tragende Zwecke zur Anwendung im Feuchtbereich

Tabelle 2.1.10: Produktnormen für Faserplatten

2.1.2.1.4 Nicht genormte Werkstoffe

Neue Produkte wie Kerto-Furnierschichtholz, Micro-Lam oder Parallam, für die keine europäische Norm vorliegt, werden in Zukunft durch die europäischen technischen Zulassungen geregelt. Die Zulassungen werden durch die europäische Organisation für technische Zulassungen (EOTA), in der Deutschland durch das DIN vertreten wird, erteilt.

2.1.2.2 Modifikationsfaktoren k_{mod} und Beiwerte k_{def}

Die Eigenschaften holzhaltiger Produkte sind mit der Dauer der Beanspruchung und mit wechselndem Umgebungsklima veränderlich, daher werden die Versuche zur Bestimmung der charakteristischen Festigkeiten und Steifigkeiten (z.B. nach EN 338 oder 1194) im definierten statischen Kurzzeitversuch (Versuchsdauer bis zum Erreichen der Tragfähigkeit etwa fünf Minuten) nach Erreichen der Ausgleichsfeuchte des Holzes im definierten Normalklima von +20 °C Temperatur und 65 % relativer Luftfeuchte durchgeführt.

Nutzungsklasse	Gleichgewichtsfeuchte	umgebende Luft
1	12%	20°/65%
2	20%	20°/85%
3	>20%	

Tabelle 2.1.11: Nutzungsklassen

Die für einen bestimmten Nachweis heranzuziehenden charakteristischen Werte der Baustoffeigenschaften müssen dann einerseits hinsichtlich des Nutzungsortes, der die Einflüsse des Umgebungsklimas auf die Baukonstruktion und damit auf die Holzfeuchte, und andererseits unter Berücksichtigung der Einwirkungsdauer der einzelnen Lastanteile, modifiziert werden.

In EC 5 werden die klimatischen Einflüsse durch Einführung sog. „Nutzungsklassen" erfaßt. Diese sind gekennzeichnet durch einen Feuchtegehalt in den Baustoffen, der einem bestimmten Klima der umgebenden Luft entspricht. Es werden drei Nutzungklassen definiert (Tabelle 2.1.11).

Hinsichtlich der Lasteinwirkungsdauer sind die Einwirkungen in „Klassen der Lasteinwirkungsdauer" eingeteilt. Hierzu enthält der EC 5 fünf Klassen, für die die Größenordnung der akkumulierten Dauer der charakteristischen Lasteinwirkung angegeben ist (Tabelle 2.1.12).

Klasse der Lasteinwirkungs-dauer	Dauer der charakteristischen Lasteinwirkung	Beispiele
ständig	> 10 Jahre	Eigengewicht
lang	6 Monate bis 10 Jahre	Nutzungslasten (Lager)
mittel	1 Woche - 6 Monate	Verkehrslasten
kurz	< 1 Woche	Schnee und Wind
sehr kurz		außergewöhnliche Einwirkungen

Tabelle 2.1.12: Klassen der Lasteinwirkungsdauer

Wenn die in einem Gebäude anzutreffenden Bedingungen bezüglich der Holzfeuchte und der Belastungsdauer von den Prüfbedingungen abweichen, bietet der EC 5 zwei Verfahren zur Berücksichtigung an.

Für Nachweise der Tragfähigkeit werden in Abhängigkeit von der Nutzungsklasse und der Klasse der Lasteinwirkungsdauer sogenannte Modifikationsfaktoren k_{mod} für die Hölzer und Holzwerkstoffe angegeben, mit denen die charakteristischen Werkstoffeigenschaften (Festigkeiten) multipliziert werden.

In den Tabellen 2.1.13, 2.1.16, 2.1.18 und 2.1.20 sind die Modifikationsfaktoren k_{mod} nach EC 5 für die verschiedenen Baustoffe dargestellt. Für Lastkombinationen mit Einwirkungen aus verschiedenen Klassen der Lasteinwirkungsdauer sollte k_{mod} für die Einwirkung mit der kürzesten Dauer gewählt werden.

Beim Nachweis der Gebrauchstauglichkeit ist der Langzeiteffekt (Kriechen) und der klimatische Einfluß durch einen Beiwerte k_{def} zu berücksichtigen. Die elastischen Anfangsverformungen werden mit unmodifizierten Steifigkeitswerten berechnet. Anschließend werden zu den Anfangsverformungen ihre k_{def}-fachen Verformungen addiert, um die Endverformungen unter Berücksichtigung der Anteile aus Kriechen und Holzfeuchte zu erhalten.

Klasse der Lasteinwirkungsdauer	Nutzungsklasse 1	2	3
ständig	0,6	0,6	0,5
lang	0,7	0,7	0,55
mittel	0,8	0,8	0,65
kurz	0,9	0,9	0,7
sehr kurz	1,1	1,1	0,9

Tabelle 2.1.13: Modifikationsfaktoren k_{mod}
(Vollholz und Brettschichtholz, Sperrholz)

Klasse der Lasteinwirkungsdauer	Nutzungsklasse 1	2	3
ständig	0,60	0,80	2,00
lang	0,50	0,50	1,50
mittel	0,25	0,25	0,75
kurz	0,00	0,00	0,30

Tabelle 2.1.14: Beiwerte k_{def}
(Vollholz und Brettschichtholz)

Klasse der Lasteinwirkungsdauer	Nutzungsklasse 1	2	3
ständig	0,80	1,00	2,50
lang	0,50	0,60	1,80
mittel	0,25	0,30	0,90
kurz	0,00	0,00	0,40

Tabelle 2.1.15: Beiwerte k_{def} (Sperrholz)

Klasse der Lasteinwirkungsdauer	Nutzungsklasse 1	2	3
ständig	0,4	0,3	-
lang	0,5	0,4	-
mittel	0,7	0,55	-
kurz	0,9	0,7	-
sehr kurz	1,1	0,9	-

Tabelle 2.1.16: Modifikationsfaktoren k_{mod}
(Spanplatten nach prEN 312-6 und -7
OSB nach prEN 300, Klassen 3 und 4)

Klasse der Lasteinwirkungsdauer	Nutzungsklasse 1	2	3
ständig	1,50	2,25	-
lang	1,00	1,50	-
mittel	0,50	0,75	-
kurz	0,00	0,30	-

Tabelle 2.1.17: Beiwerte k_{def}
(Spanplatten nach prEN 312-6 und -7
OSB nach prEN 300, Klassen 3 und 4)

Klasse der Lasteinwirkungsdauer	Nutzungsklasse 1	2	3
ständig	0,3	0,2	-
lang	0,45	0,3	-
mittel	0,65	0,45	-
kurz	0,85	0,6	-
sehr kurz	1,1	0,8	-

Tabelle 2.1.18: Modifikationsfaktoren k_{mod}
(Spanplatten nach prEN 312-4 und -5, OSB nach prEN 300,
Klasse 2, Faserplatten nach prEN 622-5 (harte))

Klasse der Lasteinwirkungsdauer	Nutzungsklasse 1	2	3
ständig	2,25	3,00	-
lang	1,50	2,00	-
mittel	0,75	1,00	-
kurz	0,00	0,40	-

Tabelle 2.1.19: Beiwerte k_{def}
(Spanplatten nach prEN 312-4 und -5, OSB nach prEN 300, Klasse 2, Faserplatten nach prEN 622-5 (harte))

Klasse der Lasteinwirkungsdauer	Nutzungsklasse 1	2	3
ständig	0,2	-	-
lang	0,4	-	-
mittel	0,6	-	-
kurz	0,8	-	-
sehr kurz	1,1	-	-

Tabelle 2.1.20: Modifikationsfaktoren k_{mod}
(Faserplatten nach prEN 622-3 harte und mittelharte)

Klasse der Lasteinwirkungsdauer	Nutzungsklasse 1	2	3
ständig	3,00	-	-
lang	2,00	-	-
mittel	1,00	-	-
kurz	0,35	-	-

Tabelle 2.1.21: Beiwerte k_{def}
(Faserplatten nach prEN 622-3 harte und mittelharte)

In den Tabellen 2.1.14, 2.1.15, 2.1.17, 2.1.19 und 2.1.21 sind die Beiwerte k_{def} nach EC 5 für die verschiedenen Baustoffe dargestellt. Für Lastkombinationen mit Einwirkungen aus verschiedenen Klassen der Lasteinwirkungsdauer sind die Durchbiegungsanteile aus den verschiedenen Einwirkung mit den jeweils entsprechenden Werten für k_{def} zu berechnen. Bei Vollholz, das beim Einbau eine Holzfeuchte nahe dem Fasersättigungsbereich aufweist und im eingebauten Zustand austrocknen kann, sind die Werte für k_{def} um 1,0 zu erhöhen.

2.1.3 Deutsche Baustoffnormen und NAD-Grundlagen für die Erprobung des EC 5

2.1.3.1 Allgemeines

Nachdem die europäischen Bezugs- und Produktnormen für den Tragwerksplaner noch nicht zur Verfügung stehen, wurde für die Zeit der praktischen Erprobung des EC 5 vereinbart, daß die für die Berechnung benötigten Angaben auf der Grundlage der jeweiligen nationalen Normen der 17 EU- und EFTA Länder über „Nationale Anwendungsdokumente“ (NAD) zur Verfügung gestellt werden.

Es müssen die Anforderungen der Produktnormen oder Zulassungen erfüllt sein

Bauschnittholz	DIN 4074/1
Bau-Furniersperrholz	DIN 68705/3 und 5
Flachpreßplatten	DIN 68763
Bolzen	ISO 898/1
Nägel	DIN 1151 und 1143
Sondernägel	Einstufungsscheine
Holzschrauben	DIN 96, 97 und 571
Nagelplatten	bauaufs. Zulassungen

Tabelle 2.1.22: Anforderungen für in Deutschland verwendete Hölzer, Holzwerkstoffe und Verbindungsmittel

Das deutsche NAD schlägt somit die fehlende Brücke zwischen den in Deutschland derzeit geltenden Bezugs- bzw. Produktnormen (vgl. Tabelle 2.1.22) und dem EC 5. Es enthält für folgende in Deutschland gebräuchlichen Hölzer und Holzwerkstoffe die charakteristischen Festigkeits- und Steifigkeitskennwerte sowie die charakteristischen Rohdichten:

- Nadelholz der Sortierklassen nach DIN 4074 Teil 1,
- Brettschichtholz der Klassen nach der Änderung A1 der DIN 1052 Teil 1,

- Bau-Furniersperrholz nach DIN 68 705 Teil 3 und 5,
- Flachpreßplatten nach DIN 68 763,
- Holzfaserplatten nach DIN 68 754 Teil 1.

In den folgenden Abschnitten werden in Auszügen die Angaben des NAD aufgelistet.

2.1.3.2 Festigkeitsklassen

2.1.3.2.1 Bauholz

Die Tabelle 2.1.23 zeigt die charakteristischen Festigkeits-, Steifigkeits- und Rohdichtekennwerte für Vollholz.

Vollholz (Sortierklassen nach DIN 4074 Teil 1)					
		S 10/ MS 10	S 13	MS 13	MS 17
charakteristische Festigkeits- und Steifigkeitskennwerte in N/mm^2					
Biegung	$f_{m,k}$	24	30	35	40
Zug parallel	$f_{t,0,k}$	14	18	21	24
Druck					
parallel	$f_{c,0,k}$	21	23	25	26
rechtwinklig	$f_{c,90,k}$	5	5	5	6
Schub	$f_{v,k}$	2,5	2,5	3,0	3,5
mittlerer E-Modul	$E_{0,mean}$	11000	12000	13000	14000
charakteristische Rohdichtekennwerte in kg/m^3					
Rohdichte	ρ_k	380	380	400	420

Tabelle 2.1.23: Charakteristische Werkstoffkennwerte für Vollholz

Im Vergleich mit DIN 1052 ergeben sich folgende Unterschiede:

- neben den schon bisher gebräuchlichen Sortierklassen für visuell sortiertes Vollholz enthält das NAD zusätzlich Angaben zu maschinell sortiertem Holz; z.Z. gibt es jedoch nur einen Typ von Sortiermaschinen mit Zulassung nach DIN 4074, deren Einsatz auf Holzdicken zwischen 30 und 38 *mm* beschränkt ist,
- die Steifigkeitswerte steigen mit besser werdender Sortierklasse,

– die Rohdichten steigen mit besser werdender Sortierklasse, dadurch können bei Verbindungen höhere Tragfähigkeiten erreicht werden.

2.1.3.2.2 Brettschichtholz

Die Tabelle 2.1.24 zeigt die charakteristischen Festigkeits-, Steifigkeits- und Rohdichtekennwerte für Brettschichtholz.

Brettschichtholz					
		BS 11	BS 14	BS 16	BS 18
char. Festigkeits- und Steifigkeitskennwerte in N/mm^2					
Biegung	$f_{m,g,k}$	24	28	32	36
Zug parallel	$f_{t,0,g,k}$	17	20,5	23	25
Druck					
parallel	$f_{c,0,g,k}$	24	29	31	32
rechtwinklig	$f_{c,90,g,k}$	5,5	5,5	5,5	6,5
Schub	$f_{v,g,k}$	2,7	2,7	2,7	3,2
mittl. E-Modul	$E_{0,g,mean}$	11500	12500	13500	14500
char. Rohdichtekennwerte in kg/m^3					
Rohdichte	$\rho_{g,k}$	410	410	430	450

Tabelle 2.1.24: Charakteristische Werkstoffkennwerte für Brettschichtholz

Lamellenaufbau von Brettschichtholz							
	BS 11	BS 14		BS 16		BS 18	
		k	h	k	h	k	h
äußere Lamellen	S 10	S 13	S13	MS 13	MS 13	MS 17	MS 17
innere Lamellen	S 10	S 10	S13	MS 10	MS 13	MS 13	MS 17

h = homogenes BS aus Lamellen einer Sortierklasse k = Lamellen aus mehreren Klassen kombiniert

Tabelle 2.1.25: Lamellenaufbau von Brettschichtholz

Im Vergleich mit DIN 1052 ergeben sich folgende Unterschiede:

- für Brettschichtholz gibt es vier Klassen mit den neuen Bezeichnungen BS 11, BS 14, BS 16 und BS 18, wobei BS 11 der bisherigen Gkl. II und BS 14 der Gkl. I entspricht,
- es wird zwischen homogenem Brettschichtholz, das aus Lamellen einer Sortierklasse hergestellt ist, und sogenanntem kombiniertem Brettschichtholz mit Lamellen aus zwei unterschiedlichen Sortierklassen unterschieden (vgl. Tabelle 2.1.25),
- die Klassen BS 16 und BS 18 können nur aus maschinell sortierten Lamellen hergestellt werden; für die Keilzinken muß die im NAD geforderte Festigkeit nachgewiesen werden,
- die Steifigkeitswerte steigen mit besser werdender Sortierklasse,
- die Rohdichten steigen mit besser werdender Sortierklasse, dadurch können bei Verbindungen höhere Tragfähigkeiten erreicht werden.

Weicht der Lamellenaufbau eines Trägers von den Angaben in Tabelle 2.1.25 ab, können die mechanischen Eigenschaften der einzelnen Querschnittsteile mit Lamellen einer Festigkeitsklasse aus den Lamelleneigenschaften nach den Glei-

Mechanische Eigenschaften von Brettschichtholz				
Biegung		$f_{m,g,k}$	=	$8 + 1{,}2 \cdot f_{t,0,l,k}$
Zug	parallel	$f_{t,0,g,k}$	=	$5{,}5 + 0{,}85 \cdot f_{t,0,l,k}$
	rechtwinklig	$f_{t,90,g,k}$	=	$2{,}25 \cdot f_{t,90,l,k}$
Druck	parallel	$f_{c,0,g,k}$	=	$(1{,}5 - 0{,}01 \cdot f_{c,0,l,k}) \cdot f_{c,0,l,k}$
	rechtwinklig	$f_{c,90,g,k}$	=	$\min \begin{cases} 1{,}1 \cdot f_{c,90,l,k} \\ 6{,}3 \end{cases}$
Schub		$f_{v,g,k}$	=	$\min \begin{cases} 0{,}7 \cdot f_{v,l,k} + 1{,}4 \\ 3{,}5 \end{cases}$
E-Modul	parallel	$E_{0,g,mean}$	=	$\max \begin{cases} \left(1{,}25 - E_{0,l,mean} / 60000\right) \cdot E_{0,l,mean} \\ 1{,}05 \cdot E_{0,l,mean} \end{cases}$
		$E_{0,g,05}$	=	$0{,}8 \cdot E_{0,g,mean}$
	rechtwinklig	$E_{90,g,mean}$	=	$E_{0,g,mean}/30$
Schubmodul		$G_{g,mean}$	=	$E_{0,g,mean}/16$
Rohdichte		$\rho_{g,k}$	=	$1{,}07 \cdot \rho_{l,k}$

Tabelle 2.1.26: Berechnung der mechanische Eigenschaften von Brettschichtholz aus den Eigenschaften der Lamellen

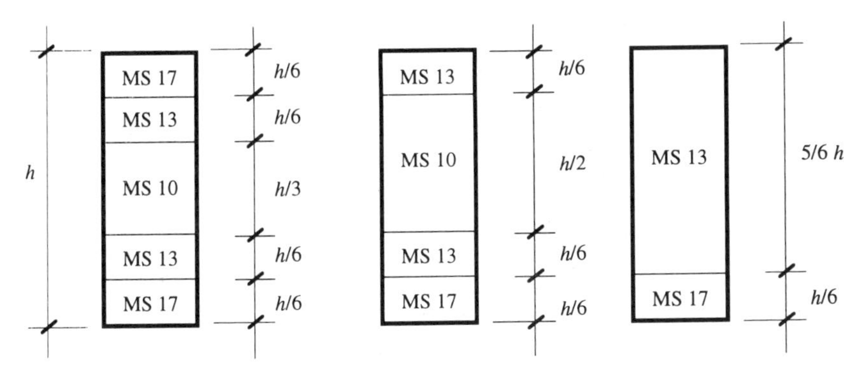

Bild 2.1.1: Beispiele für den Lamellenaufbau eines Brettschichtholzträgers

chungen der Tabelle 2.1.26 berechnet werden. Jede Höhe der einzelnen Querschnittsteile muß mindestens 1/6 der gesamten Querschnittshöhe des Trägers betragen und aus mindestens zwei Lamellen bestehen (vgl. Bild 2.1.1).

Zu beachten ist folgendes:

- die Spannungen berechnen sich nach der Verbundtheorie,
- bei parallelgurtigen Trägern mit unsymmetrischem Lamellenaufbau braucht der Biegespannungsnachweis nur im Zugbereich geführt zu werden, wenn die Lamellen in der Druckzone höchstens eine Klasse niedriger sind als die Lamellen in der Zugzone,
- bei Nachweisen für Verbindungsmittel ist i.d.R. die charakteristische Rohdichte des inneren Trägerbereiches anzusetzen.

2.1.3.2.3 Holzwerkstoffe

Für die Holzwerkstoffe werden durch das NAD Werkstoffkennwerte für Bau-Furniersperrholz, Flachpreßplatten (Spanplatten) und Holzfaserplatten angegeben, die im folgenden in Auszügen wiedergegeben werden.

2.1.3.2.3.1 Sperrholz

Für Bau-Furniersperrholz nach DIN 68705, Teil 3 (BFU) sind in Tabelle 2.1.27 die charakteristischen Werkstoffkenngrößen angegeben.

Bau-Furniersperrholz		
	parallel	rechtwinklig
	zur FR der Deckfurniere	
char. Festigkeits- und Steifigkeitskennwerte in N/mm^2		
Plattenbeanspruchung		
Biegung	32	12
Abscheren	2,5	2,5
Biege-E-Modul	5500 (8000)	1500 (400)
Scheibenbeanspruchung		
Biegung	22	14
Zug	18	9
Druck	18	9
Abscheren	8 (5)	8 (5)
Biege-E-Modul	4500	2500 (1000)
char. Rohdichtekennwerte in kg/m^3		
Rohdichte	400	

( ) 3-lagig

Tabelle 2.1.27: Charakteristische Werkstoffkenngrößen für BFU

Für Bau-Furniersperrholz aus Buche nach DIN 68705, Teil 5 (BFU-BU) sind in Tabelle 2.1.28 die charakteristischen Werkstoffkenngrößen angegeben.

Bau-Furniersperrholz aus Buche										
	parallel					rechtwinklig				
	zur Faserrichtung der Deckfurniere									
Klasse	1	2	3	4	5	1	2	3	4	5
charakteristische Festigkeits- und Steifigkeitskennwerte in N/mm^2										
Plattenbeanspruchung										
Biegung	40	45	51	58	66	38	33	27	18	11
Abscheren	3,5	3,5	3,5	3,5	3,5	3,5	3,5	3,5	3,5	3,5
Biege-E-Modul	5900	6600	7400	8700	9600	4000	3800	2850	1500	650
Scheibenbeanspruchung										
Biegung	29	36	36	43	36	31	29	24	20	24
Zug	29	36	36	43	36	31	29	24	20	24
Druck	21	26	26	31	26	22	21	17	14	17
Abscheren	11 (8)	11 (8)	11 (8)	11 (8)	11 (8)	11 (8)	11 (8)	11 (8)	11 (8)	11 (8)
Biege-E-Modul	4400	5500	5500	6600	5500	4700	4400	3650	3000	3700
charakteristische Rohdichtekennwerte in kg/m^3										
Rohdichte	600	600	600	600	600	600	600	600	600	600

( ) 3-lagig

Tabelle 2.1.28: Charakteristische Werkstoffkenngrößen für BFU-BU

Die Plattentypen BFU 20, BFU 100 und BFU 100 G nach DIN 68705 Teil 3 und 5 können in folgenden Nutzungsklassen eingesetzt werden:

	Nutzungsklasse		
	1	2	3
BFU 100 G	x	x	x für u<21%
BFU 100	x	x	-
BFU 20	x	-	-

2.1.3.2.3.2 *Spanplatten*

Für Flachpreßplatten nach DIN 68763 sind in Tabelle 2.1.29 die charakteristischen Werkstoffkenngrößen angegeben.

Flachpreßplatten						
	Plattendicke in mm					
	≤13	>13-20	>20-25	>25-32	>32-40	>40-50
charakteristische Festigkeits- und Steifigkeitskennwerte in N/mm^2						
Plattenbeanspruchung						
Biegung	15,0	13,3	11,7	10,0	8,3	6,7
Abscheren	1,6	1,6	1,6	1,2	1,2	1,2
Biege-E-Modul	3750	3300	2800	2550	1900	1400
Scheibenbeanspruchung						
Biegung	11,4	10,0	8,4	7,0	6,0	5,0
Zug	10,0	9,0	8,0	7,0	6,0	5,0
Druck	12,0	11,0	10,0	9,0	8,0	7,0
Abscheren	7,2	7,2	7,2	4,8	4,8	4,8
Biege-E-Modul	2200	1900	1600	1300	1000	800
charakteristische Rohdichtekennwerte in kg/m^3						
Rohdichte	650	600	550	550	500	500

Tabelle 2.1.29: charakteristische Werkstoffkenngrößen für Flachpreßplatten

Die Flachpressplattentypen FP-V20, FP-V100, FP-V100G nach DIN 68763 können in folgenden Nutzungsklassen eingesetzt werden:

	Nutzungsklasse		
	1	2	3
FP-V100 G	x	x	-
FP-V100	x	x	-
FP-V20	x	-	-

2.1.3.2.3.3 *Faserplatten*

Für Holzfaserplatten nach DIN 68754, Teil 1 sind in Tabelle 2.1.30 die charakteristischen Werkstoffkenngrößen angegeben.

Holzfaserplatten			
	hart		mittelhart
	Plattendicke in mm		
	≤4	>4	10
char. Festigkeits- und Steifigkeitskennwerte in N/mm^2			
Plattenbeanspruchung			
Biegung	33	25	10
Abscheren	2	2	1,5
Biege-E-Modul	4700	4100	1750
Scheibenbeanspruchung			
Biegung	22	16	8
Zug, Druck	20	20	10
Abscheren	7,5	7,5	4
Biege-E-Modul	2500	2000	1000
char. Rohdichtekennwerte in kg/m^3			
Rohdichte	900	850	600

Tabelle 2.1.30: charakteristische Werkstoffkenngrößen für Faserplatten

Die Faserplattentypen HFH 20 und HFM 20 dürfen nur in Nutzungsklasse 1 eingesetzt werden.

2.1.3.2 Modifikationsfaktoren und Beiwerte

Abweichend von den Regelungen des EC 5 gelten folgende Regelungen für die k_{mod} und k_{def} Werte:

- für Flachpreßplatten nach DIN 68763 gelten die nach EN 312-4 und -5 angegebenen Werte,
- für Holzfaserplatten nach DIN 68754, Teil 1 gelten die nach EN 622-3 angegebenen Werte.

2.2 Verbindungsmittel

M. Gerold

2.2.1 Allgemeines

Die Verbindungstechnik hat im Ingenieurholzbau bekanntlich eine große Bedeutung, da sie oft maßgebend für die Bauteildimensionierung ist. In den einzelnen Ländern der EWG haben sich nicht nur unterschiedliche Verbindungsmittel und -techniken, sondern auch verschiedene Bemessungsverfahren für Holz- und Stahlverbindungen entwickelt. Dabei hat man i.d.R. den auf Gebrauchslastniveau rechnerisch ermittelten Beanspruchungen zulässige Werte gegenüber gestellt (Deterministisches Prinzip). Im Zuge der Harmonisierung der Bestimmungen erfolgte nun eine Umstellung der nationalen Normen auf das neue Sicherheitskonzept im Bauwesen.

In der Entwicklungsgeschichte der Holzbauvorschriften ist interessant, daß der Nagel bis zur Herausgabe der DIN 1052, Ausgabe 1933, als tragendes Verbindungsmittel nicht zulässig war; und dies, obwohl der Nagel nachweislich eines der ältesten Verbindungsmittel ist. Die freigelegten Wikingerschiffe z. B. belegen dies.

Die Bemessung von Verbindungen ist in der DIN V ENV 1995-1-1 im Abschnitt 6 geregelt. Diese Regelungen werden im Kapitel 5.1 vorgestellt. Hierzu ist es jedoch erforderlich, die charakteristischen Eigenschaften der Verbindungsmittel zu kennen. Im folgenden wird auf die diesbezüglichen Regelungen des NAD eingegangen.

Grundsätzlich können die charakteristischen Tragfähigkeits- und Verformungskennwerte auch experimentell ermittelt werden. Die Anwendung der Ergebnisse bedarf jedoch der Zustimmung der zuständigen Bauaufsichtsbehörde (Zustimmung im Einzelfall). Die Versuche sind von einer anerkannten Prüfstelle durchzuführen.

2.2.2 Stiftförmige Verbindungsmittel

Zu den stiftförmigen Verbindungsmitteln zählen Nägel und Klammern, Bolzen, Stabdübel, Paßbolzen und Holzschrauben. Diese können rechtwinklig zur Stiftachse auf Abscheren beansprucht werden sowie teilweise auch in Schaftrichtung auf Herausziehen.

2.2.2.1 Glattschaftige Nägel

Es dürfen runde Drahtstifte aus Stahl der Form B nach DIN 1151 sowie runde Maschinenstifte nach DIN 1143 Teil 1 verwendet werden. Die den Nageldurchmessern zugeordneten Nagellängen ergeben, je nach Bauteildicken, nicht immer eine optimale Nagelverbindung. Daher dürfen auch andere als die in diesen Normen angegebenen Nagellängen verwendet werden. Die Zugfestigkeit des Nageldrahtes muß mindestens

$$f_{u,k} = 600 \text{ N/mm}^2$$

betragen entsprechend der bisherigen Regelung in DIN 1052 Teil 2, Abs. 6.

Der Ausziehwiderstand eines in Schaftrichtung beanspruchten Verbindungsmittels hängt nicht nur vom Ausziehwiderstand des Schaftes, sondern in einigen Fällen auch vom Kopfdurchziehwiderstand ab. Aus Erfahrung weiß man jedoch, daß bei glattschaftigen Nägeln das Versagen nicht durch ein Durchziehen des Kopfes bestimmt wird, wenn der Kopfdurchmesser mindestens das 1,8-fache des Schaftdurchmessers d_n beträgt. Neben dieser Forderung des NAD darf die Länge der Nagelspitze nicht größer als $2 \cdot d_n$ sein. Runde Draht- und Maschinenstifte dürfen beharzt sein. Von DIN 1151 bzw. DIN 1143 Teil 1 abweichende Kopfformen sind zulässig, wenn die Kopffläche mindestens

$$A_{Kopf} = \pi \cdot (1{,}8 \cdot d_n)^2 / 4 = 2{,}5 \cdot d_n^2 \qquad (1)$$

beträgt (vgl. auch hier DIN 1052 Teil 2, Abs. 6).

2.2.2.2 Sondernägel

Es dürfen nur profilierte Nägel verwendet werden, die Bild 2.2.1 entsprechen und nach DIN 1052 Teil 2, Anhang A, in eine Tragfähigkeitsklasse eingestuft sind. Die Kopffläche von Sondernägeln muß mindestens $2{,}5 \cdot d_n^2$ betragen.

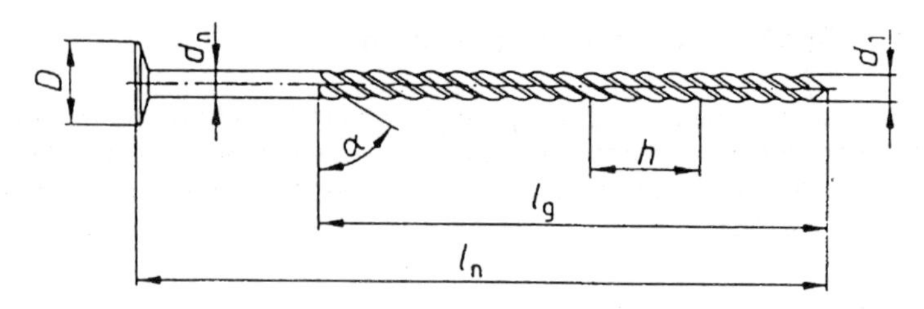

a) Schraubnagel

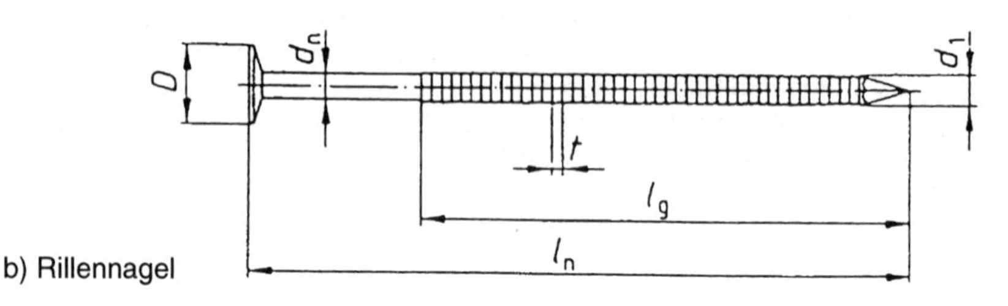

b) Rillennagel

Bild 2.2.1: Beispiele für Sondernägel (aus DIN 1052 Teil 2, Abs. 6.1, Bild 13)

2.2.2.3 Stabdübel, Bolzen

Stabdübel und Paßbolzen müssen aus Stahl S 235, S 275 oder S 355 nach EN 10025 bestehen. Der charakteristische Wert der Zugfestigkeit des Stahles ist Tabelle 2.2.1 zu entnehmen.

Nennstahlgüte EN 10025	Charakteristische Zugfestigkeit für Stabdübel und Paßbolzen $f_{u,k}$ [N/mm²]
S 235	360
S 275	430
S 355	510

Tabelle 2.2.1: Charakteristische Festigkeitswerte für Stabdübel verschiedener Nennstahlgüten

Bolzen aus Stahl müssen mindestens der Festigkeitsklasse 3.6 nach EN 20898 Teil 1 entsprechen. Der charakteristische Wert der Zugfestigkeit des Stahles $f_{u,k}$ ist Tabelle 2.2.2 zu entnehmen.

Festigkeitsklasse EN 20898	Charakteristische Zugfestigkeit für Bolzen $f_{u,k}$ [N/mm²]
3.6	300
4.6 und 4.8	400
5.6 und 5.8	500

Tabelle 2.2.2: Charakteristische Festigkeitswerte für Bolzen verschiedener Festigkeitsklassen

2.2.2.4 Holzschrauben

Die Festlegungen über Holzschraubenverbindungen gelten für die Anwendung von Holzschrauben nach DIN 96 und DIN 97 mit einem Mindest-Nenndurchmesser d_s = 4 mm sowie von Holzschrauben nach DIN 571.
Bei Beanspruchung der Schrauben auf Herausziehen ist auch die Tragfähigkeit der Schraube nachzuweisen. Der charakteristische Wert der Zugfestigkeit des Stahles ist mit

$$f_{u,k} = 300 \text{ N/mm}^2$$

anzunehmen; der Durchmesser des Spannungsquerschnittes zum 0,9-fachen des Schaftdurchmessers. Entsprechend dem NAD ist dann der charakteristische Wert der Schraubentragfähigkeit R_k anzunehmen mit

$$R_k = 300 \cdot \pi \cdot (0{,}9 \cdot d_s)^2 / 4 = 191 \cdot d_s^2 \qquad (2)$$

mit
R_k Charakteristischer Wert der Schraubentragfähigkeit in [N]
d_s Schaftdurchmesser der Schraube in [mm]

2.2.2.5 Fließmoment der Verbindungsmittel

Für runde Stahlstifte errechnet sich das Fließmoment mit Hilfe des plastischen Widerstandsmomentes zu

$$M_y = f_y \cdot d^3 / 6 \qquad (3)$$

mit

f_y Fließgrenze des Flußstahles

$d = \begin{cases} d_n \\ 0{,}9 \cdot d_S \end{cases}$ Nenndurchmesser d_n für Nägel, Bolzen und Stabdübel; Schaftdurchmesser d_S bei Schrauben entsprechend BLAß et al. 1995

Nach WHALE, SMITH 1985 ist das Fließmoment auf Grund der Wiederverfestigung jedoch größer. Deshalb empfiehlt der DIN V ENV 1995-1-1 die Bestimmung des charakteristischen Wertes zu

$$M_{y,k} = (0{,}8 \cdot f_{u,k}) \cdot d^3 / 6 \tag{4}$$

mit

$f_{u,k}$ Charakteristischer Wert der Zugfestigkeit des Stahles

Der Wert $(0{,}8 \cdot f_{u,k})$ entspricht in etwa dem arithmetischen Mittel der Streckgrenze und der Zugfestigkeit des Stahlmateriales. Alternativ kann das Fließmoment entsprechend DIN V ENV 1995-1-1 nach der europäischen Prüfnorm DIN EN 409 bestimmt werden. Auf Grund entsprechender Untersuchungen von WERNER, SIEBERT 1991 läßt sich das charakteristische Fließmomente für Drahtnägel mit einer charakteristischen Mindestzugfestigkeit von $f_{u,k} = 600$ N/mm² auf der sicheren Seite liegend bestimmen zu

$$M_{y,k} = 180 \cdot d^{2,6} \tag{4a}$$

mit

$M_{y,k}$ Charakteristisches Fließmoment des Verbindungsmittels in [Nmm]

d Durchmesser des Verbindungsmittels in [mm]

2.2.3 Stahlblechformteile

Die Tragfähigkeit von Universalverbindern, Sparrenpfettenankern, Winkelverbindern und ähnlichen Stahlblechformteilen ist rechnerisch nachzuweisen. Bei Nagelplatten und Balkenschuhen z.B. kann die Tragfähigkeit nicht eindeutig erfaßt werden; sie kann jedoch durch eine gültige, allgemeine bauaufsichtliche Zulassung nachgewiesen werden. Im folgenden soll ausschließlich auf die Nagelplatten eingegangen werden, da nur zu diesen Stahlblechformteilen z.Zt. im NAD Anmerkungen gemacht wurden.

Nachweiskonzept

Die nach DIN V ENV 1995-1-1 ermittelten Bemessungswerte der Schnittgrößen für den Tragfähigkeitsnachweis sind den Festigkeitswerten der allgemeinen bauaufsichtlichen Zulassungen gegenüberzustellen. Für diejenigen Zulassungen, die noch zulässige Werte beinhalten, wird empfohlen, die Bemessungswerte der Schnittgrößen durch den Teilsicherheitsbeiwert $\gamma_F = 1{,}4$ zu dividieren entsprechend GEROLD 1994.

Nachweis der Nagelbeanspruchung

Werden die Bemessungswerte der Nageltragfähigkeit nicht berechnet, sind sie der für die jeweilige Nagelplatte erteilten (gültigen) allgemeinen bauaufsichtlichen Zulassung zu entnehmen.

Nachweis der Plattenbeanspruchung

Die charakteristischen Werte für die Plattenfestigkeit sind stets der für die jeweilige Nagelplatte erteilten (gültigen) allgemeinen bauaufsichtlichen Zulassung zu entnehmen. Dabei ist zu unterscheiden zwischen der Plattenbelastung $F_{Z,D}$ für Zug- und Druckbeanspruchung der Platte und der Plattenbelastung F_S für Scherbeanspruchung.

2.2.4 Dübel besonderer Bauart

Auf Grund der noch laufenden Arbeiten einer Arbeitsgruppe im CEN/TC 124 soll auf die charakteristische Tragfähigkeit von Verbindungen mit Dübeln besonderer Bauart hier nicht näher eingegangen werden. Bis zur endgültigen europäischen Lösung, die in einer europäischen Produktnorm in Verbindung mit einer entsprechenden Ergänzung der ENV 1995-1-1 dargestellt werden wird, findet der Tragwerksplaner im Anhang D.6 des NAD eine vorläufige Regelung. Sie erlaubt es, Dübelverbindungen mit Einlaß- und Einpreßdübeln nach den Regelungen der DIN 1052 Teil 2, Abs. 4, zu dimensionieren. Hierzu sind die nach DIN V ENV 1995-1-1 ermittelten Bemessungswerte der Schnittgrößen oder Beanspruchungen durch $\gamma_F = 1{,}4$ zu dividieren.

Mit Ausnahme der Rundholzdübel aus Eiche (Dübeltyp B nach DIN 1052 Teil 2, Abs. 4.3) dürfen nur solche Dübel verwendet werden, deren bestimmungsgemäße Herstellung durch eine Werksbescheinigung mit Angabe des Werkstoffes, gegebenenfalls des Korrosionsschutzes und der Maße nach DIN 1052 Teil 2, Tabellen 4, 6 und 7, sowie das Zeichen des Herstellers nachgewiesen ist.
Für Interessierte finden sich Hinweise zum Stand der Normungsarbeit auf diesem Gebiet z.B. in EHLBECK, LARSEN 1993.

2.2.5 Widerstand gegen Korrosion

Tragende Verbindungen, insbesondere mit metallischen Verbindungsmitteln, müssen, sofern notwendig, selbst widerstandsfähig gegen Korrosion sein (z.B. Hartholzdübel, Stabdübel aus Kunstharzpressholz oder aus Douglasie). Anderenfalls sind sie gegen Korrosion zu schützen. Beispiele für die Mindestanforderungen bzw. den Mindestkorrosionsschutz sind, in Abhängigkeit der Nutzungsklassen, in Tabelle 2.4.3 (Tabelle 2.2.3) sowie in Abs. 7 der DIN V ENV 1995-1-1 angegeben.

Nach Meinung des Autors sollten daneben auch weiterhin die wesentlich detaillierteren Mindestanforderungen an den Korrosionsschutz für tragende Verbindungsmittel aus Stahl nach DIN 1052 Teil 2, Tabelle 1, sowie für Brückenbauwerke die Angaben der DIN 1074 beachtet werden.

Verbindungsmittel	Nutzungsklasse		
	1	2	3
Nägel, Stabdübel, Schrauben	keine	keine	Fe/Zn 25c**
Bolzen	keine	Fe/Zn 12c	Fe/Zn 12c**
Klammern	Fe/Zn 12c	Fe/Zn 12c	Nichtrostender Stahl
Nagelplatten und Stahlplatten bis zu 3 mm Dicke	Fe/Zn 12c	Fe/Zn 12c	Nichtrostender Stahl
Stahlplatten mit Dicken zwischen 3 mm bis zu 5 mm	keine	Fe/Zn 12c	Fe/Zn 25c**
Stahlplatten mit Dicken über 5 mm	keine	keine	Fe/Zn 25c**

* Bei Feuerverzinkung sollte Fe/Zn 12c durch Z275, Fe/Zn 25c durch Z250 nach EN 10147 ersetzt werden.
** Bei besonders korrosiven Bedingungen sollte Fe/Zn 40, entsprechende Feuerverzinkung oder nichtrostender Stahl in Erwägung gezogen werden.

Tabelle 2.2.3: Beispiele für Mindestanforderung bzw. Mindestkorrosionsschutz für Verbindungsmittel (in Anlehnung an ISO 2081)

2.2.6 Literatur

DIN 1052	Holzbauwerke
insbes. Teil 1	Berechnung und Ausführung (04/88)
Teil 2	Mechanische Verbindungen (04/88)
DIN 1074	Holzbrücken – Berechnung und Ausführung (05/91)
DIN 96	Halbrund-Holzschrauben mit Schlitz (12/86)
DIN 97	Senk-Holzschrauben mit Schlitz (12/86)
DIN 571	Sechskant-Holzschrauben (12/86)
DIN 1143	Maschinenstifte
Teil 1	rund, lose (08/82)
DIN 1151	Drahtstifte, rund – Flachkopf, Senkkopf (04/73)
DIN EN 409	Holzbauwerke – Prüfverfahren – Bestimmung des Fließmoments von stiftförmigen Verbindungsmitteln – Nägel (10/93)
DIN V ENV 1995	EUROCODE 5 – Entwurf, Berechnung und Bemessung von Holztragwerken
Teil 1.1	Allgemeine Bemessungsregeln, Bemessungsregeln für den Hochbau (06/94) Nachdruck in bauen mit holz 1994, H. 12 und 1995, H. 1,2
EN 10025	Warmgewaltze Erzeugnisse aus unlegierten Baustählen – Technische Lieferbedingungen (03/93)
EN 10147	Kontinuierlich feuerverzinktes Blech und Band aus Baustählen – Technische Lieferbedingungen (03/93)
EN 20898	Mechanische Eigenschaften von Verbindungselementen
Teil 1	Schrauben (04/92)
ISO 2081	Metallische Überzüge; Galvanische Zinküberzüge aus Eisen und Stahl (03/93)

BLAß, H.J.; GÖRLACHER, R.; STECK, G. 1995, Holzbauwerke, STEP 1: Bemessung und Baustoffe nach Eurocode 5. Fachverlag Holz der ARGE Holz e.V., Düsseldorf (Hrsg.) ISSN-Nr. 0446-2114.

EHLBECK, J. 1976, Versuche mit Sondernägeln für den Holzbau. In: Holz als Roh- und Werkstoff, H. 7, S. 205–211.

EHLBECK, J.; LARSEN, H.J. 1993, Grundlagen der Werkstoffeigenschaften – Verbindungen im Holzbau. In: bauen mit holz, H.10, S. 821–840.

GEROLD, M. 1994, Das neue Bemessungskonzept. In: Bemessung von Holzbauwerken nach EUROCODE 5. Technische Akademie Eßlingen (Hrsg.).

NAD Nationales Anwendungsdokument. Richtlinie zur Anwendung von DIN V ENV 1995 Teil 1-1 (E 10/94). DIN, DGfH (Hrsg.) Beuth Verlag GmbH, Berlin.

WERNER, H.; SIEBERT, W. 1991, Neue Untersuchungen mit Nägeln für den Holzbau. In: Holz als Roh- und Werkstoff 49, S. 191–198.

WHALE, L.R.J.; SMITH, I. 1985, Mechanical joints in structural timberwork. Timber Research and Development Association (TRADA), Bericht Nr. 17/86, High Wycombe, UK.

3 Grenzzustände der Gebrauchstauglichkeit

3.1 Theoretische Grundlagen

J. Kürth

3.1.1 Allgemeines

Als Nachweis der Gebrauchstauglichkeit müssen nach EC 5 zwei Bedingungen erfüllt werden (vgl. Tabelle 3.1.1):

Zum einen sollen Verformungen von Tragwerken als Folge von Beanspruchungen und von Feuchteeinwirkungen auf Werte begrenzt werden, die für die Art des Bauwerkes angemessen sind. Unzulässig große Verformungen, die die äußere

Die Verformung eines Tragwerkes als Folge einer Beanspruchung muß auf Werte begrenzt bleiben, die für die Art des Bauwerkes angemessen sind.

Nachweise

- Verschiebung von Verbindungen
- Grenzwerte der Durchbiegung
- Schwingungen

Tabelle 3.1.1: Gebrauchstauglichkeit

Erscheinung eines Bauwerks beeinträchtigen, Schäden an Verkleidungen, Dekken, Zwischenwänden und Putzen verursachen oder die uneingeschränkte Nutzung beeinträchtigen, sollen vermieden werden. Dabei sind gegebenenfalls auch die Verformungen von Verbindungen zu berücksichtigen.

Andererseits ist sicherzustellen, daß durch häufig zu erwartende Einwirkungen keine Schwingungen verursacht werden, die die Funktion des Bauwerks beeinträchtigen oder dem Nutzer unannehmbares Unbehagen verursachen. Unzulässig große Schwingungen von z.B. Fußgängerbrücken oder Holzbalkendecken sollen ebenso vermieden werden, wie unzulässige Folgen von Schwingungen wie Schäden an Bauwerken oder Einschränkungen der Funktionstüchtigkeit (hüpfende Plattenspielernadel) (vgl. Bild 3.1.1).

Grundsätzlich sind beim Nachweis der Gebrauchstauglichkeit alle Teilsicherheitsbeiwerte gleich eins, d.h. sowohl der Teilsicherheitsbeiwert für das Material als

Bild 3.1.1: Decke mit Durchbiegung und Schwingung (aus Ohlsson, 1988)

auch die Teilsicherheitsbeiwerte für die Einwirkungen. Außerdem werden die Kombinationsbeiwerte der veränderlichen Einwirkungen mit niedrigeren Werten als bei den Tragfähigkeitsnachweisen verwendet (vgl. Tabelle 3.1.2 und Tabelle 3.1.3) und es werden als Rechenwerte für die Steifigkeitsmoduln die Mittelwerte als charakteristische Werte verwendet. Der globale Sicherheitsbeiwert beträgt damit beim Gebrauchstauglichkeitsnachweis nur 1,0.

	ständige Einwirkungen	veränderliche Einwirkungen		Material
	γ_G	γ_Q	ψ	γ_M
Grenzzustand der Tragfähigkeit	1,35	1,5	0,6 - 0,8	1,3
Grenzzustand der Gebrauchstauglichkeit	1,0	1,0	0,2 - 0,8	1,0

Tabelle 3.1.2: Teilsicherheitsbeiwerte und Kombinationsbeiwerte

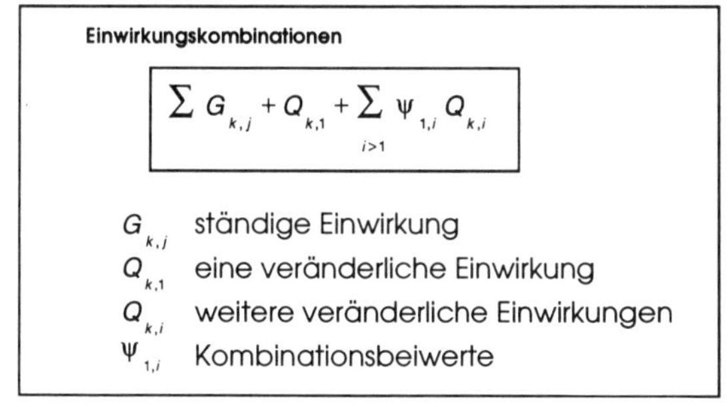

Einwirkungskombinationen

$$\sum G_{k,j} + Q_{k,1} + \sum_{i>1} \psi_{1,i} Q_{k,i}$$

$G_{k,j}$ ständige Einwirkung
$Q_{k,1}$ eine veränderliche Einwirkung
$Q_{k,i}$ weitere veränderliche Einwirkungen
$\psi_{1,i}$ Kombinationsbeiwerte

Tabelle 3.1.3: Gebrauchstauglichkeit

Bei den Tragfähigkeitsnachweisen liegt der globale Sicherheitsbeiwert im Mittel etwa bei 2,1 , wenn man einen Teilsicherheitsbeiwert für Einwirkungen zwischen 1,35 und 1,5 , einen Teilsicherheitsbeiwert für den Baustoff Holz von 1,3 und einen Modifikationsfaktor von 0,9 zugrundelegt. Die Sicherheit beim Nachweis der Gebrauchstauglichkeit ist also wesentlich niedriger als beim Nachweis der Tragfähigkeit.

Als Folge davon ist die Wahrscheinlichkeit, daß z.B. die tatsächliche Durchbiegung eines Balkens höher als die berechnete ist, größer als die Wahrscheinlichkeit, daß die Festigkeit dieses Bauteils überschritten wird.

Diese verschiedenen Vorgehensweisen sind beabsichtigt und berücksichtigen die unterschiedlichen Schadensfolgen. Beim Verlust der Tragfähigkeit eines Bauteils wird die Sicherheit von Menschen gefährdet, während der Verlust der Gebrauchstauglichkeit meist nur wirtschaftliche Folgen nach sich zieht.

3.1.2 Verformungen

3.1.2.1 Berechnung der Verformung und Durchbiegung

Bei dem Nachweis der Gebrauchstauglichkeit nach EC 5 werden zunächst die Kurzzeit- oder Anfangsverformungen u_{inst} unter der Annahme der Nutzungsklasse 1 mit den Mittelwerten der Steifigkeitsmoduln berechnet.

Die Endverformungen u_{fin} berechnen sich aus den Anfangsverformungen mit Hilfe der Beiwerte k_{def} (vgl. Tabelle 3.1.4), die die Zunahme der Verformungen infolge des kombinierten Einflusses des Kriechens und der Holzfeuchte berücksichtigen. Die Beiwerte k_{def} sind für Vollholz, Brettschichtholz und Holzwerkstoffe in Abhängigkeit von der Lasteinwirkungsdauer und der Nutzungsklasse angegeben und müssen immer berücksichtigt werden.

1) Berechnung der Anfangsverformung u_{inst} mit

- □ Mittelwert der Steifigkeitsmoduln
- □ Anfangsverschiebungsmodul

2) Berechnung der Endverformung u_{fin}

$$u_{fin} = u_{inst} \, (1 + k_{def})$$

Tabelle 3.1.4: Gebrauchstauglichkeit

Hier unterscheiden sich DIN 1052 und der EC 5, denn nach DIN 1052 sind die Kriechverformungen erst bei den Lastfällen nachzuweisen, bei denen der Anteil der ständigen Lasten an der Gesamtlast mehr als 50 % beträgt. Außerdem wird der Einfluß der Feuchte in DIN 1052 durch eine Abminderung der Steifigkeitsmoduln vorgenommen, während der EC 5 diesen Einfluß im Beiwert k_{def} berücksichtigt.

Die Werte für k_{def} steigen mit zunehmender Holzfeuchte und mit zunehmender Belastungsdauer. Besteht eine Lastkombination aus Einwirkungen, die zu unterschiedlichen Klassen der Lasteinwirkungsdauer gehören, dann sind die Durchbiegungen für jeden Lastanteil getrennt mit der jeweiligen Verformungszahl k_{def} zu berechnen.

Besteht ein Tragwerk aus Bauteilen mit unterschiedlichen Kriecheigenschaften, so sollte mit abgeänderten Steifigkeitsmoduln gerechnet werden. Diese werden bestimmt, indem der Steifigkeitsmodul für jedes Bauteil durch den entsprechenden Wert von $(1+k_{def})$ geteilt wird (Beispiel: unterspannter Träger mit Zugband aus Stahl).

3.1.2.2 Berechnung der Verschiebung von Verbindungen

Sind neben den Holzverformungen auch Verschiebungen von Verbindungen zu berücksichtigen, wird die elastische Anfangsverschiebung mit den Anfangsverschiebungsmoduln K_{ser} berechnet.

Die Endverschiebungen u_{fin} berechnen sich wieder mit Hilfe der Beiwerte k_{def}, wobei in Verbindungen mit Werkstoffen unterschiedlicher Kriecheigenschaften eine Kombination der $(1+k_{def,i})$ Werte durch das geometrische Mittel vorgenommen wird. Bei Bolzenverbindungen sind die Anfangs- und Endverschiebungen mit den Werten K_{ser} für Stabdübel zu berechnen und dann um 1 *mm* zu erhöhen (vgl. Tabelle 3.1.5).

elastische Anfangsverschiebung u_{inst}

$$u_{inst} = \frac{F}{K_{ser}}$$

Endverschiebung u_{fin}

$$u_{fin} = u_{inst}\,(1 + k_{def})$$

$$u_{fin} = u_{inst}\sqrt{(1+k_{def,1})(1+k_{def,2})}$$

Für Bolzenverbindungen +1 *mm*

Tabelle 3.1.5: Verschiebung von Verbindungen

Die Verschiebungsmoduln K_{ser} sind für Stabdübel, Schrauben, vorgebohrte und nicht vorgebohrte Nägel und für Klammern in Abhängigkeit von der charakteristischen Rohdichte und des Durchmessers des Verbindungsmittels pro Scherfläche und Verbindungsmittel angegeben. Bei unterschiedlichen Rohdichten wird das geometrische Mittel der Einzelrohdichten zur Bestimmung von K_{ser} verwendet (vgl. Tabelle 3.1.6 und Bild 3.1.2).

$K_{ser} = \frac{1}{20}\rho_k^{1,5} d$	Stabdübel, Schrauben, Nägel (vorgebohrt)
$K_{ser} = \frac{1}{25}\rho_k^{1,5} d^{0,8}$	Nägel (nicht vorgebohrt)
$K_{ser} = \frac{1}{60}\rho_k^{1,5} d^{0,8}$	Klammern
bei unterschiedlichen Rohdichten:	
$\rho_k = \sqrt{\rho_{k,1}\,\rho_{k,2}}$	d (mm) ρ (kg/m³)

Tabelle 3.1.6: Verschiebungsmoduln [N/mm] (pro Verbindungsmittel und Scherfläche)

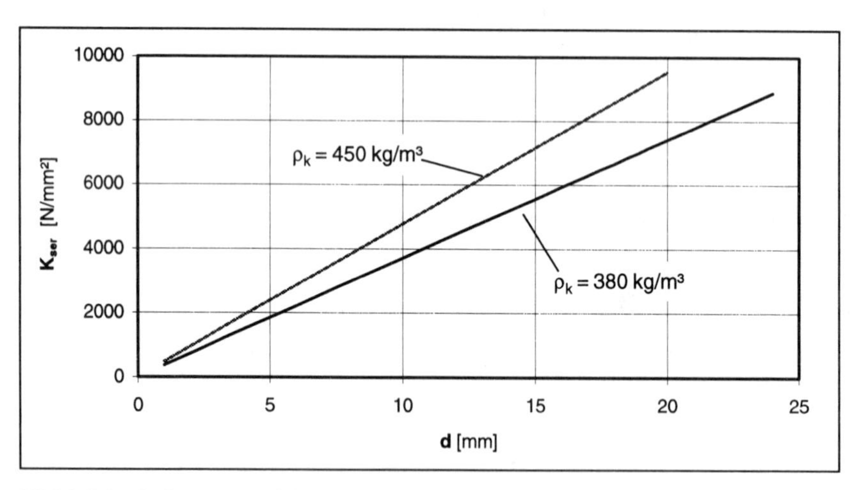

Bild 3.1.2: Anfangsverschiebungsmodul K_{ser} für Sdü, Sr, Nä (vb)

3.1.2.3 Grenzwerte der Durchbiegung

Bei der Begrenzung der Durchbiegung unterscheidet sich EC 5 von DIN 1052. Während in DIN 1052 die entsprechenden Grenzwerte verbindlich festgelegt sind, werden in EC 5 Empfehlungen für die Größtwerte angegeben. Damit soll dem Tragwerksplaner in Zusammenarbeit mit dem Bauherrn und unter Berücksichtigung der jeweiligen Nutzungsbedingungen mehr Spielraum und Eigenverantwortung überlassen werden. Dies wird auch durch das NAD nicht geändert, da von Seiten der Bauaufsicht die Vermeidung von Gefahren für Menschenleben und damit die Nachweise der Tragfähigkeit im Vordergrund stehen. Die erwartete Gesamtdurchbiegung u_{net} wird anders als in DIN 1052 unter Berücksichtigung einer Überhöhung ermittelt. u_{net} ergibt sich als Summe der Durchbiegungsanteile aus ständigen Einwirkungen u_1 und aus veränderlichen Einwirkungen u_2 abzüglich der Überhöhung u_0 im lastfreien Zustand (vgl. Bild 3.1.3) und stellt somit die Durchbiegung bezogen auf eine die Auflager verbindende Gerade dar.

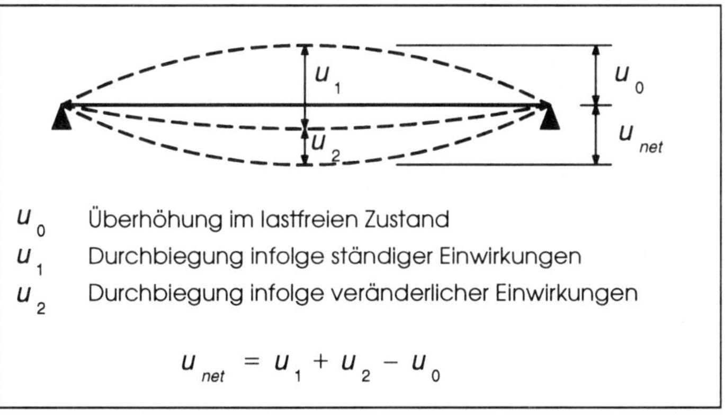

u1
u0
u2
unet
u0 Überhöhung im lastfreien Zustand
u1 Durchbiegung infolge ständiger Einwirkungen
u2 Durchbiegung infolge veränderlicher Einwirkungen
unet = u1 + u2 − u0

Bild 3.1.3: Gesamtdurchbiegung

Elastische Durchbiegung aus veränderlicher Einwirkung $u_{2,inst}$

$u_{2,inst} \leq l / 300$ Kragträger: $l / 150$

Enddurchbiegung $u_{2,fin}$ bzw. $u_{net,fin}$

$u_{2,fin} \leq l / 200$ Kragträger: $l / 100$

$u_{net,fin} \leq l / 200$ Kragträger: $l / 100$

Tabelle 3.1.7: Grenzwerte der Durchbiegung

Im Vergleich dazu wird in DIN 1052 für Brettschichtholzträger, zusammengesetzte Biegeträger und Fachwerkträger eine Überhöhung um mindestens $l/300$ verlangt. Beim Nachweis wird die Überhöhung nicht berücksichtigt und eine Durchbiegung von $l/200$ zugelassen. Damit beträgt die gesamte zulässige Durchbiegung nach DIN 1052 bezogen auf eine die Auflager verbindende Gerade $l/600$. Bei Ausführungen ohne Überhöhung beträgt die zulässige Durchbiegung dagegen $l/300$ (bezogen auf eine die Auflager verbindende Gerade).

Nach EC 5 wird für Fälle, in denen es angebracht ist, die Enddurchbiegungen zu begrenzen (wenn übermäßige Durchbiegungen die uneingeschränkte Nutzung oder das Erscheinungsbild beeinträchtigen), ein einheitlicher Grenzwert von $l/200$ empfohlen, falls nicht besondere Bedingungen andere Anforderungen verlangen. Dieser Grenzwert gilt für die Durchbiegung aus veränderlichen Einwirkungen $u_{2,fin}$ und für die Durchbiegung aus allen Einwirkungen $u_{net,fin}$.

In Fällen, in denen es angebracht ist, die elastischen Anfangsdurchbiegungen aus veränderlichen Einwirkungen $u_{2,inst}$ zu begrenzen (wenn übermäßige Durchbiegungen bleibende Schäden an nichttragenden Bauteilen verursachen), wird ein Grenzwert von $l/300$ empfohlen, falls nicht besondere Bedingungen andere Anforderungen verlangen (vgl. Tabelle 3.1.7).

Bei Fachwerkträgern beziehen sich die Grenzwerte der Durchbiegung für Biegeträger sowohl auf die gesamte Spannweite als auch auf die Stäbe zwischen den Knotenpunkten.

3.1.3 Schwingungen

3.1.3.1 Allgemeines

In EC 5 wird unterschieden zwischen durch Maschinen verursachte Schwingungen und Schwingungen bei Wohnungsdecken verursacht durch sich bewegende Menschen.

Während bei den durch Maschinen verursachten Schwingungen auf ISO 2631-2 (1989) verwiesen wird, sind für Wohnungsdecken Nachweise angegeben.

Das Schwingungsverhalten einer Decke darf durch Messung oder Berechnung abgeschätzt werden, wobei die erwartete Steifigkeit der Decke sowie der Dämpfungsgrad zu berücksichtigen sind.

Für den modalen Dämpfungsgrad darf ein Wert von $\zeta = 0,01$ (d. h. 1 %) angenommen werden, für die Steifigkeitsmoduln werden die Mittelwerte verwendet (vgl. Tabelle 3.1.8).

Einwirkungen dürfen keine Schwingungen erzeugen, die

- die Funktion des Bauwerks beeinträchtigen
- dem Nutzer unannehmbares Unbehagen verursachen

Nachweis unter Berücksichtigung von

- Dämpfungsgrad
- Mittelwerte der Steifigkeitsmoduln

Tabelle 3.1.8: Schwingungen

3.1.3.2 Schwingungen bei Wohnungsdecken

Die Nachweise der Schwingungen nach EC 5 sind für eine Eigenfrequenz der Decke f_1 (Grundschwingung 1. Ordnung) größer als 8 *Hz* gültig. Die Berechnung der Eigenfrequenz erfolgt in Abhängigkeit von der Spannweite, der Plattenbiegesteifigkeit und der Masse der Decke (vgl. Tabelle 3.1.9).

$$f_1 = \frac{\pi}{2\,l^2}\sqrt{\frac{(EI)_l}{m}}$$

f_1	Eigenfrequenz
l	Deckenspannweite
m	Masse pro Flächeneinheit in kg/m²
EI_l	äquivalente Plattenbiegesteifigkeit in Nm²/m um eine Achse rechtwinklig zur Richtung der Balken

Tabelle 3.1.9: Eigenfrequenz einer Wohnungsdecke

Es wird von einem normalen Gang eines Menschen auf der Decke und der daraus resultierenden Belastungsfunktion mit einer Frequenz um 1 *Hz* ausgegangen (vgl. Bild 3.1.4), die Überlagerung der Belastungen aus den Einzelschritten in Abhängigkeit von der Zeit zeigt zwei typische Bereiche (vgl. Bild 3.1.5). Einen Bereich mit niedriger Frequenz unter 8 *Hz* und einen mit einer Frequenz zwischen 8 und 40 *Hz*.

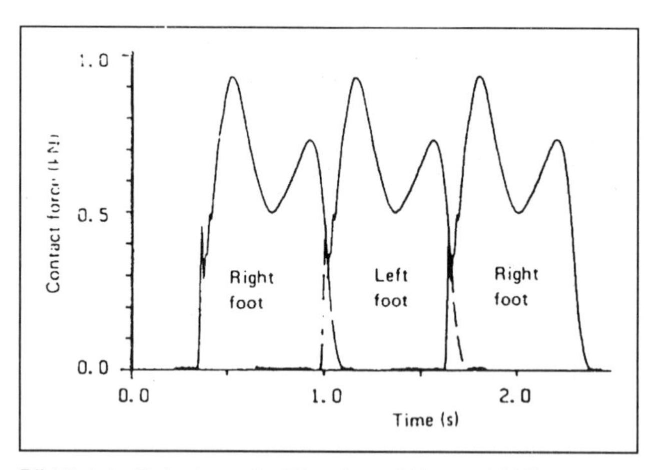

Bild 3.1.4: Belastungsfunktion (aus Ohlsson 1988)

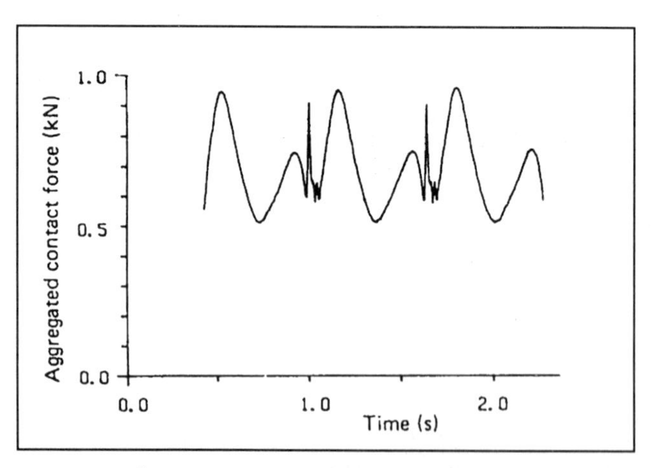

Bild 3.1.5: Überlagerung (aus Ohlsson 1988)

Da davon ausgegangen wird, daß die Eigenfrequenz der Decke über 8 *Hz* liegt (Decken mit Eigenfrequenzen unter 8 *Hz* sollten vermieden werden, da sie zu Resonanzschwingungen angeregt werden können), verursachen die Belastungskomponenten niederer Frequenz Durchbiegungen der Decke, die nur von der Steifigkeit der Decke abhängen. Der Nachweis wird als Durchbiegungsnachweis mit einer Ersatzlast geführt, die als eine statische, konzentrierte Last von 1 *kN* angenommen wird und eine größte vertikale Durchbiegung der Decke von 1,5 *mm* nicht überschreiten soll (vgl. Bild 3.1.6).

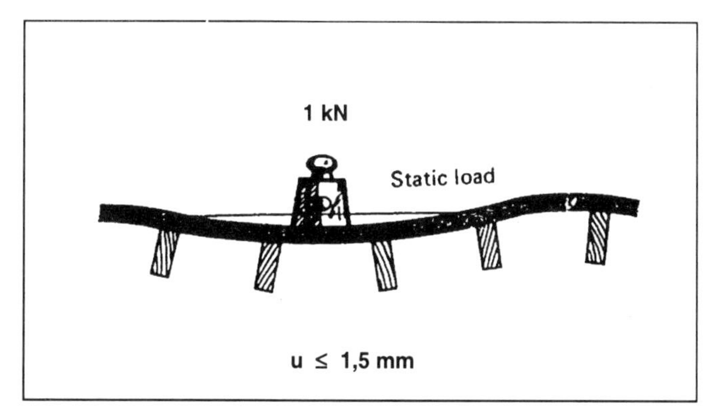

Bild 3.1.6: Statische Ersatzlast (aus Ohlsson 1988)

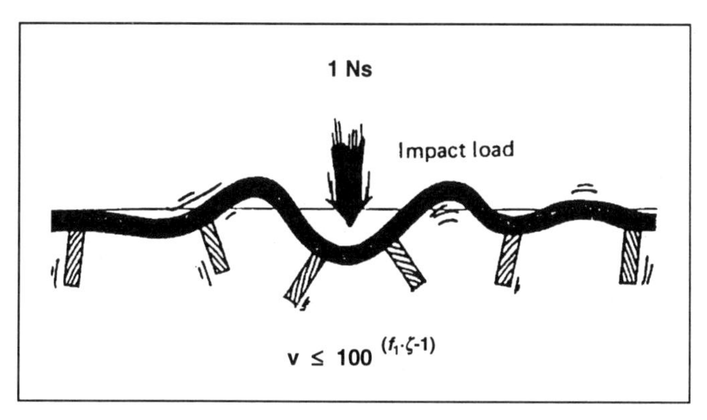

Bild 3.1.7: Einheitsimpuls (aus Ohlsson 1988)

Die Belastungskomponenten hoher Frequenz werden durch einen Einheitsimpuls von 1,0 *Ns* ersetzt. Dieser Impuls versetzt die Decke in Schwingung (vgl. Bild 3.1.7), wobei für das Wohlbefinden des Menschen die maximalen Geschwindigkeiten, mit der die Massen der Decke ihre Lage ändern, für die Bemessung maßgebend sind.

Die größte Geschwindigkeit wird durch Aufsummieren der Schwingungen aller Eigenfrequenzen bis 40 *Hz* (sie liefern die wesentlichen Anteile) erhalten. Dazu werden Näherungsgleichungen angegeben, wobei zunächst die Anzahl n_{40} der Eigenschwingungen unter 40 *Hz* berechnet wird. Dann kann die maximale Geschwindigkeit, die Einheitsimpulsgeschwindigkeitsreaktion, in Abhängigkeit von der Masse und n_{40} berechnet werden (vgl. Tabelle 3.1.10).

$$v = \frac{4\,(0{,}4 + 0{,}6\,n_{40})}{(mbl + 200)} \qquad m/(Ns^2)$$

$$n_{40} = \left\{\left[\left[\frac{40}{f_1}\right]^2 - 1\right]\left(\frac{b}{l}\right)^4 \frac{(EI)_l}{(EI)_b}\right\}^{0,25}$$

m	Masse pro Flächeneinheit (kg/m^2)
l	Deckenspannweite in m
b	Deckenbreite in m
EI_b	äquivalente Plattenbiegesteifigkeit in Nm^2/m um eine Achse in Richtung der Balken

Tabelle 3.1.10: Einheitsimpulsgeschwindigkeitsreaktion

Die zu berücksichtigenden Massen sind nur schwer auf der sicheren Seite liegend abzuschätzen. In EC 5 wird deshalb nur die Masse der Decke aus Eigenlast und anderen ständigen Einwirkungen berücksichtigt. Für eine durch die Schwingungen gestörte Person wird ein pauschaler Zuschlag von 50 *kg* angesetzt, der schon in die Näherungsgleichungen eingearbeitet ist.

Nachweis für Wohnungsdecken mit $f_1 > 8Hz$

$$\frac{u}{F} \leq 1{,}5 \qquad mm/kN$$

u größte vertikale Durchbiegung

F Statische, konzentrierte vertikale Last (1 kN)

$$v \leq 100^{(f_1 \cdot \zeta - 1)} \qquad m/(Ns^2)$$

v Einheitsimpulsgeschwindigkeitsreaktion

f_1 Eigenfrequenz

ζ Dämpfungsgrad (=0,01)

Tabelle 3.1.11: Nachweise

Beim Nachweis der Geschwindigkeitsreaktion wird eine Gleichung zur Berechnung eines Grenzwertes in Abhängigkeit von der Eigenfrequenz erster Ordnung und dem Dämpfungsgrad der Decke angegeben. Das Produkt des Dämpfungsgrades mit der Frequenz f_1 ergibt den Dämpfungskoeffizienten, der ein Maß dafür ist, wie schnell eine harmonische Schwingung in einer bestimmten Zeit gedämpft wird.

Beide Nachweise sind in Tabelle 3.1.11 zusammengestellt.

3.1.4 Literatur

Ohlsson, S. (1988): Springiness- and human induced floor vibrations – A design guide. Swedish council for building research, Stockholm, Sweden.

3.2 Beispiele

J. Kürth

3.2.1 Wohnungsdecke aus Holzbalken

Material: Balken aus Vollholz S 10, Spannweite $l = 4{,}0\ m$, Deckenbreite $b = 6{,}0\ m$, Balkenabstand $e = 0{,}625\ m$

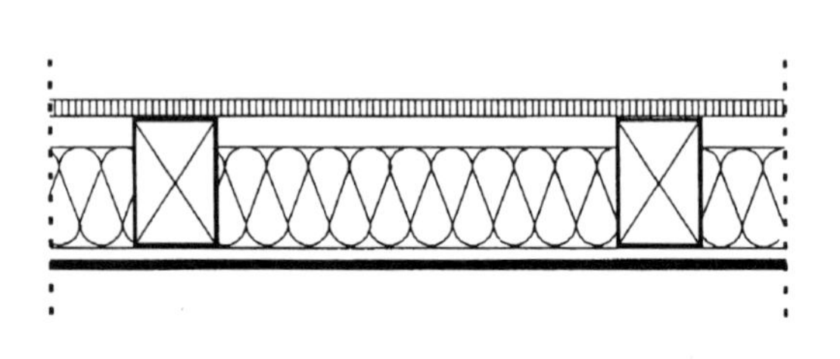

Deckenaufbau:

24 *mm*	Dielenbelag
140 *mm*	Dämmung
12/18 *cm*	Deckenbalken

Unterkonstruktion:

24/48 *mm*	Holzlatten mit $e = 0{,}400\ m$
12,5 *mm*	Gipskartonplatte

Charakteristische Werte der Einwirkungen:
sind nach NAD der DIN 1055 zu entnehmen

Ständige Last (Lasteinwirkungsdauer ständig):

Dielen:	0,024·6,0	=	0,14 kN/m^2
Dämmung:	14·0,01	=	0,14 kN/m^2
Deckenbalken:	0,12·0,18·6,0/0,625	=	0,21 kN/m^2
Latten:	0,024·0,048·6,0/0,4	=	0,02 kN/m^2
Gipskartonplatte:	1,25·0,11	=	0,14 kN/m^2

$$G_k^* = 0{,}65\ kN/m^2$$

Veränderliche Last (Lasteinwirkungsdauer mittel):

$$Q_k^* = 2{,}00\ kN/m^2$$

Charakteristische Einwirkungen je Binder:

$$G_k = 0{,}65 \cdot 0{,}625 = 0{,}41\ kN/m$$
$$Q_k = 2{,}00 \cdot 0{,}625 = 1{,}25\ kN/m$$

Bemessungswerte der Einwirkungen:

Lastfall ständige Lasten (*g*):

$G_d = \gamma_G \cdot G_k = 1{,}35 \cdot 0{,}41 = 0{,}56\ kN/m$

Lastfall ständige Lasten + Verkehrslast (*g*+*p*):

$Q_d = \gamma_G \cdot G_k + \gamma_Q \cdot Q_k = 0{,}56 + 1{,}5 \cdot 1{,}25 = 2{,}44\ kN/m$

Bemessungsschnittgrößen:

$V_G = 0{,}56 \cdot 4{,}00/2 = 1{,}12\ kN$/Balken
$V_Q = 2{,}44 \cdot 4{,}00/2 = 4{,}88\ kN$/Balken
$M_G = 0{,}56 \cdot 4{,}00^2/8 = 1{,}12\ kNm$/Balken
$M_Q = 2{,}44 \cdot 4{,}00^2/8 = 4{,}88\ kNm$/Balken

Charakteristische Werte der Baustoffeigenschaften: Vollholz S 10

Festigkeitswerte	Steifigkeitswerte
$f_{m,k} = 24{,}0\ N/mm^2$	$E_{0,mean} = 11000\ N/mm^2$
$f_{v,k} = 2{,}5\ N/mm^2$	

Nutzungsklasse 1:

Ständige Last:	$k_{mod} = 0{,}60$	(ständig)
	$k_{def} = 0{,}60$	(ständig)
Verkehrslast:	$k_{mod} = 0{,}80$	(mittel)
	$k_{def} = 0{,}25$	(mittel)

Bemessungswerte der Baustoffeigenschaften:

Lastfall *g*:	$f_{m,g,d}$	$= 0{,}60 \cdot 24/1{,}3$	$= 11{,}08\ N/mm^2$
	$f_{v,g,d}$	$= 0{,}60 \cdot 2{,}5/1{,}3$	$= 1{,}15\ N/mm^2$
Lastfall *g* + *p*:	$f_{m,g,d}$	$= 0{,}80 \cdot 24/1{,}3$	$= 14{,}77\ N/mm^2$
	$f_{v,g,d}$	$= 0{,}80 \cdot 2{,}5/1{,}3$	$= 1{,}54\ N/mm^2$

Nachweise der Tragfähigkeit

Lastfall *g* + *p* ist maßgebend, weil $2{,}44/0{,}56 = 4{,}36 > 1{,}33 = 0{,}8/0{,}6$

vorh. W $= 12 \cdot 18^2/6 = 648\ cm^3$/Balken

Biegung: $4{,}88 \cdot 10^3/648 = 7{,}53\ N/mm^2 < 14{,}77\ N/mm^2$
Schub: $1{,}5 \cdot 4{,}88 \cdot 10/(12 \cdot 18) = 0{,}34\ N/mm^2 < 1{,}54\ N/mm^2$

Nachweis der Gebrauchstauglichkeit

a.) Durchbiegung:

Ausführung der Deckenbalken ohne Überhöhung

vorh. $I = 12 \cdot 18^3/12 = 5832\ cm^4$/Balken

Nachweis der Anfangsdurchbiegung (Vermeidung von Schäden):

$$\text{vorh. } u_{2,\,inst} = \frac{5}{384} \cdot \frac{1{,}25 \cdot 4{,}0^4}{11000 \cdot 5832} \cdot 10^7 = 0{,}65\ cm$$

Nachweis: $l/300 = 400/300 = 1{,}33\ cm > 0{,}65\ cm$

Nachweis der Enddurchbiegung (Erscheinungsbild):

$$\begin{aligned}\text{vorh. } u_{net,fin} &= u_{1,\,inst}(1 + k_{def}) + u_{2,\,inst}(1 + k_{def}) \\ &= 0{,}65\ (1 + 0{,}6)\ 0{,}41/1{,}25 + 0{,}65\ (1 + 0{,}25) = 1{,}15\ cm\end{aligned}$$

Nachweis: $l/200 = 400/200 = 2{,}00\ cm > 1{,}15\ cm$

b.) Schwingung:

Vereinfachte Berechnung der vertikalen Durchbiegung infolge einer konzentrierten vertikalen Last F=1,0 kN ohne Berücksichtigung der Plattenwirkung:

$$u = \frac{1 \cdot 4{,}0^3 \cdot 10^6}{48 \cdot 1{,}03 \cdot 10^6} = 1{,}3\,mm < 1{,}5\,mm$$

Bestimmung der Eigenfrequenz 1.Ordnung:

$$f_1 = \frac{\pi}{2l^2}\sqrt{\frac{(EI)_l}{m}} = \frac{\pi}{2 \cdot 4{,}0^2}\sqrt{\frac{1{,}03 \cdot 10^6}{65}} = 12{,}3\ Hz > 8Hz = \min f_1$$

Anzahl der Eigenfrequenzen unter 40 Hz:
mit:
$(EI)_l = 11000 \cdot 5832/\ (0{,}625 10^2) = 1026432\ Nm^2/m$
$(EI)_b = 11000 \cdot 2{,}4^3/\ 12 = 12672\ Nm^2/m$

Für $(EI)_b$ wurde nur die Biegesteifigkeit des oberen Dielenbelags mit $E_{m,mean} = 11000\ N/mm^2$ angesetzt:

$$n_{40} = \left(\left(\left(\frac{40}{f_1} \right)^2 - 1 \right) \left(\frac{b}{l} \right)^4 \frac{(EI)_l}{(EI)_b} \right)^{0,25} = \left(\left(\left(\frac{40}{12,3} \right)^2 - 1 \right) \left(\frac{6,0}{4,0} \right)^4 \frac{1,03 \cdot 10^6}{1,27 \cdot 10^4} \right)^{0,25} = 7,92$$

Damit ergibt sich die größte Einheitsimpulsgeschwindigkeitsreaktion zu:

$$v_{vel,\max} = \frac{4(0,4 + 0,6 \cdot n_{40})}{(m \cdot b \cdot l + 200)} = \frac{4(0,4 + 0,6 \cdot 7,92)}{(65 \cdot 6,0 \cdot 4,0 + 200)} = 0,012 \quad m / Ns^2 < 100^{(12,3 \cdot 0,01 - 1)} = 0,018 \quad m / Ns^2$$

Der Schwingungsnachweis ist erfüllt!

3.2.2 Binder aus Brettschichtholz

Material: Brettschichtholz der Klasse BS14

Rechteckquerschnitt $b/h = 12/80$ *cm*, $I = 512000$ cm^4
Spannweite $l = 15,0$ *m*

Charakteristische Werte der ständigen bzw. veränderlichen Last für den maßgebenden Lastfall:
Ständige Last: $G_k = 3,0$ *kN/m* (Lasteinwirkungsdauer ständig)
Veränderliche Last: $Q_k = 4,0$ *kN/m* (Lasteinwirkungsdauer mittel)
Nutzungsklasse 1: $k_{def} = 0,6$ (ständig)
$k_{def} = 0,25$ (mittel)

Kombinationsbeiwert: $\psi_1 = 0,2$ (bei mehreren veränderlichen Einwirkungen)

Charakteristische Werte der Baustoffeigenschaften:
$E_{0,mean} = 12500$ N/mm^2

Nachweis der Anfangsdurchbiegung (Vermeidung von Schäden)

Der entsprechende Nachweis zur Beschränkung der elastischen Anfangsdurchbiegungen aus veränderlichen Einwirkungen nach EC5 lautet:

$$u_{2,inst} = \frac{5 \cdot 4,0 \cdot 15,0^4}{384 \cdot 12500 \cdot 512000} \cdot 10^8 = 41,2 \quad mm < \frac{l}{300} = 50,0 \quad mm$$

(Berechnung nach DIN 1052:

$f_p = u_{2,inst} \cdot 12500/11000 = 46,8$ $mm < l/300 =$ zul f)

Nachweis der Enddurchbiegung (Erscheinungsbild)

Der entsprechende Nachweis nach EC5 mit der charakteristischen (seltenen) Lastkombination lautet:

$$u_{net,fin} = \left(\frac{3,0}{4,0} \cdot (1 + 0,6) + (1 + 0,25) \right) \cdot u_{2,inst} = 101\ mm > \frac{l}{200} = 75mm$$

Die Durchbiegung ist größer als der in EC5 empfohlene Grenzwert. Eine Möglichkeit, diese großen Verformungen zu vermeiden, ist eine Überhöhung, da der Anteil der Überhöhung von der Gesamtdurchbiegung abgezogen werden kann. Wird eine Überhöhung von *l*/300 gewählt, ergibt sich:

$$u^{ü}_{net,fin} = \left(\frac{3,0}{4,0} \cdot (1 + 0,6) + (1 + 0,25) \right) \cdot u_{2,inst} \ - \ 50 = 51\ mm < \frac{l}{200} = 75mm$$

$$u_{2,fin} = (1 + 0,25) \cdot u_{2,inst} = 51,5\ mm < \frac{l}{200} = 75mm$$

Bei kleinen Anteilen der ständigen Einwirkungen kann der Nachweis der Enddurchbiegung der veränderlichen Einwirkungen maßgebend werden.

(Berechnung nach DIN 1052 mit einer Überhöhung von *l*/300, $G_k/Q_k = 3/7 < 0,5$ Kriechen ist nicht zu berücksichtigen):

$f_{g+p} = u_{2,inst} \cdot 12500/11000 \cdot 7,0/4,0 = 81,9\ mm > l/200 = 75\ mm = \text{zul}\ f$)

4 Grenzzustände der Tragfähigkeit für Bauteile

4.1 Grundbeanspruchungen Zug, Druck, Biegung, Druckstäbe, Biegeträger, Schub

F. Kunz

4.1.1 Zug in Faserrichtung

$$\sigma_{t,0,d} \leq f_{t,0,d} \tag{1}$$

$$\frac{F_{t,0,d}}{A_n} \leq k_{\text{mod}} \cdot k_h \cdot \frac{f_{t,0,k}}{\gamma_M} \tag{2}$$

$\sigma_{t,0,d}$ = Bemessungswert der Zugspannung

$F_{t,0,d}$ = Bemessungswert der Zugkraft (Einwirkung)
(siehe Kapitel 1.2: Das neue Bemessungskonzept)

A_n = Nettoquerschnittsfläche
Dabei sind eventuelle Querschnittsschwächungen wie folgt zu berücksichtigen:
Bei Bohrungen sind *alle* innerhalb des *halben zulässigen* Verbindungsmittelabstandes ($0{,}5 \cdot e_{//}$) liegenden Bohrungen gleichzeitig zu berücksichtigen.
Nicht abzuziehen sind:
- nicht vorgebohrte Nägel mit dN $\leq$ 6 mm
- zulässige Sollmaßabweichungen gemäß Werkstoffnorm

Mindestquerschnittsabmessungen von Vollholz (gem. NAD)
- Fläche 14 cm² (11cm² bei Lattungen)
- Dicke 24 mm

$f_{t,0,d}$ = Bemessungswert der Zugfestigkeit

$f_{t,0,k}$ = charakteristische Zugfestigkeit (5 % Fraktile) parallel zur Faser

k_h = Erhöhungsfaktor für charakt. Zugfestigkeit bei kleiner Bauteilbreite h gemäß NAD nur bei BSH zulässig:

k_h = 1,15 für $h \leq 298$ mm (3)

k_h = $(600/h)^{0,2}$ $298 < h < 600$ mm (4)

k_h = 1,00 $h \geq 600$ mm (5)

Für Vollholz sieht der EC 5 ähnliche Formeln vor (max. 30 %iger Erhöhungsfaktor); diese Formel darf jedoch gemäß NAD in Deutschland nicht angewendet werden.

k_{mod} = Faktor zur Berücksichtigung von Holzfeuchte und Lasteinwirkungsdauer, (siehe auch Kapitel 2.1.2.2)
wobei:
k_{mod} für die Einwirkung mit der kürzesten Lasteinwirkungsdauer gewählt werden darf.

γ_M = Teilsicherheitsfaktor für Material (γ_M = 1,3)

Bei größeren Querschnittsabmessungen ergeben sich kleinere Tragfähigkeiten als beim Nachweis nach DIN 1052.

Bei einseitig beanspruchten Zugstäben (2-teilige Zugstäbe) ist ein genauer Nachweis unter Berücksichtigung der Außermittigkeit (Zug und Biegung) zu führen. Der vereinfachte Nachweis mit dem Erhöhungsfaktor 1,5 für die anteilige Zugkraft von einseitig beanspruchten Laschen oder Zugstäben gemäß DIN 1052 ist jedoch gemäß Anhang D.3 zum NAD erlaubt.

Die Vorschrift nach DIN1052, daß bei mittig belasteten, genagelten Zugstößen die zulässigen Spannungen um 20 % abgemindert werden müssen, ist im EC 5 nicht mehr enthalten.

4.1.2 Zug rechtwinklig zu Faserrichtung

4.1.2.1 Bei Vollholz:

$$\sigma_{t,90,d} \leq f_{t,90,d} \quad (6)$$

4.1.2.2 Bei Brettschichtholz:

$$\sigma_{t,90,d} \leq f_{t,90,d} \cdot (V_0/V)^{0,2} \quad (7)$$

Für Volumeneinfluß: Bezugsvolumen V_0 = 0,01 m³

Volumeneinfluß bedeutet, daß mit zunehmender Größe des auf Querzug beanspruchten Volumens die Wahrscheinlichkeit größer wird, daß im Querschnitt eine Stelle mit geringerer Querzugfestigkeit auftritt und einen Sprödbruch auslöst (siehe auch Kapitel 4.3: Planmäßig auf Querzug beanspruchte Bauteile).

4.1.3 Druck in Faserrichtung

für Bereiche ohne Knickgefahr; (Stabilitätsnachweise siehe unter Kapitel 4.1.9)

$$\sigma_{c,0,d} \leq f_{c,0,d} \tag{8}$$

$$\frac{F_{c,0,d}}{A_n} \leq k_{\text{mod}} \cdot \frac{f_{c,0,k}}{\gamma_M} \tag{9}$$

$F_{c,0,d}$ = Bemessungswert der Druckkraft

A_n = Nettoquerschnittsfläche
Querschnittsschwächungen sind nur dann zu berücksichtigen, wenn diese nicht durch Material mit größerem E-Modul voll und kraftschlüssig ausgefüllt sind.

4.1.4 Druck rechtwinklig zur Faserrichtung

$$\sigma_{c,90,d} \leq k_{c,90} \cdot f_{c,90,d} \tag{10}$$

$$\frac{F_{c,90,d}}{A_n} \leq k_{c,90} \cdot k_{\text{mod}} \cdot \frac{f_{c,90,k}}{\gamma_M} \tag{11}$$

$F_{c,90,d}$ = Bemessungwert der Druckkraft rechtwinklig zur Faser
A_n = Nettoquerschnittsfläche
$k_{c,90}$ = Erhöhungsfaktor bei kleinen Druckflächen

	$l_1 \leq 150$	$l_1 > 150$	
		$a \geq 100$ mm	$a < 100$ mm
$l \geq 150$ mm	1	1	1
$15 \leq l < 150$ mm	1	$1+(150-l)/170$	$1+a(150-l)/17000$
$l \geq 15$ mm	1	1,8	$1+a/125$

a = Schwellenüberstand
l = Länge der Druckfläche
l_1 = Lichter Abstand benachbarter Druckflächen

Tabelle 4.1.1: Werte für $k_{c,90}$

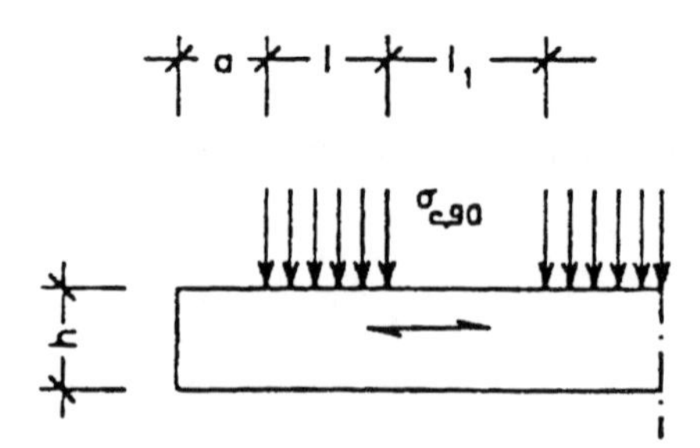

Bild 4.1.1:
Lastbild zu Tabelle 4.1.1

	l = 15 mm	l = 60 mm	l = 105 mm	l = 150 mm
a = 0 mm				
EC 5	1,0	1,0	1,0	1,0
DIN	0,8	0,8	0,8	0,8
a = 20 mm				
EC 5	1,16	1,11	1,05	1,0
DIN	0,8	0,8	0,8	0,8
a = 40 mm				
EC 5	1,32	1,21	1,11	1,0
DIN	0,8	0,8	0,8	0,8
a = 60 mm				
EC 5	1,48	1,32	1,16	1,0
DIN	0,8	0,8	0,8	0,8
a = 80 mm				
EC 5	1,64	1,42	1,21	1,0
h ≤ 60 DIN	1,78	1,26	1,09	1,0
h > 60 DIN	0,8	0,8	0,8	0,8
a = 100 mm				
EC 5	1,8	1,53	1,26	1,0
DIN	1,78	1,26	1,09	1,0

Tabelle 4.1.2: Werte für $k_{c,90}$ im Vergleich mit $k_{D,\perp}$ nach DIN 1052

Vergleich mit den Regelungen der DIN 1052:

- Im Gegensatz zur DIN1052 ist im EC 5 nur noch *ein* Bemessungswert $f_{c,90,d}$ angegeben, d.h. es gibt keinen gesonderten Wert für die Fälle, bei welchen größere Eindrückungen unbedenklich sind.
- Der angegebene charakteristische Werte für die Druckfestigkeit rechtwinklig zur Faser ist als Minimalwert auch für Fälle *ohne* Schwellenüberstand anzusetzen. Der Abminderungsfaktor 0,8 für diese Fälle nach DIN 1052 entfällt.
- Bemessungsmöglichkeiten deutlich genauer als nach DIN 1052, da an den Bereichsgrenzen harmonischere Übergänge der jeweiligen Bemessungsgleichungen.

4.1.5 Druck unter einem Winkel zur Faserrichtung

$$\sigma_{c,\alpha,d} \leq \frac{f_{c,0,d}}{\sin^2\alpha \cdot (f_{c,0,k} / f_{c,90,k}) + \cos^2\alpha} \qquad (12)$$

$$\frac{F_{c,\alpha,d}}{A_n} \leq \frac{k_{mod} \cdot f_{c,0,k} / \gamma_M}{\sin^2\alpha \cdot (f_{c,0,k} / f_{c,90,k}) + \cos^2\alpha} \qquad (13)$$

Nachweisformel für Druck unter beliebigem Winkel zur Faserrichtung ist nicht identisch mit der Nachweisführung nach DIN 1052 , Abs. 5.1.5!

In den Erläuterungen zur DIN-Norm wird jedoch bereits auf die *Hankinson'sche Gleichung* hingewiesen.

Im Winkelbereich zwischen 30° und 60° liefert diese Gleichung gegenüber der DIN 1052 etwas niedrigere Werte!

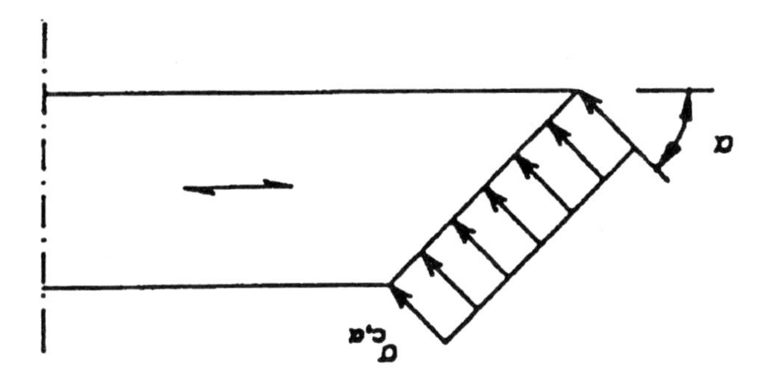

Bild 4.1.2: Druckspannungen schräg zur Faser

4.1.6 Biegung

für Bereiche ohne Kippgefahr (Stabilitätsnachweis siehe unter Abschnitt 4.1.10)

4.1.6.1 1-achsige Biegung

$$\frac{\sigma_{m,d}}{f_{m,d}} \leq 1 \tag{14}$$

$$\frac{M_{m,d} / W_n}{(k_{\text{mod}} \cdot k_h \cdot f_{m,k}) / \gamma_M} \leq 1 \tag{15}$$

k_h = Erhöhungsfaktor für Ermittlung der charakteristischen Biegefestigkeit bei geringer Querschnittshöhe (siehe Kapitel 4.1.1: Zug in Faserrichtung)

W_n = Nettowiderstandsmoment
Ermittlung analog Angaben zur Ermittlung der Nettoquerschnittsfläche (siehe Kapitel 4.1.1: Zug in Faserrichtung)

4.1.6.2 2-achsige Biegung

$$k_m \frac{\sigma_{m,y,d}}{f_{m,y,d}} + \frac{\sigma_{m,z,d}}{f_{m,z,d}} \leq 1 \tag{16}$$

$$\frac{\sigma_{m,y,d}}{f_{m,y,d}} + k_m \frac{\sigma_{m,z,d}}{f_{m,z,d}} \leq 1 \tag{17}$$

k_m = Reduktionsfaktor bei 2-achsiger Biegung, da nur die Eckfaser die maximale Randspannung erhält
k_m = 0,7 für Rechteckquerschnitte
k_m = 1,0 für alle anderen Querschnitte

Der in DIN 1052 , Abschn. 5.1.8 vorgesehene Erhöhungsfaktor für die zulässigen Biegespannungen über den Innenstützen in der Größe von 10 % ist weder im EC 5 noch im NAD vorgesehen.

4.1.7 Zug und Biegung

$$\frac{\sigma_{t,0,d}}{f_{t,0,d}} + \frac{\sigma_{m,y,d}}{f_{m,y,d}} + k_m \frac{\sigma_{m,z,d}}{f_{m,z,d}} \leq 1 \tag{18}$$

$$\frac{\sigma_{t,0,d}}{f_{t,0,d}} + k_m \frac{\sigma_{m,y,d}}{f_{m,y,d}} + \frac{\sigma_{m,z,d}}{f_{m,z,d}} \leq 1 \tag{19}$$

- k_m-Werte: siehe unter Biegung
- lineare Interaktion wie in DIN 1052

4.1.8. Druck und Biegung

$$\frac{(\sigma_{c,0,d})^2}{(f_{c,0,d})^2} + \frac{\sigma_{m,y,d}}{f_{m,y,d}} + k_m \frac{\sigma_{m,z,d}}{f_{m,z,d}} \leq 1 \tag{20}$$

$$\frac{(\sigma_{c,0,d})^2}{(f_{c,0,d})^2} + k_m \frac{\sigma_{m,y,d}}{f_{m,y,d}} + \frac{\sigma_{m,z,d}}{f_{m,z,d}} \leq 1 \tag{21}$$

- k_m-Werte: siehe Kapitel 4.1.6.2 (2-achsige Biegung)
- Bei Nachweisen nach EC 5 wird das *Plastifizierungsvermögen* von Holz unter Druckspannungen ausgenutzt. Es ergibt sich somit eine günstigere Interaktionsgleichung für Druck und Biegung und somit in der Regel gegenüber der DIN 1052 eine größere Tragfähigkeit.

4.1.9 Druckstäbe

Stabilitätsnachweis für Knicken nach dem Ersatzstabverfahren

- *Bezogener Schlankheitsgrad* λ_{rel}

$$\lambda_{rel,y} = \sqrt{\frac{f_{c,0,k}}{\sigma_{c,crit,y}}} = \frac{\lambda_y}{\pi} \cdot \sqrt{\frac{f_{c,0,k}}{E_{0,05}}} \tag{22}$$

$$\lambda_{rel,z} = \sqrt{\frac{f_{c,0,k}}{\sigma_{c,crit,z}}} = \frac{\lambda_z}{\pi} \cdot \sqrt{\frac{f_{c,0,k}}{E_{0,05}}} \tag{23}$$

$\lambda_{rel} \leq 0{,}5$ ⇒ Spannungsnachweis: siehe Kapitel 4.1.3

$\lambda_{rel} \leq 0{,}5$ ⇒ Stabilitätsnachweis siehe Kapitel 4.1.8

– *Knickbeiwert k_c*

$$k_{c,y} = \frac{1}{k_y + \sqrt{k^2_y - \lambda^2_{rel,y}}} \tag{24}$$

$$k_{c,z} = \frac{1}{k_z + \sqrt{k^2_z - \lambda^2_{rel,z}}} \tag{25}$$

wobei:

$$k_y = 0{,}5 \cdot \left[1 + \beta_c \cdot (\lambda_{rel,y} - 0{,}5) + (\lambda_{rel,y})^2\right] \tag{26}$$

$$k_z = 0{,}5 \cdot \left[1 + \beta_c \cdot (\lambda_{rel,z} - 0{,}5) + (\lambda_{rel,z})^2\right] \tag{27}$$

und β_c = 0,2 für Vollholz bzw. 0,1 für Brettschichtholz
wobei β_c = Faktor zur Berücksichtigung der spannungslosen Vorkrümmung ($l/300$ bei Vollholz und $l/500$ bei Brettschichtholz)

4.1.9.1 Nachweis am planmäßig geraden, mittig belasteten Druckstab:

$$\frac{\sigma_{c,0,d}}{k_c \cdot f_{c,0,d}} = \frac{F_{c,0,d} / A}{k_c \cdot k_{\text{mod}} \cdot f_{c,0,k} / \gamma_M} \leq 1 \tag{28}$$

ungünstigsten Knickbeiwert k_c einsetzen, d.h. kleinsten Wert von $k_{c,y}$ bzw. $k_{c,z}$

4.1.9.2 Nachweisform allgemein:

$$\frac{\sigma_{c,0,d}}{k_{c,y} \cdot f_{c,0,d}} + \frac{\sigma_{m,y,d}}{k_{crit,y} \cdot f_{m,y,d}} + k_m \cdot \frac{\sigma_{m,z,d}}{k_{crit,z} \cdot f_{m,z,d}} \leq 1 \tag{29}$$

$$\frac{\sigma_{c,0,d}}{k_{c,z} \cdot f_{c,0,d}} + k_m \cdot \frac{\sigma_{m,y,d}}{k_{crit,y} \cdot f_{m,y,d}} + \frac{\sigma_{m,z,d}}{k_{crit,z} \cdot f_{m,z,d}} \leq 1 \tag{30}$$

Die Nachweisschritte erfolgen analog DIN 1052, wenn man von den Teilsicherheitsfaktoren absieht.

Durch das Plastifizierungsvermögen in der Druckzone der Hölzer ist eine Traglaststeigerung insbesondere im mittleren Schlankheitsbereich bei der Nachweisführung nach EC 5 möglich. Der Knickbeiwert k_c wurde unter Einbeziehung dieser nichtlinearen Theorie ermittelt. Im Gegensatz dazu erfolgte die Ermittlung der Knickzahlen ω nach der Elastizitätstheorie II.Ordnung.

Durch die geringere Streuung der Festigkeitswerte sowie den kleineren Vorkrümmungsmaßen und Querschnittstoleranzen bei Brettschichtholz erhalten wir bei Brettschichtholz günstigere (größere) Knickbeiwerte als bei Vollholz

Eine Begrenzung der Schlankheit ist nicht vorgesehen.

Die Einbeziehung des Kippbeiwertes k_{crit} beim Stabilitätsnachweis wird im NAD gefordert.

4.1.10 Biegeträger

Stabilitätsnachweis zum Nachweis der Kippsicherheit

$$\sigma_{m,d} \leq k_{crit} \cdot f_{m,d} \tag{31}$$

$$\frac{M_{m,d}}{W} \leq \frac{k_{crit} \cdot k_{\text{mod}} \cdot k_h \cdot f_{m,k}}{\gamma_M} \tag{32}$$

- Kippbeiwert k_{crit} (für verringerte Tragfähigkeit infolge Kippen):

$$k_{crit} = 1 \quad \text{für} \quad \lambda_{rel,m} \leq 0{,}75 \tag{33}$$

$$k_{crit} = 1{,}56 - 0{,}75\lambda_{rel,m} \quad \text{für } 0{,}75 < \lambda_{rel,m} \leq 1{,}40 \tag{34}$$

$$k_{crit} = 1/\lambda^2_{rel,m} \quad \text{für} \quad \lambda_{rel,m} > 1{,}40 \tag{35}$$

- bezogener Schlankheitsgrad:

$$\lambda_{rel,m} = \sqrt{f_{m,k} / \sigma_{m,crit}} \tag{36}$$

- $\sigma_{m,crit}$ = kritische Biegespannung (Stabilitätstheorie) für Biegeträger mit Rechteckquerschnitt gilt:

$$\sigma_{m,crit} = \frac{\pi \cdot b^2 \cdot E_{0,05}}{l_{ef} \cdot h} \sqrt{\frac{G_{mean}}{E_{0,mean}}} \tag{37}$$

$$\lambda_{rel,m} = \sqrt{\frac{l_{ef} \cdot h}{\pi \cdot b^2}} \cdot \sqrt{\frac{f_{m,k}}{E_{0,05}}} \cdot \sqrt[4]{\frac{E_{0,mean}}{G_{mean}}} \tag{38}$$

Die wirksame Trägerlänge l_{ef} ist von den Lagerungsbedingungen und der Belastung abhängig (siehe Bild 4.1.3).

Die Nachweisführung erfolgt – sowohl formal wie auch in der gleichen Theorie – wie beim Nachweis nach DIN 1052 mit Ausnahme der im EC 5 verwendeten Teilsicherheitsfaktoren. Desweiteren ist die Erhöhung der zul. Biegespannung um 10 % für den Einfluß, daß nur die Eckspannungen Maximalwerte aufweisen, nach EC 5 *nicht* vorgesehen.

4.1.11 Schub

$$\tau_d \leq f_{v,d} \tag{39}$$

beim Rechteckquerschnitt gilt:

$$\frac{1{,}5 \cdot Q_d}{A} \leq k_{mod} \cdot f_{v,k}/\gamma_M \tag{40}$$

Auflagernahe Lasten dürfen ebenfalls mit der *reduzierten Einflußlinie* wie nach DIN 1052 in Ansatz gebracht werden. Das heißt, die Ermittlung der maßgebenden Querkraft ist identisch, wenn man von den Teilsicherheitsbeiwerten und der vereinfachten Möglichkeit der Ermittlung der maßgebenden Querkraft im Abstand *h/2* vom Auflagerrand absieht.

Die Nachweisführung bei *ausgeklinkten Auflagern* wird im Kapitel 4.3 erläutert.

Die *Überlagerung* mit gleichzeitig wirkenden Torsionsschubspannungen hat *linear* zu erfolgen.

	Die Last greift an		
	oben	in der MItte	unten
		1	
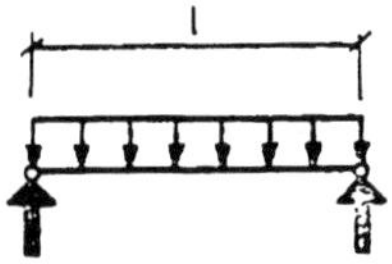	0,95	0,9	0,85
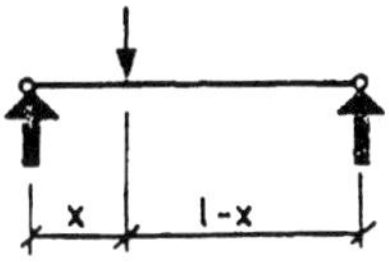	$0{,}8/\alpha$	$0{,}75/\alpha$ $\alpha = 1{,}35 - 1{,}4\ \frac{x}{l}\ \frac{l-x}{l}$	$0{,}7/\alpha$
		2	
		1,2	
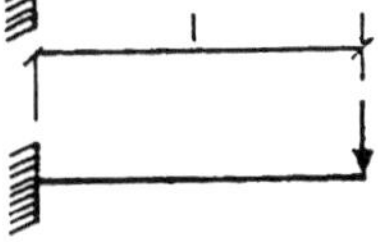		1,7	
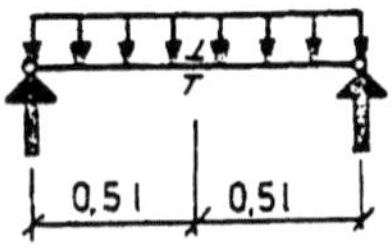	0,4	0,4	0,35
		0,25	

Bild 4.1.3: Werte für das Verhältnis l_{ef}/l

Es wird vorausgesetzt, daß seitliche Verschiebungen und Verdrehungen an den Auflagern verhindert werden. ≠ bezeichnet einen Bereich,in dem eine seitliche Verschiebung des oberen Balkenrandes (aber nicht eine vertikale Verschiebung oder eine Verdrehung) behindert wird.

4.1.12 Zusammenfassung

Sieht man von der Einführung verschiedener Modifikationsfaktoren und den Teilsicherheitsbeiwerten ab, so wird man feststellen, daß bei den Nachweisformen für die Grundbeanspruchungen von Bauteilen, doch sehr viele Festlegungen in Anlehnung an DIN 1052 erfolgten.
Durch die differenzierteren Bemessungsmöglichkeiten nach EC 5 ist jedoch eine genauere und in vielen Fällen auch wirtschaftlichere Bemessung möglich.
Die Festigkeitswerte der Materialien sind nicht wie bisher der Norm selbst, sondern den jeweiligen Produktnormen oder Zulassungen zu entnehmen.
Der Mehraufwand in der Nachweisführung liegt m.E. vor allem im Bereich der Ermittlung der maßgebenden Bemessungsgrößen für die Einwirkungen verursacht durch die Teilsicherheitsbeiwerte. Im direkten Bereich des Nachweises wird der Aufwand nur minimal größer.
Die Bemessungsergebnisse bei den Grundbeanspruchungen weichen in der Regel nicht sehr stark von denen nach DIN 1052 ab.

4.1.13 Literatur

DIN V ENV 1995 EUROCODE 5
Entwurf, Berechnung und Bemessung von Holzbauwerken, Teil 1.1, Allgemeine Bemessungsregeln, Bemessungsregeln für den Hochbau (06/94) Nachdruck in bauen mit holz 1994,H. 12 und 1995, H.1,2.

NAD Nationales Anwendungsdokument 02/95, Richtlinie zur Anwendung von DIN V ENV 1995 Teil 1.1.

DIN 1052 , Teil 1,Holzbauwerke Ausgabe April 88, Berechnung und Ausführung.

BLAß, H. J.; EHLBECK, J.; WERNER, H. 1992, Grundlagen der Bemessung von Holzbauwerken nach dem EURCODE 5, Teil 1 – Vergleich mit DIN 1052, In: Betonkalender 1992, Teil II Verlag Ernst & Sohn) (Übereinstimmung mit EN V 1995-1.1 Ausgabe (06/94) nur noch in Teilbereichen gegeben).

BLAß, H. J.: 1994, Stabilitätsnachweise nach EUROCODE 5, 3. Forum Holzbau und Ausbau 1994 in Lenggries.

GÖRLACHER, R.: 1994, Grundlagen der Tragfähigkeitsnachweise für Bauteile, 3. Forum Holzbau und Ausbau 1994 in Lenggries.

4.2 Grenzzustände der Tragfähigkeit für Bauteile

T. Wiegand

4.2.1 Gerberpfetten

4.2.1.1 Berechnung nach DINV ENV 1995-1-1

Bauteilbeschreibung

Es wird ein Gerberpfettenstrang über 8 Felder von je 7,80 m Länge in BS-Holz BS 11 ausgeführt. Die Dachneigung beträgt 3°, der Pfettenabstand e = 2,50 m.

Statisches System

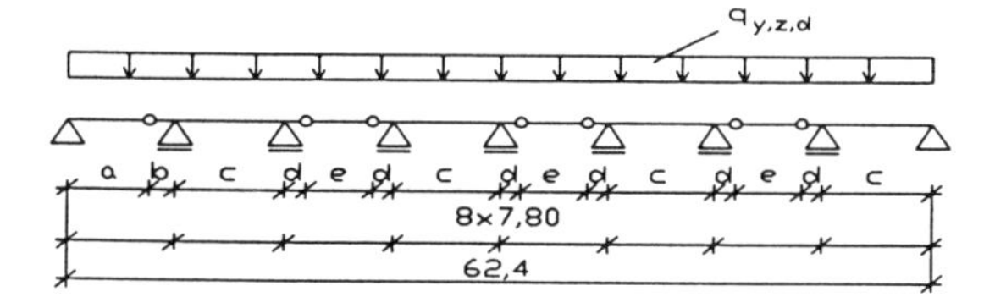

a = 6,825 m c = 7,80 m e = 5,514 m
b = 0,975 m d = 1,143 m

Abb. 4.2.1: Statisches System Gerberpfetten

Einwirkungen

charakteristische Werte der Einwirkungen

ständige Einwirkungen:	*(Eigengewicht)*
Stahltrapezprofil	0,12 kN/m² Dfl.
Dämmung	0,06 kN/m² Dfl.
Dachhaut	0,20 kN/m² Dfl.
Pfetten und Verbände	0,12 kN/m² Dfl.
	0,50 kN/m² Dfl.
	$G_k \approx$ 0,50 kN/m² Gfl.

Als charakteristische Werte der Einwirkungen gelten grundsätzlich die Werte der DIN-Normen, insbesondere die Werte der Normenreihe DIN 1055 und gegebenenfalls der bauaufsichtlichen Ergänzungen und Richtlinien (NAD: 2.2.2.2 (1)).

veränderliche Einwirkungen: (Schnee und Wind)

$Q_k = 0{,}75$ kN/m² Gfl.

Der Windsog wirkt entlastend $\Rightarrow$ nicht maßgebend

Schneelastzone III, Höhe über NN ≤ 300 m

Bemessungswert der Einwirkungen

$$S_d = \sum \gamma_{G,j}\, G_{k,j} + \gamma_{Q,1}\, Q_{k,1} + \sum_{i>1} \gamma_{Q,i}\, \psi_{0,i}\, Q_{k,i}$$

EC 5: Gl. (2.3.2.2 a)

Teilsicherheitsbeiwerte

$\gamma_G = 1{,}35$ für ständige Lasten

$\gamma_Q = 1{,}50$ für veränderliche Lasten

EC 5: Tab. 2.3.3.1

$$q_{z,d} = e \cos^2 3^\circ \left(\gamma_G\, G_k + \gamma_Q\, Q_k\right)$$

$$= 2{,}50 \cos^2 3^\circ \left(1{,}35 \cdot 0{,}50 + 1{,}5 \cdot 0{,}75\right) = 4{,}49 \text{ kN/m}$$

$$q_{y,d} = e \sin 3^\circ \cos 3^\circ \left(\gamma_G\, G_k + \gamma_Q\, Q_k\right)$$

$$= 2{,}50 \sin 3^\circ \cos 3^\circ \left(1{,}35 \cdot 0{,}50 + 1{,}5 \cdot 0{,}75\right) = 0{,}24 \text{ kN/m}$$

Bemessungswert der Beanspruchungen

Es wird das Endfeld bemessen

Biegemomente: $M_{y,z,d} = \eta\, q_{z,y,d}\, l^2$

$$M_{y,d} = 0{,}0957 \cdot 4{,}49 \cdot 7{,}80^2 = 26{,}1 \text{kNm}$$

$$M_{z,d} = 0{,}0957 \cdot 0{,}24 \cdot 7{,}80^2 = 1{,}40 \text{kNm}$$

Allg. Bemessungsformel für Durchlaufträger, η-Werte können Tabellenwerken entnommen werden.

Querkräfte:

$$V_{y,d} = 0{,}562 \cdot 4{,}49 \cdot 7{,}80 = 19{,}7 \text{kN}$$

$$V_{z,d} = 0{,}562 \cdot 0{,}24 \cdot 7{,}80 = 1{,}05 \text{kN}$$

Auflagerkräfte:

$$A_{y,d} = 1{,}063 \cdot 4{,}49 \cdot 7{,}80 = 37{,}2 \text{kN}$$

$$A_{z,d} = 1{,}063 \cdot 0{,}24 \cdot 7{,}80 = 1{,}99 \text{kN}$$

Baustoffeigenschaften

Für die nachfolgende Bemessung wird die Festigkeitsklasse BS 11 gewählt.

Der Bemessungswert X_d einer Baustoffeigenschaft ergibt sich im allgemeinen aus:

$$X_d = k_{mod}\, X_k / \gamma_M$$

EC 5: 2.2.3.2 (1)

Teilsicherheitsbeiwerte

$\gamma_M = 1{,}3$ für Holz in Grundkombinationen

EC 5: Tab. 2.3.3.2

Modifikationsfaktor

Es wird die Nutzungsklasse 1 angenommen.

EC 5: 3.1.5

Lasteinwirkungsdauer: k_{mod}:
ständig: 0,60 (Eigengewicht)
kurz: 0,90 (Schnee) $\Rightarrow$
maßgebend: 0,90

$f_{m,g,k} = 24\,N/mm^2;\quad f_{v,g,k} = 2{,}7\,N/mm^2;\quad f_{c,90,g,k} = 5{,}5\,N/mm^2$

$$f_{m,g,d} = \frac{f_{m,g,k}\,k_{mod}}{\gamma_M} = 24 \cdot 0{,}9 / 1{,}3 = 16{,}6\,N/mm^2$$

$$f_{v,g,d} = 2{,}7 \cdot 0{,}9 / 1{,}3 = 1{,}87\,N/mm^2$$

$$f_{c,90,g,d} = 5{,}5 \cdot 0{,}9 / 1{,}3 = 3{,}81\,N/mm^2$$

EC 5: Tab. 3.1.7
Maßgebend ist der k_{mod} -Wert der Einwirkung mit der kürzesten Lasteinwirkungsdauer (EC 5: 3.1.7 (2)).

Festigkeitswerte aus NAD: Tab. 3.3-1
Der Index "g" kennzeichnet BS-Holz

Grenzzustände der Tragfähigkeit

Allgemeiner Biegespannungsnachweis

$$k_m \frac{\sigma_{m,y,d}}{f_{m,d}} + \frac{\sigma_{m,z,d}}{f_{m,d}} \le 1{,}00 \qquad \frac{\sigma_{m,y,d}}{f_{m,d}} + k_m \frac{\sigma_{m,z,d}}{f_{m,d}} \le 1{,}00$$

mit k_m = 0,7 für Rechteckquerschnitte

EC 5: 5.1.6 (2)

gew.: BS-Holz BS 11 □ 140/280

$$\sigma_{m,y,d} = \frac{M_{y,d}}{W_y} = \frac{26{,}1 \cdot 10^6 \cdot 6}{140 \cdot 280^2} = 14{,}3\ N/mm^2$$

$$\sigma_{m,z,d} = \frac{M_{z,d}}{W_z} = \frac{1{,}40 \cdot 10^6 \cdot 6}{280 \cdot 140^2} = 1{,}53\ N/mm^2$$

$$\Rightarrow \frac{14{,}3}{16{,}6} + 0{,}7\,\frac{1{,}53}{16{,}6} = 0{,}92 < 1{,}00$$

Schubnachweis

EC 5: Gl. (5.1.7.1)

$$\tau_d \le f_{v,d}$$

$$\tau_{y,d} = \frac{3\,V_{y,d}}{2\,A} = \frac{3 \cdot 19{,}7 \cdot 10^3}{2 \cdot 140 \cdot 280} = 0{,}75\,N/mm^2$$

$$\tau_{z,d} = \frac{3\,V_{z,d}}{2\,A} = \frac{3 \cdot 1{,}05 \cdot 10^3}{2 \cdot 140 \cdot 280} = 0{,}04\,N/mm^2$$

$$\frac{0{,}75 + 0{,}04}{1{,}87} = 0{,}42 < 1{,}00$$

Nachweis der Druckspannungen zw. Binder und Pfette

Annahme: der Binder sei 140 mm breit

$\sigma_{c,90,d} \leq f_{c,90,d}$ EC 5: Gl. (5.1.5 a)

$k_{c,90} = 1 + \frac{150 - l}{170}$ für $l_1 > 150\,mm$ EC 5: Tab. 5.1.5

$a \geq 100\,mm$

$150\,mm > l \geq 15\,mm$

$$k_{c,90} = 1 + \frac{150 - 140}{170} = 1{,}059$$

$$\sigma_{c,90,d} = \frac{A_{y,d}}{A} = \frac{37{,}2 \cdot 10^3}{140 \cdot 140} = 1{,}90\,N/mm^2$$

$$\frac{1{,}90}{1{,}059 \cdot 3{,}81} = 0{,}47 < 1{,}00$$

Grenzzustände der Gebrauchstauglichkeit

Bemessungswert der Einwirkungen

$S_d = \sum G_{k,j} + Q_{k,1} + \sum_{i>1} \psi_{1,i} Q_{k,i}$ EC 5: Gl. (4.1 a)

$$q_z^G = e\cos^2 3° \, G_k = 2{,}5 \cdot \cos^2 3° \cdot 0{,}5 = 1{,}25\,kN/m$$

$$q_y^G = e\cos 3° \sin 3° \, G_k = 2{,}5 \cdot \cos 3° \cdot \sin^2 3° \cdot 0{,}5 = 0{,}07\,kN/m$$

$$q_z^Q = e\cos^2 3° \, Q_k = 2{,}5 \cdot \cos^2 3° \cdot 0{,}75 = 1{,}87\,kN/m$$

$$q_y^Q = e\cos 3° \sin 3° \, Q_k = 2{,}5 \cdot \cos 3° \cdot \sin\ 3° \cdot 0{,}75 = 0{,}10\,kN/m$$

Beiwerte k_{def} zur Berücksichtigung des Kriechens

für die Nutzungsklasse 1

Lasteinwirkungsdauer:	k_{def}:	
ständig	0,60	(Eigengewicht)
kurz	0,00	(Schnee+Wind)

EC 5: Tab. 4.1

Ermittlung der Durchbiegungen

für Verkehrslasten $u_{2,inst} \leq l/300$

für Verkehrslasten $u_{2,fin} \leq l/200$

für Gesamtlast $u_{net,fin} \leq l/200$

Empfehlungen für Durchbiegungen: EC 5: 4.3.1 (2), (3)

$$u_{2,inst,z,y} = k\frac{q_{z,y}^{Q}\, l^4}{E_{0,g,mean}\, I_{y,z}}; \qquad u_{2,inst} = \sqrt{u_{2,inst,y}^2 + u_{2,inst,z}^2}$$

Die k-Werte zur Berechnung der Durchbiegung der Gerberpfetten können Tabellenwerken entnommen werden.

$$u_{2,inst,y} = 0{,}0091\frac{0{,}10 \cdot 7{,}80^4 \cdot 10^{12} \cdot 12}{11500 \cdot 280 \cdot 140^3} = 4{,}6\,\text{mm}$$

$$u_{2,inst,z} = 0{,}0091\frac{1{,}87 \cdot 7{,}80^4 \cdot 10^{12} \cdot 12}{11500 \cdot 140 \cdot 280^3} = 21{,}4\,\text{mm}$$

$E_{0,mean}$ aus NAD: Tab. 3.3-1

$$u_{2,inst} = \sqrt{21{,}4^2 + 4{,}6^2} = 22\,\text{mm} = \frac{l}{356} < \frac{l}{300}$$

$$u_{net,fin} = \frac{q_z^Q + q_z^G\left(1 + k_{def}\right)}{q_z^Q} u_{2,inst} - u_o$$

hier keine Überhöhung, $u_o = 0$

$$u_{net,fin} = \frac{1{,}87 + 1{,}25\left(1 + 0{,}60\right)}{1{,}87} 22 - 0 = 45\,\text{mm} = \frac{l}{172} > \frac{l}{200}$$

neu gew.: BS-Holz BS 11 □ 140/300

$$u_{net,fin} = 45\left(\frac{280}{300}\right)^3 = 37\,\text{mm} = \frac{l}{213} < \frac{l}{200}$$

Hier hat der Tragwerksplaner zu entscheiden, ob eine Überschreitung der empfohlenen Durchbiegungen zu verantworten ist.

4.2.1.2 Berechnung nach DIN 1052

Bauteilbeschreibung und statisches System
s. Abschnitt 4.2.1.1

Einwirkungen

Die Belastungen entsprechen den charakteristischen Werten der Einwirkung aus Abschnitt 4.2.1.1

$$q_{z,d} = 2{,}50 \cos^2 3^\circ \left(0{,}50 + 0{,}75\right) = 3{,}12\,\text{kN/m}$$

$$q_{y,d} = 2{,}50 \sin 3^\circ \cos 3^\circ \left(0{,}50 + 0{,}75\right) = 0{,}16\,\text{kN/m}$$

Schnittgrößen

$$M_y = 0{,}0957 \cdot 3{,}12 \cdot 7{,}80^2 = 18{,}2\,\text{kNm}$$

$$M_z = 0{,}0957 \cdot 0{,}16 \cdot 7{,}80^2 = 0{,}93\,\text{kNm}$$

$$Q_y = 0{,}562 \cdot 3{,}12 \cdot 7{,}80 = 13{,}7\,\text{kN}$$

$$Q_z = 0{,}562 \cdot 0{,}16 \cdot 7{,}80 = 0{,}70\,\text{kN}$$

$$A_y = 1{,}063 \cdot 3{,}12 \cdot 7{,}80 = 25{,}9\,\text{kN}$$

$$A_z = 1{,}063 \cdot 0{,}16 \cdot 7{,}80 = 1{,}33\,\text{kN}$$

Tragsicherheitsnachweise

gew.: BS-Holz BS 11 □ 140/280 entspricht der alten GK II

Allgemeiner Biegespannungsnachweis

$$\frac{\frac{M_y}{W_y}+\frac{M_z}{W_z}}{\text{zul}\,\sigma_B}=\frac{\frac{18{,}2\cdot 10^6\cdot 6}{140\cdot 280^2}+\frac{0{,}93\cdot 10^6\cdot 6}{280\cdot 140^2}}{11}=1{,}00=1{,}00$$

Schubnachweis

$$\frac{\frac{3\,Q_y}{2\,A}+\frac{3\,Q_z}{2\,A}}{\text{zul}\,\tau_Q}=\frac{\frac{3\cdot 13{,}7\cdot 10^3}{2\cdot 140\cdot 280}+\frac{3\cdot 0{,}70\cdot 10^3}{2\cdot 140\cdot 280}}{1{,}2}=0{,}46<1{,}00$$

Nachweis der Druckspannungen zwischen Binder und Pfette

Annahme: der Binder sei 140 mm breit

$$\frac{\frac{A_y}{A}}{k_{D\perp}\,\text{zul}\,\sigma_{D\perp}}=\frac{\frac{25{,}9\cdot 10^3}{140\cdot 140}}{1{,}02\cdot 2{,}5}=0{,}52<1{,}00$$

$$k_{D\perp}=\sqrt[4]{\frac{150}{l}}=\sqrt[4]{\frac{150}{140}}=1{,}02\leq 1{,}80 \text{ für } l_1\leq 150\,\text{mm}$$

$$\ddot{u}\geq 100\,\text{mm}$$

$$150\,\text{mm}>l$$

Gebrauchstauglichkeitsnachweise

$$u_{2,inst,y}=0{,}0091\frac{0{,}16\cdot 7{,}80^4\cdot 10^{12}\cdot 12}{11000\cdot 280\cdot 140^3}=7{,}7\,\text{mm}$$

$$u_{2,inst,z}=0{,}0091\frac{3{,}12\cdot 7{,}80^4\cdot 10^{12}\cdot 12}{11000\cdot 140\cdot 280^3}=37{,}3\,\text{mm}$$

$$u_{2,inst}=\sqrt{37{,}3^2+7{,}7^2}=38\,\text{mm}=\frac{l}{205}<\frac{l}{200}$$

4.2.1.3 Vergleich der Ergebnisse

Tabelle 4.2.1: Vergleich der Ausnutzungsgrade

	DINV ENV 1995-1-1		DIN 1052
	BS 11 □ 140/280	BS 11 □ 140/300	BS 11 □ 140/280
Spannungs-nachweis	0,92	0,81	1,00
Schubnachweis	0,42	0,40	0,46
Druckspannung zw. Binder und Pfette	0,47	0,47	0,52
Durchbiegung u. Gesamtlast	l/172	l/213	l/205

4.2.2 Pultdachträger

4.2.2.1 Berechnung nach DINV ENV 1995-1-1

Bauteilbeschreibung

Es wird ein Riegel von 15,0 m Länge in BS-Holz der Festigkeitsklasse BS 14k ausgeführt. Die Dachneigung beträgt 3°, der Riegelabstand 7,80 m. Der Träger ist seitlich in 5,0 m Abständen gehalten.

Statisches System

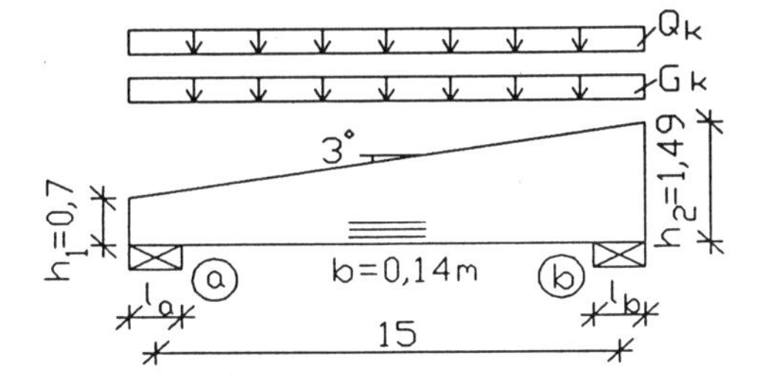

Bild 4.2.2: Statisches System und Geometrie des Pultdachträgers

Einwirkungen

charakteristische Werte der Einwirkungen

Als charakteristische Werte der Einwirkungen gelten grundsätzlich die Werte der DIN-Normen, insbesondere die Werte der Normenreihe DIN 1055 und gegebenenfalls der bauaufsichtlichen Ergänzungen und Richtlinien (NAD: 2.2.2.2 (1)). Schneelastzone III, Höhe über NN $\leq$ 300 m.

ständige Einwirkungen:	(Eigengewicht)	
Dach	$7{,}80 \cdot 0{,}50 =$	3,90 kN/m.
Eigengewicht Binder		0,80 kN/m
	$G_k =$	4,70 kN/m

veränderliche Einwirkungen: (Schnee und Wind)

$$Q_k = 7{,}80 \cdot 0{,}75 = 5{,}85 \text{ kN/m}$$

Der Windsog wirkt entlastend $\Rightarrow$ nicht maßgebend

Bemessungswert der Einwirkungen

$$S_d = \sum \gamma_{G,j} G_{k,j} + \gamma_{Q,1} Q_{k,1} + \sum_{i>1} \gamma_{Q,i} \psi_{0,i} Q_{k,i}$$

EC 5: Gl. (2.3.2.2 a)

Teilsicherheitsbeiwerte

EC 5: Tab. 2.3.3.1

$\gamma_G = 1{,}35$ für ständige Lasten
$\gamma_Q = 1{,}50$ für veränderliche Lasten

$$q_d = \gamma_G G_k + \gamma_Q Q_k = 1{,}35 \cdot 4{,}70 + 1{,}5 \cdot 5{,}85 = 15{,}1 \text{kN/m}$$

Bemessungswert der Beanspruchungen

Querkraft: $V_{max} = q_d l / 2 = 15{,}1 \cdot 15{,}0 / 2 = 113 \text{kN}$

Auflagerkraft: $A = V_{max} = 113 \text{kN}$

Biegemomente:
an der Stelle der maximalen Biegespannungen ξ_0 l:

$$\xi_0 = \frac{h_1}{(h_1 + h_2)} = \frac{700}{(700 + 1490)} = 0{,}320$$

$$\xi_0' = 1 - \xi_0 = 1 - 0{,}320 = 0{,}680$$

$$M_{\xi_0} = \frac{1}{2} \xi_0 \xi_0' q_d l^2 = \frac{1}{2} 0{,}32 \cdot 0{,}68 \cdot 15{,}1 \cdot 15{,}0^2 = 370 \text{ kNm}$$

in Feldmitte:

$$M_{max} = \frac{1}{8} q_d l^2 = \frac{1}{8} 15{,}1 \cdot 15{,}0^2 = 425 \text{ kNm}$$

Baustoffeigenschaften

Für die nachfolgende Bemessung wird die Festigkeitsklasse BS 14k gewählt. Der Bemessungswert X_d einer Baustoffeigenschaft ergibt sich im allgemeinen aus:

BS 14k bezeichnet ein kombiniertes BS-Holz, s. Fußnote NAD: Tab. 3.3-1

$$X_d = \frac{k_{mod} X_k}{\gamma_M}$$

EC 5: 2.2.3.2 (1)

Teilsicherheitsbeiwerte

$\gamma_M = 1{,}3$ für Holz in Grundkombinationen

EC 5: Tab. 2.3.3.2

Modifikationsfaktor

Es wird die Nutzungsklasse 1 angenommen.

EC 5: 3.1.5

Lasteinwirkungsdauer:	k_{mod}:	
ständig:	0,60	(Eigengewicht)
kurz:	0,90	(Schnee) ⇒
maßgebend:	0,90	

EC 5: Tab. 3.1.7 Maßgebend ist der k_{mod}-Wert der Einwirkung mit der kürzesten Lasteinwirkungsdauer (EC 5: 3.1.7 (2)).

$f_{m,g,k} = 28\,N/mm^2$; $f_{v,g,k} = 2{,}7\,N/mm^2$; $f_{c,90,g,k} = 5{,}5\,N/mm^2$

$$f_{m,g,d} = \frac{f_{m,g,k}\,k_{mod}}{\gamma_M} = 28 \cdot 0{,}9/1{,}3 = 19{,}4\ N/mm^2$$

$$f_{v,g,d} = 2{,}7 \cdot 0{,}9/1{,}3 = 1{,}87\ N/mm^2$$

$$f_{c,90,g,d} = 5{,}5 \cdot 0{,}9/1{,}3 = 3{,}81\ N/mm^2$$

Festigkeitswerte aus NAD: Tab. 3.3-1

Grenzzustände der Tragfähigkeit

Schub am Auflager links

$$\tau_d \leq f_{v,d}$$

$$\frac{\frac{3V_{max}}{2A}}{f_{v,g,d}} = \frac{\frac{3 \cdot 113 \cdot 10^3}{2 \cdot 700 \cdot 140}}{1{,}87} = 0{,}93 < 1{,}00$$

EC 5: Gl. 5.1.7.1

Nachweis der Biegespannungen an der Stelle der maximalen Spannungen

$$\sigma_{m,d} = \frac{M_{\xi 0}}{W_{\xi 0}} = \frac{370 \cdot 10^6 \cdot 6}{140 \cdot 952^2} = 17{,}5\,N/mm^2 \quad ; \quad h_{\xi 0} = 952\,mm$$

$$\frac{\sigma_{m,d}}{f_{m,g,d}} = \frac{17{,}5}{19{,}4} = 0{,}90 < 1{,}00$$

EC 5: 3.1.6 (2)

Nachweis der Biegespannungen am angeschnittenen Rand

$$\sigma_{m,\alpha,d} = \left(1-4\tan^2\alpha\right)\frac{M_\xi\,6}{bh_\xi^2} = (1-4\tan^2 3°)\frac{370\cdot 10^6\cdot 6}{140\cdot 952^2} = 17{,}3\,\text{N/mm}^2$$ EC 5: Gl. (5.2.3 b)

$$f_{m,\alpha,g,d} = \frac{f_{m,g,d}}{\dfrac{f_{m,g,d}}{f_{c,90,g,d}}\sin^2\alpha+\cos^2\alpha} = \frac{19{,}4}{\dfrac{19{,}4}{3{,}81}\sin^2 3°+\cos^2 3°} = 19{,}2\,\text{N/mm}^2$$ EC 5: Gl. (5.2.3 e)

$$\frac{\sigma_{m,\alpha,d}}{f_{m,\alpha,g,d}} = \frac{17{,}3}{19{,}2} = 0{,}90 < 1{,}00$$

Kippsicherheitsnachweis

$$\sigma_{m,d} \le k_{crit}\,f_{m,g,d}$$ EC 5: Gl. (5.2.2 b)

$$\lambda_{rel,m} = \sqrt{\frac{l_{ef}\,h_{\xi 0}}{\pi b^2}\frac{f_{m,g,k}}{E_{0,g,05}}\sqrt{\frac{E_{0,g,mean}}{G_{g,mean}}}} = \sqrt{\frac{5000\cdot 952}{\pi\ 140^2}\frac{28}{10000}\sqrt{\frac{12500}{780}}} = 0{,}93$$ EC 5: Gl. (5.2.2 a) und NAD: 5.2.2 (2)

$$k_{crit} = \begin{cases} 1 & \text{für} \quad \lambda_{rel,m} \le 0{,}75 \\ 1{,}56-0{,}75\lambda_{rel,m} & \text{für} \quad 0{,}75 < \lambda_{rel,m} \le 1{,}40 \\ 1/\lambda_{rel,m}^2 & \text{für} \quad 1{,}40 < \lambda_{rel,m} \end{cases}$$

$$\Rightarrow k_{crit} = 1{,}56-0{,}75\cdot 0{,}93 = 0{,}86$$

$$\frac{\sigma_{m,d}}{k_{crit}\,f_{m,g,d}} = \frac{17{,}5}{0{,}86\cdot 19{,}4} = 1{,}05 > 1{,}00$$

Grenzzustände der Gebrauchstauglichkeit

Bemessungswert der Einwirkungen

$$S_d = \sum G_{k,j} + Q_{k,1} + \sum_{i>1}\psi_{1,i}\,Q_{k,i}$$ EC 5: Gl. (4.1 a)

$$q_d^G = G_k = 4{,}70\,\text{kN/m}$$

$$q_d^Q = Q_k = 5{,}85\,\text{kN/m}$$

Beiwerte k_{def} zur Berücksichtigung des Kriechens für die Nutzungsklasse 1

Lasteinwirkungsdauer:	k_{mod}:		EC 5: Tab. 4.1
ständig	0,60	(Eigengewicht)	
kurz	0,00	(Schnee+Wind)	

Ermittlung der Durchbiegungen

für Verkehrslasten $u_{2,inst} \leq l/300$

für Verkehrslasten $u_{2,fin} \leq l/200$

für Gesamtlast $u_{net,fin} \leq l/200$

Empfehlungen für Durchbiegungen: EC 5: 4.3.1 (2), (3)

$$u_{2,inst} = \frac{5 q_d^Q l^4}{384 E_{0,mean} I_{y,z}} = \frac{5 \cdot 5{,}85 \cdot 15{,}0^4 \cdot 10^{12} \cdot 12}{384 \cdot 12500 \cdot 140 \cdot 1224^3} = 15 mm = \frac{l}{1040} < \frac{l}{300}$$

$E_{0,mean}$ aus NAD: Tab. 3.3-1

$u_{2,fin} = u_{2,inst}$ da $k_{def} = 0$ für Schnee

Es wird mit der Höhe im Drittelspunkt der Trägerlänge gerechnet. $h_{(l/3)} = 1224$ mm

$$u_{net,fin} = \frac{q_d^Q + q_d^G (1 + k_{def})}{q_z^Q} u_{2,inst} - u_o$$

$$u_{net,fin} = \frac{5{,}85 + 4{,}70(1 + 0{,}60)}{5{,}85} 15 - 0 = 34 mm = \frac{l}{438} > \frac{l}{200}$$

keine Überhöhung, $u_o = 0$

4.2.2.2 Berechnung nach DIN 1052

Bauteilbeschreibung und statisches System
s. Abschnitt 4.2.2.1

Einwirkungen
Die Belastungen entsprechen den charakteristischen Werten der Einwirkung aus Abschnitt 4.2.2.1

q = 4,70 + 5,85 = 10,6 kN

Schnittgrößen

Querkraft: $V_{max} = q_d l/2 = 10{,}6 \cdot 15{,}0/2 = 79{,}5 kN$

Auflagerkraft: $A = V_{max} = 79{,}5 kN$

Biegemomente:

an der Stelle der maximalen Biegespannungen ξ_0 l:

$$M_{\xi_0} = \frac{1}{2} \xi_0 \xi_0' q l^2 = \frac{1}{2} 0{,}32 \cdot 0{,}68 \cdot 10{,}6 \cdot 15{,}0^2 = 259 \text{ kNm}$$

in Feldmitte:

$$M_{max} = \frac{1}{8} q l^2 = \frac{1}{8} 10{,}6 \cdot 15{,}0^2 = 298 \text{ kNm}$$

Grenzzustände der Tragfähigkeit

Schub am Auflager links

$$\frac{\frac{3V_{max}}{2A}}{zul\,\tau_Q} = \frac{\frac{3 \cdot 79{,}5 \cdot 10^3}{2 \cdot 700 \cdot 140}}{1{,}20} = 1{,}01 \approx 1{,}00$$

Nachweis der Biegespannungen an der Stelle der maximalen Spannungen

$$\sigma_B = \frac{M_{\xi 0}}{W_{\xi 0}} = \frac{259 \cdot 10^6 \cdot 6}{140 \cdot 952^2} = 12{,}3\,\text{N/mm}^2 \qquad \text{mit: } h_{\xi 0} = 952\,\text{mm}$$

$$\frac{\sigma_B}{zul\,\sigma_B} = \frac{12{,}3}{14{,}0} = 0{,}88 < 1{,}00$$

Nachweis der Biegespannungen am angeschnittenen Rand:

$$\left[\frac{\sigma_{//}}{zul\sigma_B}\right]^2 + \left[\frac{\sigma_{D\perp}}{zul\sigma_{D\perp}}\right]^2 + \left[\frac{\tau}{2{,}66 \cdot zul\tau_a}\right]^2 \le 1{,}0$$

$$\left[\frac{12{,}3}{14}\right]^2 + \left[\frac{0{,}034}{2{,}5}\right]^2 + \left[\frac{0{,}644}{2{,}66 \cdot 0{,}9}\right]^2 = 0{,}84 < 1{,}0$$

Kippsicherheitsnachweis

$$\lambda_B = \sqrt{\frac{s h_{\xi 0}\,\gamma_1\,zul\sigma_B}{\pi b^2 \sqrt{E_{//} G_T}}} = \sqrt{\frac{5000 \cdot 952 \cdot 2 \cdot 14}{\pi \cdot 140^2 \sqrt{12000 \cdot 600}}} = 0{,}90$$

mit: $s = 5000\,\text{mm}$; $h_{\xi 0} = 952\,\text{mm}$

$$k_B = \begin{cases} 1 & \text{für} \quad \lambda_B \le 0{,}75 \\ 1{,}56 - 0{,}75\lambda_B & \text{für} \quad 0{,}75 < \lambda_B \le 1{,}40 \\ 1/\lambda_B^2 & \text{für} \quad 1{,}40 < \lambda_B \end{cases}$$

$$\Rightarrow k_{crit} = 1{,}56 - 0{,}75 \cdot 0{,}90 = 0{,}89$$

$$\frac{\sigma_B}{1{,}1 k_b\, zul\sigma_B} = \frac{12{,}3}{1{,}1 \cdot 0{,}89 \cdot 14{,}0} = 0{,}90 < 1{,}00$$

Ermittlung der Durchbiegungen

$$f = \frac{5 q l^4}{384 EI} = \frac{5 \cdot 10{,}6 \cdot 15{,}0^4 \cdot 10^{12} \cdot 12}{384 \cdot 12000 \cdot 140 \cdot 1224^3} = 27\,\text{mm} = \frac{l}{551} < \frac{l}{300} \qquad \text{keine Überhöhung}$$

4.2.2.3 Vergleich der Ergebnisse

Tabelle 4.2.2: Vergleich der Ausnutzungsgrade

	DINV ENV 1995-1-1 BS 14k/BS 14h[1]	DIN 1052 BS 14
Schubnachweis	0,93	1,01
Biegespannungen	0,90	0,88
Spannungskombination	0,90	0,84
Kippsicherheitsnachweis	1,05	0,90
Durchbiegung unter Gesamtlast	l/438	l/551

[1] da sich kombiniertes von homogenem BS-Holz nur in der Zug- und Druckfestigkeit parallel zur Faser unterscheidet und diese Festigkeiten in den hier geführten Nachweisen nicht eingehen

4.2.3 Eingespannte Stütze

4.2.3.1 Berechnung nach DINV ENV 1995-1-1

Bauteilbeschreibung

Es wird die eingespannte Stütze eines Rahmens in BS-Holz BS 16k berechnet. Rahmenabstand: 7,80 m.

Statisches System

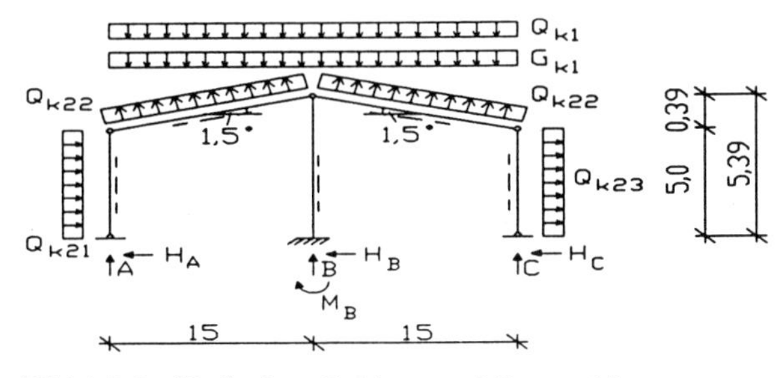

Bild 4.2.3: Statisches System und Geometrie

Einwirkungen

charakteristische Werte der Einwirkungen

ständige Einwirkungen: (Eigengewicht)

Dach inkl. Dachbinder $G_{k1} = 4{,}70$ kN/m Gfl.

veränderliche Einwirkungen: (Schnee und Wind)

Schnee $Q_{k1} = 5{,}85$ kN/m Gfl.

Wind von links

$Q_{k21} = e\ c_p\ q = 7{,}80 \cdot 0{,}8 \cdot 0{,}5 = 3{,}12$ kN/m Wfl.
$Q_{k22} = e\ c_p\ q = 7{,}80 \cdot 0{,}6 \cdot 0{,}5 = 2{,}34$ kN/m Dfl.
$Q_{k23} = e\ c_p\ q = 7{,}80 \cdot 0{,}5 \cdot 0{,}5 = 1{,}95$ kN/m Wfl.

Als charakteristische Werte der Einwirkungen gelten grundsätzlich die Werte der DIN-Normen, insbesondere die Werte der Normenreihe DIN 1055 und gegebenenfalls der bauaufsichtlichen Ergänzungen und Richtlinien (NAD: 2.2.2.2 (1)). Schneelastzone III, Höhe über NN ≤ 300 m.

M [kNm]

132 132

N [kN]

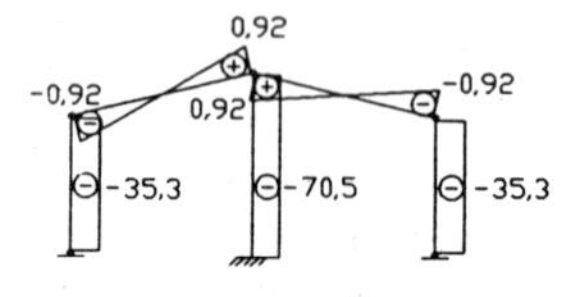

M [kNm]

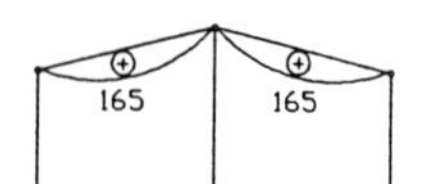

N [kN]

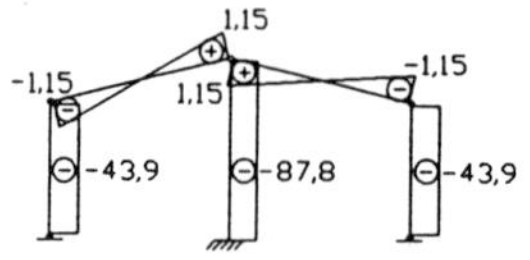

M [kNm]

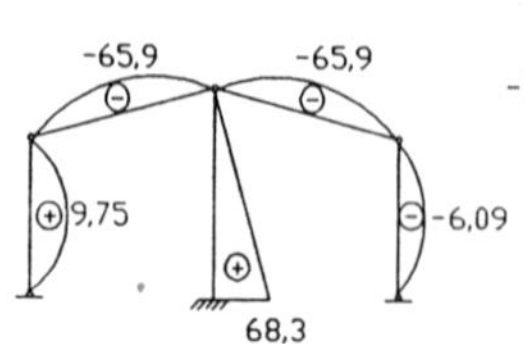

N [kN]

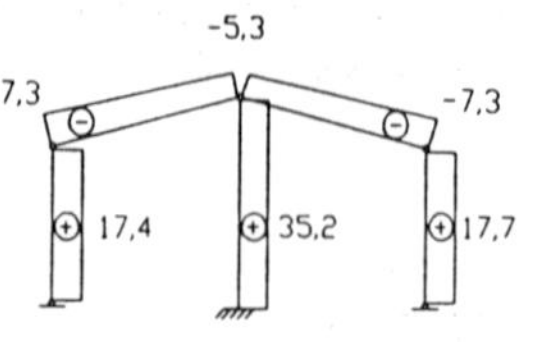

Bild 4.2.4: Schnittgrößen des Systems

Bemessungswert der Einwirkungen

$$S_d = \sum \gamma_{G,j} G_{k,j} + \gamma_{Q,1} Q_{k,1} + \sum_{i>1} \gamma_{Q,i} \psi_{0,i} Q_{k,i}$$

EC 5: Gl. (2.3.2.2 a)

Kombinationsbeiwerte

Schnee: $\psi_{0,1} = 0{,}70$
Wind: $\psi_{0,2} = 0{,}60$

NAD: Tab. 2.2-1

Teilsicherheitsbeiwerte

$\gamma_G = 1{,}35$ für ständige Lasten

$\gamma_Q = 1{,}50$ für veränderliche Lasten

EC 5: Tab. 2.3.3.1

Kombination 1 *(Eigengewicht + Schnee + Wind)*

$q_{z,d} = 1{,}35\ G_k + 1{,}50\ Q_{k1} + 1{,}50 \cdot 0{,}60\ Q_{k2}$

Kombination 2 *(Eigengewicht + Wind + Schnee)*

$q_{z,d} = 1{,}35\ G_k + 1{,}50\ Q_{k2} + 1{,}50 \cdot 0{,}70\ Q_{k1}$

Kombination 3 *(Eigengewicht + Schnee)*

$q_{z,d} = 1{,}35\ G_k + 1{,}50\ Q_{k1}$

Bemessungswert der Beanspruchungen

	Komb. 1	Komb. 2	Komb. 3
N [kN]	201	141	233
M [kNm]	61,5	102	0

Es wird ein Eigengewicht der Stütze von 1,35·4,50 kN angesetzt.

Baustoffeigenschaften

Für die nachfolgende Bemessung wird die Festigkeitsklasse BS 16k gewählt.
Der Bemessungswert X_d einer Baustoffeigenschaft ergibt sich im allgemeinen aus:

BS 16k kennzeichnet ein kombiniertes BS-Holz siehe Fußnote NAD: Tab. 3.3-1

$$X_d = \frac{k_{mod}\, X_k}{\gamma_M}$$

EC 5: 2.2.3.2 (1)

Teilsicherheitsbeiwerte

$\gamma_M = 1{,}3$ für Holz in Grundkombinationen

EC 5: Tab. 2.3.3.2

Modifikationsbeiwert

Es wird die Nutzungsklasse 1 angenommen

EC 5: 3.1.5

Lasteinwirkungsdauer: k_{mod}:

ständig: 0,60 (Eigengewicht)

kurz: 0,90 (Schnee) ⇒ maßg.

EC 5: Tab. 3.1.7
Maßgebend ist der k_{mod}-Wert der Einwirkung mit der kürzesten Lasteinwirkungsdauer (EC 5: 3.1.7 (2)).

$f_{m,g,k} = 32\ \text{N/mm}^2;\quad f_{c,0,g,k} = 28\ \text{N/mm}^2$

$$f_{m,g,d} = \frac{f_{m,g,k}\, k_{mod}}{\gamma_M} = \quad 32 \cdot 0{,}9 / 1{,}3 = 22{,}2\ \text{N/mm}^2$$

$$f_{c,0,g,d} = \quad 28 \cdot 0{,}9 / 1{,}3 = 19{,}4\ \text{N/mm}^2$$

Festigkeitswerte aus NAD: Tab. 3.3-1

Grenzzustände der Tragfähigkeit

gew.: BS-Holz BS 16k □ 240/420

Knicksicherheitsnachweis

$$\frac{\sigma_{c,0,d}}{k_{c,y}\, f_{c,0,g,d}} + \frac{\sigma_{m,y,d}}{f_{m,g,d}} \le 1{,}00 \qquad \frac{\sigma_{c,0,d}}{k_{c,z}\, f_{c,0,g,d}} + k_m \frac{\sigma_{m,y,d}}{f_{m,g,d}} \le 1{,}00$$

EC 5: Gl. (5.2.1 a-h)

$$\lambda_y = s_{ky} / i_y = 14{,}8 \cdot 10^3 / 121 = 122$$

$$s_{ky} = 2h\sqrt{1 + \frac{\pi^2}{12}\sum \frac{F_i\, h_E}{h_i}\frac{1}{F_E}} = 2 \cdot 5{,}39\sqrt{1 + \frac{\pi^2}{12}\frac{5{,}39}{5}} = 14{,}8\,m$$

$$\lambda_z = s_{kz} / i_z = 5{,}39 \cdot 10^3 / 69 = 78$$

$$s_{kz} = 5{,}39\,m$$

Hinweis: es besteht keine Begrenzung hinsichtlich der Schlankheit!

Der Stützenkopf sei senkrecht zur Rahmenebene gehalten.

$$\sigma_{c,crit,y} = \frac{\pi^2 E_{0,g,05}}{\lambda_y^2} = \frac{\pi^2\, 10800}{122^2} = 7{,}11\,N/mm^2$$

$$\sigma_{c,crit,z} = \frac{\pi^2 E_{0,g,05}}{\lambda_z^2} = \frac{\pi^2\, 10800}{78^2} = 17{,}5\,N/mm^2$$

$E_{0,g,mean}$ aus NAD: Tab. 3.3-1

$$\lambda_{rel,y} = \sqrt{\frac{f_{c,0,g,k}}{\sigma_{c,crit,y}}} = \sqrt{\frac{28{,}0}{7{,}11}} = 1{,}98 > 0{,}5$$

$$\lambda_{rel,z} = \sqrt{\frac{f_{c,0,g,k}}{\sigma_{c,crit,z}}} = \sqrt{\frac{24{,}0}{17{,}5}} = 1{,}27 > 0{,}5$$

$f_{c,0,g,k}$ aus NAD: Tab. 3.3.1
für $\lambda_{rel,y,z} \le 0{,}5$ muß zusätzlich der allgemeine Spannungsnachweis geführt werden.

$$k_y = 0{,}5\left(1 + \beta_c\left(\lambda_{rel,y} - 0{,}5\right) + \lambda_{rel,y}^2\right) = 0{,}5\left(1 + 0{,}1(1{,}98 - 0{,}5) + 1{,}98^2\right) = 2{,}54$$

$\beta_c = 0{,}1$ für BS-Holz

$$k_z = 0{,}5\left(1 + \beta_c\left(\lambda_{rel,z} - 0{,}5\right) + \lambda_{rel,z}^2\right) = 0{,}5\left(1 + 0{,}1(1{,}27 - 0{,}5) + 1{,}27^2\right) = 1{,}34$$

$$k_{c,y} = 1/\left(k_y + \sqrt{k_y^2 - \lambda_{rel,y}^2}\right) = 1/\left(2{,}54 + \sqrt{2{,}54^2 - 1{,}98^2}\right) = 0{,}24$$

$$k_{c,z} = 1/\left(k_z + \sqrt{k_z^2 - \lambda_{rel,z}^2}\right) = 1/\left(1{,}34 + \sqrt{1{,}34^2 - 1{,}27^2}\right) = 0{,}57$$

Kombination 1

$$\sigma_{c,0,d} = \frac{N_d}{A} = \frac{201 \cdot 10^3}{240 \cdot 420} = 1{,}99\ N/mm^2$$

$$\sigma_{m,y,d} = \frac{M_d}{W_y} = \frac{61{,}5 \cdot 10^6 \cdot 6}{240 \cdot 420^2} = 8{,}72\ N/mm^2$$

$$\frac{1{,}99}{0{,}24 \cdot 19{,}4} + \frac{8{,}72}{22{,}2} = 0{,}82 < 1{,}00$$

$$\frac{1{,}99}{0{,}57 \cdot 19{,}4} + 0{,}70\frac{8{,}72}{22{,}2} = 0{,}45 < 1{,}00$$

Kombination 2

$$\sigma_{c,0,d} = 1{,}40 N/mm^2 \quad \sigma_{m,y,d} = \frac{M_d}{W_y} = 14{,}5 N/mm^2$$

$$\frac{1{,}40}{0{,}24 \cdot 19{,}4} + \frac{14{,}5}{22{,}2} = 0{,}95 < 1{,}00$$

$$\frac{1{,}40}{0{,}57 \cdot 19{,}4} + 0{,}70\frac{14{,}5}{22{,}2} = 0{,}58 < 1{,}00$$

Kombination 3

$$\sigma_{c,0,d} = 2{,}31 N/mm^2$$

$$\frac{2{,}31}{0{,}24 \cdot 19{,}4} = 0{,}50 < 1{,}00$$

Grenzzustände der Gebrauchstauglichkeit

Bemessungswert der Einwirkungen

$$S_d = \sum G_{k,j} + Q_{k,1} + \sum_{i>1} \psi_{1,i}\, Q_{k,i}$$

EC 5: Gl. (4.1 a)

Kombinationsbeiwerte

entfallen

Da nur eine Last angesetzt wird.

veränderliche Einwirkungen: (Wind)

H = 12,7 kN

Ermittlung der Durchbiegungen

Empfehlungen für Durchbiegungen: EC 5: 4.3.1 (2), (3)

für Verkehrslasten $u_{2,inst} \leq l/150$

$$u_{2,inst} = \frac{Hl^3}{3E_{0,mean,g}I} = \frac{12{,}7 \cdot 10^3 \cdot 5390^3 \cdot 12}{3 \cdot 13500 \cdot 240 \cdot 420^3} = 33\,mm = \frac{l}{163} < \frac{l}{150}$$

4.2.3.2 Berechnung nach DIN 1052

In DIN 1052 wird nicht zwischen kombiniertem und homogenem BS-Holz unterschieden

Bauteilbeschreibung und statisches System

s. Abschnitt 4.2.3.1

Einwirkungen

Die Belastungen entsprechen den charakteristischen Werten der Einwirkung aus Abschnitt 4.2.3.1

Schnittgrößen

Es wird ein Stützeneigengewicht von 4,50 kN angesetzt.

Kombination 1,2 (Eigengewicht + Wind + Schnee)
N = 128 kN M = 68,3 kNm

Kombination 3 (Eigengewicht + Schnee)
N = 163 kN

Tragsicherheitsnachweise

Knicksicherheitsnachweis

$$\left.\begin{array}{l}\lambda_y = 122\\ \lambda_z = 78\end{array}\right\} \quad \omega_{max} = 4{,}47$$

Kombination 1,2

$$\frac{\frac{M}{W}}{1{,}25 \cdot zul\,\sigma_B} + \frac{\frac{N}{A}}{1{,}25 \cdot zul\,\sigma_{D//}} < 1{,}00$$

$$\frac{\frac{68{,}3 \cdot 10^6 \cdot 6}{240 \cdot 420^2}}{1{,}25 \cdot 16} + \frac{\frac{128 \cdot 10^3}{240 \cdot 420}}{1{,}25 \cdot 11{,}5} = 0{,}88 < 1{,}00$$

Kombination 3

$$\frac{\frac{N}{A}}{zul\,\sigma_{D//}} = \frac{\frac{163 \cdot 10^3}{240 \cdot 420}}{11{,}5} = 0{,}63 < 1{,}00$$

Gebrauchstauglichkeitsnachweis

$$f = \frac{12{,}7 \cdot 10^3 \cdot 5390^3 \cdot 12}{3 \cdot 13000 \cdot 240 \cdot 420^3} = 34\,\text{mm} = \frac{l}{157} < \frac{l}{150}$$

4.2.3.3 Vergleich der Ausnutzungsgrade

Tabelle 4.2.3: Vergleich der Ausnutzungsgrade

	DINV ENV 1995-1-1 BS 16k	DIN 1052 BS 16
Kippsicherheits-nachweis	0,95	0,88
Durchbiegung unter Verkehrslast	l/163	l/157

4.2.4 Pendelstütze

4.2.4.1 Berechnung nach DINV ENV 1995-1-1

Bauteilbeschreibung

Es wird die Pendelstütze einer Rahmenkonstruktion in BS-Holz der Festigkeitsklasse BS 11 berechnet.

Statisches System

s. Bild 4.2.3

Einwirkungen

s. Abschnitt 4.2.3.1

Bemessungswert der Einwirkungen

$$S_d = \sum \gamma_{G,j}\, G_{k,j} + \gamma_{Q,1}\, Q_{k,1} + \sum_{i>1} \gamma_{Q,i}\, \psi_{0,i}\, Q_{k,i}$$ EC 5: Gl. (2.3.2.2 a)

Kombinationsbeiwerte

Schnee: $\psi_{0,1} = 0{,}70$ NAD: Tab. 2.2-1

Wind: $\psi_{0,2} = 0{,}60$

Teilsicherheitsbeiwerte

$\gamma_G = 1,35$ für ständige Lasten
$\gamma_Q = 1,50$ für veränderliche Lasten

EC 5: Tab. 2.3.3.1

Kombination 1 *(Eigengewicht + Schnee + Wind)*

$q_{z,d} = 1,35\,G_k + 1,50\,Q_{k1} + 1,50 \cdot 0,60\,Q_{k2}$

Kombination 2 *(Eigengewicht + Wind + Schnee)*

$q_{z,d} = 1,35\,G_k + 1,50\,Q_{k2} + 1,50 \cdot 0,70\,Q_{k1}$

Kombination 3 *(Eigengewicht + Schnee)*

$q_{z,d} = 1,35\,G_k + 1,50\,Q_{k1}$

Bemessungswert der Beanspruchungen

	Komb. 1	Komb. 2	Komb. 3
N [kN]	117	86,6	132
M [kNm]	8,78	14,6	0

Es wird ein Eigengewicht der Stütze und der Fassade von $1,35 \cdot 14$ kN angesetzt.

Baustoffeigenschaften

Für die nachfolgende Bemessung wird die Festigkeitsklasse BS 11 gewählt. Der Bemessungswert X_d einer Baustoffeigenschaft ergibt sich im allgemeinen aus:

$$X_d = \frac{k_{mod}\,X_k}{\gamma_M}$$

EC 5: 2.2.3.2 (1)

Teilsicherheitsbeiwerte

$\gamma_M = 1,3$ für Holz in Grundkombinationen

EC 5: Tab. 2.3.3.2

Modifikationsbeiwert

Es wird die Nutzungsklasse 1 angenommen

EC 5: 3.1.5

Lasteinwirkungsdauer: k_{mod}:
ständig: 0,60 (Eigengewicht)
kurz: 0,90 (Schnee) ⇒ maßgebend

EC 5: Tab. 3.1.7
Maßgebend ist der k_{mod}-Wert der Einwirkung mit der kürzesten Lasteinwirkungsdauer (EC 5: 3.1.7 (2)).

$f_{m,g,k} = 24\,N/mm^2; \quad f_{c,0,g,k} = 24\,N/mm^2$

$$f_{m,g,d} = \frac{f_{m,g,k}\,k_{mod}}{\gamma_M} = 24 \cdot 0,9 / 1,3 = 16,6\,N/mm^2$$

$$f_{c,0,g,d} = 24 \cdot 0,9 / 1,3 = 16,6\,N/mm^2$$

Festigkeitswerte aus NAD: Tab. 3.3-1

gew.: BS-Holz BS 11 □ 140/280

Knicksicherheitsnachweis

EC 5: Gl. (5.2.1 a-h)

$$\frac{\sigma_{c,0,d}}{k_{c,y}\, f_{c,0,g,d}} + \frac{\sigma_{m,y,d}}{f_{m,g,d}} \leq 1{,}00 \qquad \frac{\sigma_{c,0,d}}{k_{c,z}\, f_{c,0,g,d}} + k_m \frac{\sigma_{m,y,d}}{f_{m,g,d}} \leq 1{,}00$$

Hinweis:
es besteht keine Begrenzung hinsichtlich der Schlankheit!

$$\lambda_y = s_{ky} / i_y = 5{,}0 \cdot 10^3 / 80{,}9 = 61{,}8$$

$$\lambda_z = s_{kz} / i_z = 5{,}0 \cdot 10^3 / 40{,}5 = 124$$

Der Stützenkopf sei senkrecht zur Rahmenebene gehalten.

$$\sigma_{c,crit,y} = \frac{\pi^2 E_{0,g,05}}{\lambda_y^2} = \frac{\pi^2\, 9200}{61{,}8^2} = 23{,}8 \text{ N/mm}^2$$

$E_{0,g,mean}$ aus NAD: Tab. 3.3-1

$$\sigma_{c,crit,z} = \frac{\pi^2 E_{0,g,05}}{\lambda_z^2} = \frac{\pi^2\, 9200}{124^2} = 5{,}91 \text{ N/mm}^2$$

$f_{c,0,g,k}$ aus NAD: Tab. 3.3-1

$$\lambda_{rel,y} = \sqrt{\frac{f_{c,0,g,k}}{\sigma_{c,crit,y}}} = \sqrt{\frac{24{,}0}{23{,}8}} = 1{,}00 > 0{,}5$$

$$\lambda_{rel,z} = \sqrt{\frac{f_{c,0,g,k}}{\sigma_{c,crit,z}}} = \sqrt{\frac{24{,}0}{5{,}91}} = 2{,}02 > 0{,}5$$

für $\lambda_{rel,y,z} \leq 0{,}5$ muß zusätzlich der allgemeine Spannungsnachweis geführt werden.

$$k_y = 0{,}5\left(1 + \beta_c\left(\lambda_{rel,y} - 0{,}5\right) + \lambda_{rel,y}^2\right) = 0{,}5\left(1 + 0{,}1(1{,}00 - 0{,}5) + 1{,}00^2\right) = 1{,}03$$

$$k_z = 0{,}5\left(1 + \beta_c\left(\lambda_{rel,z} - 0{,}5\right) + \lambda_{rel,z}^2\right) = 0{,}5\left(1 + 0{,}1(2{,}02 - 0{,}5) + 2{,}02^2\right) = 2{,}62$$

$\beta_c = 0{,}1$ für BS-Holz

$$k_{c,y} = 1/\left(k_y + \sqrt{k_y^2 - \lambda_{rel,y}^2}\right) = 1/\left(1{,}03 + \sqrt{1{,}03^2 - 1{,}00^2}\right) = 0{,}80$$

$$k_{c,z} = 1/\left(k_z + \sqrt{k_z^2 - \lambda_{rel,z}^2}\right) = 1/\left(2{,}62 + \sqrt{2{,}62^2 - 2{,}02^2}\right) = 0{,}23$$

Kombination 1

$$\sigma_{c,0,d} = \frac{N_d}{A} = \frac{117 \cdot 10^3}{140 \cdot 280} = 2{,}98 \text{ N/mm}^2$$

$$\sigma_{m,y,d} = \frac{M_d}{W_y} = \frac{8{,}78 \cdot 10^6 \cdot 6}{140 \cdot 280^2} = 4{,}80 \text{ N/mm}^2$$

$$\frac{2{,}98}{0{,}80 \cdot 16{,}6} + \frac{4{,}80}{16{,}6} = 0{,}51 < 1{,}00$$

$$\frac{2{,}98}{0{,}23 \cdot 16{,}6} + 0{,}70\,\frac{4{,}80}{16{,}6} = 0{,}98 < 1{,}00$$

Kombination 2

$\sigma_{c,0,d} = 2{,}21 N/mm^2 \quad \sigma_{m,y,d} = \frac{M_d}{W_y} = 7{,}98 N/mm^2$

$$\frac{2{,}21}{0{,}80 \cdot 16{,}6} + \frac{7{,}98}{16{,}6} = 0{,}65 < 1{,}00$$

$$\frac{2{,}21}{0{,}23 \cdot 16{,}6} + 0{,}70 \frac{7{,}98}{16{,}6} = 0{,}91 < 1{,}00$$

Kombination 3

$\sigma_{c,0,d} = 3{,}37 N/mm^2$

$$\frac{3{,}37}{0{,}23 \cdot 16{,}6} = 0{,}88 < 1{,}00$$

Grenzzustände der Gebrauchstauglichkeit

Bemessungswert der Einwirkungen

$$S_d = \sum G_{k,j} + Q_{k,1} + \sum_{i>1} \psi_{1,i} Q_{k,i}$$

EC 5: Gl. (4.1 a)

Kombinationsbeiwerte

entfallen

Da nur eine Last angesetzt wird.

veränderliche Einwirkungen: (Wind)
$q = 3{,}12$ kN/m

Ermittlung der Durchbiegungen

für Verkehrslasten $u_{2,inst} \leq l / 300$

Empfehlungen für Durchbiegungen: EC 5: 4.3.1 (2), (3)

$$u_{2,inst} = \frac{5 q l^4}{384 E_{0,mean,g} I}$$

$$= \frac{5 \cdot 3{,}12 \cdot 5000^4 \cdot 12}{384 \cdot 11500 \cdot 140 \cdot 280^3} = 9 mm = \frac{l}{580} < \frac{l}{300}$$

4.2.4.2 Berechnung nach DIN 1052

Bauteilbeschreibung und statisches System
s. Abschnitt 4.2.4.1

Einwirkungen

Die Belastungen entsprechen den charakteristischen Werten der Einwirkung aus Abschnitt 4.2.4.1

Schnittgrößen

Kombination 1,2 (Eigengewicht + Wind + Schnee)
$N = 75{,}8$ kN $M = 9{,}75$ kNm

Es wird ein Stützen- und Fassadeneigengewicht von 14,0 kN angesetzt.

Kombination 3 *(Eigengewicht + Schnee)*

N = 93,2 kN

Tragsicherheitsnachweise

Knicksicherheitsnachweis

$$\left.\begin{aligned}\lambda_y &= 61{,}8\\ \lambda_z &= 124\end{aligned}\right\}\ \omega_{max} = 4{,}22$$

Kombination 1,2

$$\frac{\dfrac{M}{W}}{1{,}25 \cdot zul\,\sigma_B} + \frac{\dfrac{N}{A}}{1{,}25 \cdot zul\,\sigma_{D//}} \le 1{,}00$$

$$\frac{\dfrac{9{,}75 \cdot 10^6 \cdot 6}{140 \cdot 280^2}}{1{,}25 \cdot 16} + \frac{\dfrac{75{,}8 \cdot 10^3 \cdot 4{,}22}{140 \cdot 280}}{1{,}25 \cdot 11{,}5} = 1{,}16 > 1{,}00$$

Kombination 3

$$\frac{\dfrac{N}{A}}{zul\,\sigma_{D//}} = \frac{\dfrac{93{,}2 \cdot 10^3}{140 \cdot 280} \cdot 4{,}22}{8{,}5} = 1{,}18 > 1{,}00$$

Gebrauchstauglichkeitsnachweis

$$f = \frac{5 \cdot 3{,}12 \cdot 5000^4 \cdot 12}{384 \cdot 11000 \cdot 140 \cdot 280^3} = 9\,mm = \frac{l}{555} < \frac{l}{300}$$

4.2.4.3 Vergleich der Ausnutzungsgrade

Tabelle 4.2.4: Vergleich der Ausnutzungsgrade

	EC 5	DIN 1052	
	BS 11 □ 140/280	BS 11 □ 140/280	BS 11 □ 140/300
Kippsicherheits-nachweis	0,98	1,18	0,90
Durchbiegung unter Verkehrslast	l/580	l/555	l/634

4.3 Planmäßig auf Querzug beanspruchte Bauteile

J. Kürth

4.3.1 Ausklinkungen

Der Nachweis für ausgeklinkte Biegeträger nach *Bild 4.3.1* wird in EC 5 ähnlich wie in DIN 1052 (1988) geführt. Das Problem der Spannungskombination von Biege-, Schub- und vor allem Querspannungen an der einspringenden Ecke wird auf einen „fiktiven" Schubspannungsnachweis im Restquerschnitt zurückgeführt.

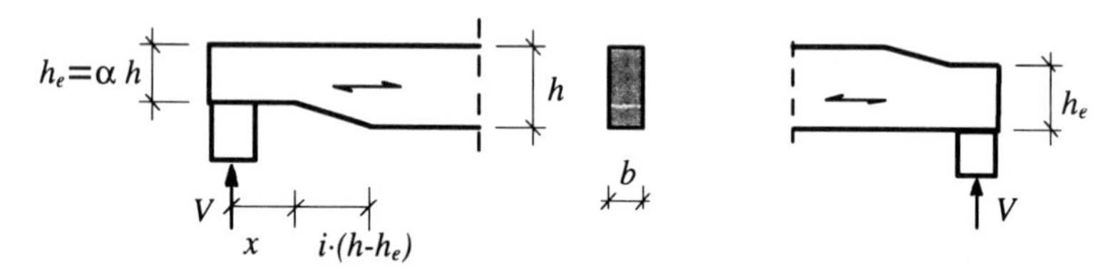

Bild 4.3.1: Ausgeklinkte Biegeträger

Um bei unten ausgeklinkten Biegeträgern die Querzugspannungen und die Spannungskombination zu erfassen, wird der Bemessungswert der Schubfestigkeit durch einen Beiwert k_V reduziert, der theoretisch mit Hilfe der Bruchmechanik abgeleitet wurde. Im Vergleich zu dem Abminderungsfaktor k_A nach DIN 1052, der durch Versuche ermittelt wurde und deshalb bezüglich der Ausklinkungshöhe und -breite beschränkt wurde, ist der Beiwert nach EC 5 für alle Ausklinkungsgeometrien anwendbar. Der günstige Einfluß einer Abschrägung wird durch einen Faktor *i* berücksichtigt, der durch Versuche ermittelt wurde.

Der Nachweis lautet: $\tau_d = 1{,}5 \cdot \dfrac{V}{b \cdot h_e} \leq k_v \cdot f_{v,d}$

oben ausgeklinkte Biegeträger: $k_V = 1$

unten ausgeklinkte Biegeträger:

$$k_v = \min \begin{cases} 1 \\ \dfrac{k_n \cdot \left(1 + \dfrac{1{,}1\, i^{1{,}5}}{\sqrt{h}}\right)}{\sqrt{h}\left(\sqrt{\alpha(1-\alpha)} + 0{,}8\dfrac{x}{h}\sqrt{\dfrac{1}{\alpha} - \alpha^2}\right)} \end{cases}$$

h	Trägerhöhe in mm
x	Abstand zwischen Kraftwirkungslinie und Ausklinkungsecke in mm
β	$= x/h$
α	$= h_e/h$
k_n	= 5 für Vollholz
	= 6,5 für Brettschichtholz
arctan i	Steigungswinkel der Abschrägung

Im NAD wurde der Anwendungsbereich eingeschränkt, um unsinnige Ausklinkungen zu vermeiden. Folgende Bedingungen müssen eingehalten werden:

$$\alpha = \frac{h_e}{h} \geq 0{,}5 \quad \text{und} \quad \frac{x}{h} \leq 0{,}4$$

4.3.1.1 Beispiele

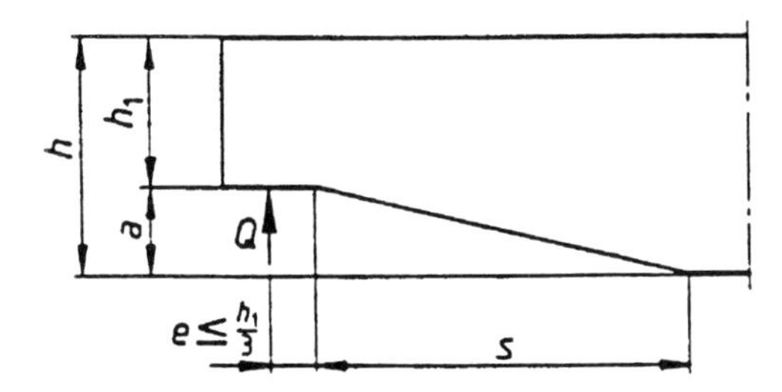

Bild 4.3.2: Unten ausgeklinkter Träger mit geneigtem Trägerrand nach DIN 1052

Schreibt man die Definitionen der DIN 1052 um und verwendet die in EC 5 eingeführten Bezeichnungen *(h-a)/h* = α und $\beta = e/h$, ergibt sich ein Abminderungsfaktor k_A, der direkt mit k_v verglichen werden kann:

rechtwinklige Ausklinkung:

$$\begin{cases} k_A = \max\begin{cases} 1 - 2{,}8 \cdot (1-\alpha) \\ 0{,}3 \end{cases} \quad \textit{wenn}: \\ a \leq \begin{cases} 0{,}50\ m \\ 0{,}5 \cdot h \end{cases} \\ \textit{und}\ \beta = \dfrac{e}{h} \leq \dfrac{\alpha}{3} \end{cases}$$

schräge Ausklinkung:

$$\begin{cases} k_A = 1 \quad wenn: \\ s \geq \min \begin{cases} 14 \cdot h \cdot (1-\alpha) & \text{für Gkl. I} \\ 10 \cdot h \cdot (1-\alpha) & \text{für Gkl. II} \\ 2{,}5 \cdot h \end{cases} \\ und \quad \beta \leq \dfrac{\alpha}{3} \end{cases}$$

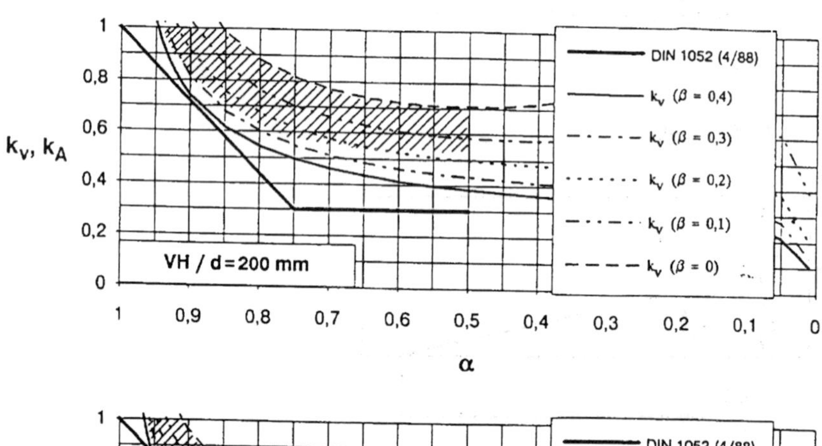

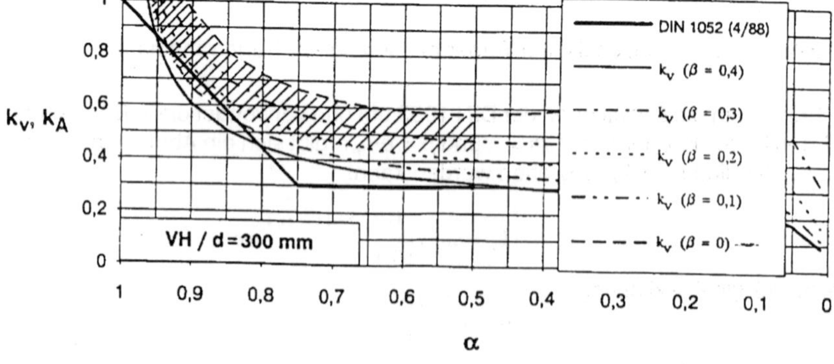

Bilder 4.3.3 und 4.3.4: (von oben nach unten) Vergleich der Ausklinkungsbeiwerte k_V nach EC 5 mit k_A nach DIN 1052 (04/88) für Vollholzträger mit unten rechtwinkliger Ausklinkung. Schraffur entspricht dem Gültigkeitsbereich der DIN 1052

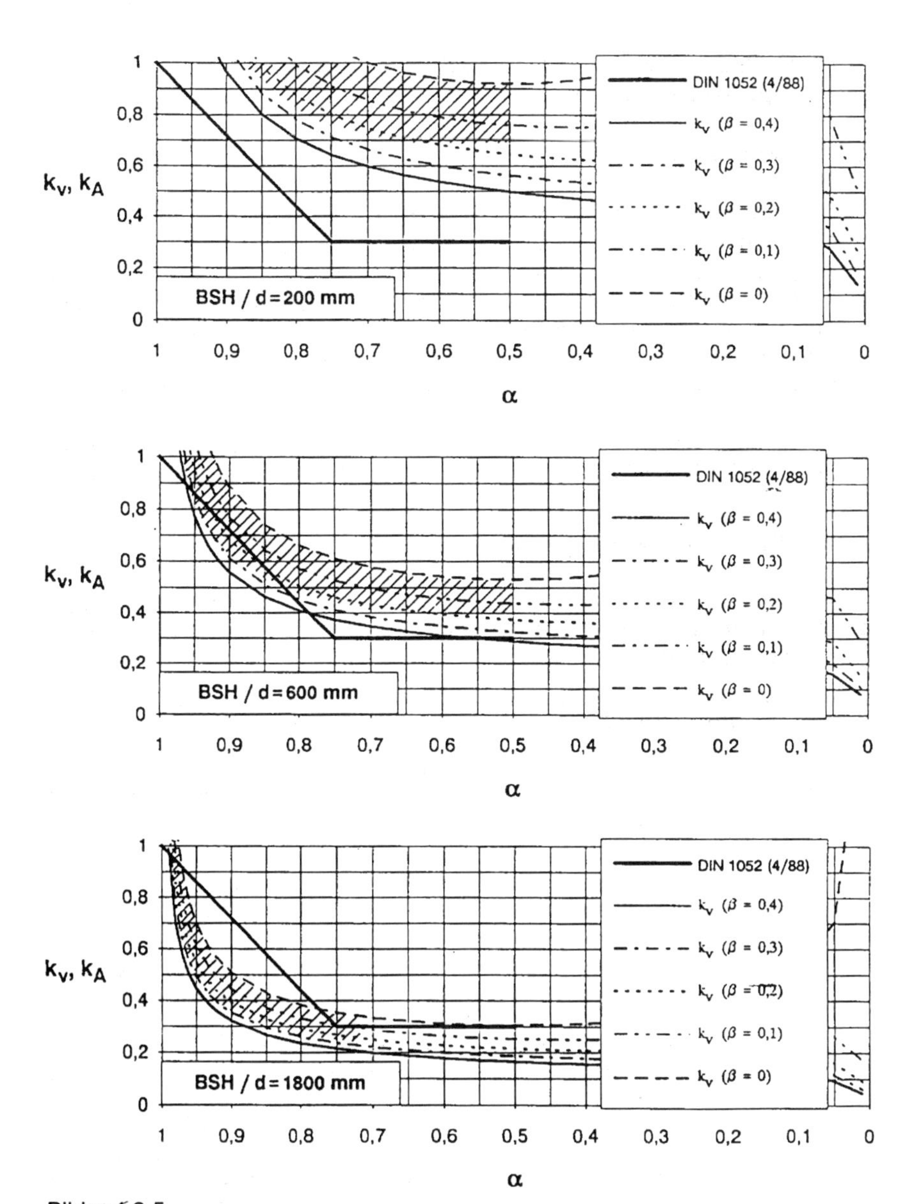

Bilder 4.3.5 bis 4.3.7: (von oben nach unten) Vergleich der Ausklinkungsbeiwerte k_v nach EC 5 mit k_A nach DIN 1052 (04/88) für Brettschichtholzträger mit unten rechtwinkliger Ausklinkung. Schraffur entspricht dem Gültigkeitsbereich der DIN 1052

4.3.2 Gekrümmte Träger und Satteldachträger aus Brettschichtholz

4.3.2.1 Allgemeines

Bei gekrümmten Trägern konstanter Höhe, Satteldachträgern mit geradem Untergurt und gekrümmten Satteldachträgern (vgl. Bilder 4.3.11, 4.3.13 und 4.3.15) sind gegenüber geraden Trägern einige Besonderheiten zu beachten, wie erhöhte Biegespannungen und Querzugspannungen im Firstbereich, Bereiche mit angeschnittenen Holzfasern, Einfluß der Einzelbrettkrümmung auf die Biegefestigkeit, Abhängigkeit der Querzugfestigkeit vom beanspruchten Volumen und der Spannungsverteilung sowie Beschränkungen bezüglich der Lamellendicke.

Alle diese Besonderheiten wurden schon in DIN 1052 (1988) geregelt, die Unterschiede zu EC 5 liegen hauptsächlich bei der Berechnung der Querzugfestigkeit.

4.3.2.1 Biege- und Querzugspannungen im Firstquerschnitt

Die Berechnung der Biegespannungen und der Querzugspannungen im Firstquerschnitt erfolgt analog zur Berechnung nach DIN 1052, nur die Bezeichnungen wurden geändert.

EUROCODE 5	DIN 1052
Vorwerte	
$k_l = k_1 + k_2 \cdot \left(\frac{h_{ap}}{r}\right) + k_3 \cdot \left(\frac{h_{ap}}{r}\right)^2 + k_4 \cdot \left(\frac{h_{ap}}{r}\right)^3$	$\kappa_l = A_l + B_l \cdot \left(\frac{h_m}{r_m}\right) + C_l \cdot \left(\frac{h_m}{r_m}\right)^2 + D_l \cdot \left(\frac{h_m}{r_m}\right)^3$
$k_p = k_5 + k_6 \cdot \left(\frac{h_{ap}}{r}\right) + k_7 \cdot \left(\frac{h_{ap}}{r}\right)^2$	$\kappa_q = A_q + B_q \cdot \left(\frac{h_m}{r_m}\right) + C_q \cdot \left(\frac{h_m}{r_m}\right)^2$
Die Werte k_i nach EC 5 entsprechen den Werten A_l, B_l, C_l, D_l und A_q, B_q, C_q nach DIN 1052	
Berechnung der max. Biegespannung im First mit M_{ap} = M = Biegemoment im Firstquerschnitt	
$\sigma_{m,d} = k_l \frac{6M_{ap,d}}{bh_{ap}^2}$	$\max\sigma_{\parallel} = \kappa_l \frac{6M}{bh_m^2}$
Berechnung der max. Querzugspannung im First	
$\sigma_{t,90,d} = k_p \frac{6M_{ap,d}}{bh_{ap}^2}$	$\max\sigma_{\perp} = \kappa_q \frac{6M}{bh_m^2}$

Tabelle 4.3.1: Vergleich der Berechnungsverfahren

Die Spannungsnachweise haben sich im Vergleich zu DIN 1052 geändert (vgl. Tabelle 4.3.2 und 4.3.3).

Im Längsspannungsnachweis wird bei großen Krümmungen, d.h kleinen Krümmungsradien, die bereits vorhandene Biegebeanspruchung der Lamellen durch eine Reduktion des Bemessungswertes der Biegefestigkeit mit einem Faktor k_r berücksichtigt, falls der Quotient Krümmungsradius zu Lamellendicke kleiner als 240 ist (vgl. Bild 4.3.21).

Beim Nachweis der Querzugspannungen wird die Abhängigkeit der Querzugfestigkeit von der Spannungsverteilung durch einen Faktor k_{dis} und vom querzugbeanspruchten Volumen V berücksichtigt.

Bei gleichmäßiger Spannungsverteilung über den Querschnitt und in Trägerlängsrichtung ist die Wahrscheinlichkeit groß, daß sich die Stelle mit der höchsten Querzugbeanspruchung gerade dort befindet, wo im Holz die geringste Querzugfestigkeit auftritt. Für diesen Fall beträgt $k_{dis} = 1{,}0$. Bei gekrümmten Trägern weichen die Spannungsverteilungen von der gleichförmigen Verteilung ab. Je schneller die Größtwerte der Querzugspannungen abnehmen und je ungleichförmiger die Spannungen verteilt sind, umso günstiger ist der Einfluß auf die Querzugfestigkeit. In EC 5 sind je nach Trägerform Rechenwerte für k_{dis} angegeben.

Der Volumeneinfluß berücksichtigt, daß bei größer werdendem Volumen und gleichförmiger Querzugspannungsverteilung die Wahrscheinlichkeit von im Holz vorhandenen Schwachstellen wächst (Theorie des schwächsten Gliedes, ähnlich einer Kette). Die im NAD festgelegten Werte der charakteristischen Querzugfe-

EUROCODE 5	**DIN 1052**
Bemessung	
Biegung: $\sigma_{m,d} \le k_r f_{m,d}$ k_r: Faktor zur Berücksichtigung der Festigkeitsabnahme durch Biegen der Lamellen	$\max \sigma_\parallel \le zul \sigma_B$
Querzug: $\sigma_{t,90,d} \le k_{dis} \left(\frac{V_0}{V}\right)^{0,2} f_{t,90,d}$	$\max \sigma_\perp \le zul \sigma_{Z_\perp}$
$f_{m,d}$ Bemessungswert der Biegefestigkeit $f_{t,90,d}$ Bemessungswert der Querzugfestigkeit	zul σ_B zul. Biegespannung zul $\sigma_{Z_\perp}$ zul. Querzugspannung

Tabelle 4.3.2: Vergleich der Nachweisschemata

stigkeit beziehen sich auf ein Volumen von 0,01 m^3 (Bezugsvolumen). Bei anderen durch Querzug beanspruchten Volumen muß der Bemessungswert der Querzugfestigkeit dem querzugbeanspruchten Volumen V durch den Faktor $(V_0/V)^{0,2}$ angepaßt werden. Dieser Faktor wird oft als k_{vol} bezeichnet.

Das querzugbeanspruchte Volumen V berechnet sich als Volumen des gekrümmten Bereiches bzw. als der Firstbereich bei Satteldachträgern mit geradem Untergurt (vgl. schraffierter Bereich der Bilder 4.3.11, 4.3.13 und 4.3.15). V sollte maximal mit 2/3 des gesamten Trägervolumens angesetzt werden.

Beiwerte nach EUROCODE 5	
gekrümmte Träger konstanter Höhe:	
$k_{dis} = 1{,}4$	$V = b \cdot \frac{\alpha\pi}{180} \cdot \left(h_{ap}^2 + 2r_{in}h_{ap}\right)$
Satteldachträger mit geradem Untergurt:	
$k_{dis} = 1{,}4$	$V = bh_{ap}^2\left(1 - \frac{\tan\alpha}{4}\right)$
Satteldachträger mit gekrümmtem Untergurt:	
$k_{dis} = 1{,}7$	$V = b \cdot \left(\left(r_{in} + h_{ap}\right)^2 \cdot \frac{\cos\alpha \cdot \sin\beta}{\cos(\alpha - \beta)} - r_{in}^2 \cdot \frac{\pi\beta}{180}\right)$

Tabelle 4.3.3 Beiwerte k_{dis} und V nach EC 5

4.3.2.3 Bereiche mit angeschnittenen Fasern

Bei Pultdachträgern, Satteldachträgern mit geradem Untergurt und häufig auch bei gekrümmten Trägern sind Bereiche mit angeschnittenen Fasern unumgänglich.

In diesen Bereichen ist die Biegespannungsverteilung nicht mehr linear und führt zu erhöhten Biegespannungen am faserparallelen Rand. Zusätzlich kommt es zu einem örtlichen Zusammenwirken von Längs-, Quer- und Schubspannungen am Rand mit den angeschnittenen Fasern (Spannungskombination).

In EC 5 sind Gleichungen zur Berechnung der Randspannnungen für einen Faseranschnittwinkel bis 10° angegeben (vgl. Bild 4.3.23).

Der Nachweis der Spannungskombination am Rand mit angeschnittenen Fasern wird durch einen Biegespannungsnachweis mit einem reduzierten Bemessungswert der Biegefestigkeit (Hankinson Format) geführt (vgl. Bild 4.3.24). Gegenüber dem Nachweis nach DIN 1052 müssen die auftretenden Schub- und Querspannungen nicht mehr explizit berechnet werden.

4.3.2.4 Lamellendicke

In gekrümmten Trägern dürfen die Einzellamellen nicht zu stark gekrümmt werden, um eine übermäßige Beanspruchung zu vermeiden. In der EN 386 „Herstellung von Brettschichtholz" wird deshalb zusätzlich zu der normalen Beschränkung der Lamellendicke bei geraden Trägern eine Begrenzung in Abhängigkeit vom Krümmungsradius und der Biegefestigkeit der Keilzinken gefordert. Da diese Norm noch nicht eingeführt ist, gelten folgende Festlegungen durch das NAD:

Für Brettschichtholz gelten die Regelungen nach DIN 1052 Teil 1, Abschnitt 12.

4.3.2.5 Beispiele

4.3.2.5.1 Gekrümmter Träger konstanter Höhe

Holzqualität: homogenes Brettschichtholz der Festigkeitsklasse BS 14 nach Tabelle 3.3.1 des NAD

l	=	20 m	q_d	=	7 kN/m	h	=	1,0 m
β	=	10°	$M_{ap,d}$	=	350 kNm	b	=	0,2 m
r	=	20 m	k_{mod}	=	0,8	t	=	30 mm

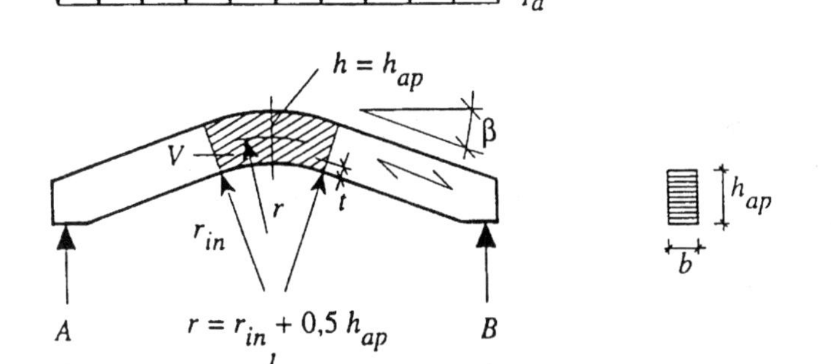

Bild 4.3.8: Gekrümmter Träger mit Querzugbeanspruchung

Berechnung der Querzug- und Biegespannung für die Bemessung im Firstquerschnitt:

$V = 1{,}40\ m^3$ $\quad k_{dis} = 1{,}4$ $\quad k_r = 1{,}0$ $\quad k_{Vol} = \left(\frac{0{,}01}{1{,}40}\right)^{0{,}2} = 0{,}37$

$$k_p = 0{,}25\frac{h_{ap}}{r} = 0{,}013 \qquad k_l = \left(1 + 0{,}35\frac{1}{20} + 0{,}6\cdot\left(\frac{1}{20}\right)^2\right) = 1{,}02$$

$$\sigma_{t,90,d} = 0{,}013\cdot\frac{6\cdot 350\cdot 10^6}{200\cdot 1000^2} = 0{,}131\ N/mm^2$$

$$\sigma_{m,d} = 1{,}019\cdot\frac{6\cdot 350\cdot 10^6}{200\cdot 1000^2} = 10{,}7\ N/mm^2$$

charakteristische Materialeigenschaften

$$f_{m,g,k} = 28\ N/mm^2 \qquad f_{t,90,g,k} = 0{,}45\ N/mm^2$$

Die Bemessungsfestigkeiten für Biegung und Querzug betragen:

$$f_{t,90,g,d} = \frac{k_{\text{mod}}\cdot f_{t,90,g,k}}{\gamma_M} = \frac{0{,}8\cdot 0{,}45}{1{,}3} = 0{,}277\ N/mm^2$$

$$f_{m,g,d} = \frac{k_{\text{mod}}\cdot f_{m,g,k}}{\gamma_M} = \frac{0{,}8\cdot 28}{1{,}3} = 17{,}2\ N/mm^2$$

Der Tragfähigkeitsnachweis lautet:

$$\sigma_{t,90,d} = 0{,}131\,N/mm^2 \quad > \quad k_{Vol}\cdot k_{dis}\cdot f_{t,90,g,d} = 0{,}37\cdot 1{,}4\cdot 0{,}277 = 0{,}143\ N/mm^2$$

$$\sigma_{m,d} = 10{,}7\ N/mm^2 \ \leq\ k_r\cdot f_{m,g,d} = 1{,}0\cdot 17{,}2 = 17{,}2\ N/mm^2$$

4.3.2.5.2 Satteldachträger mit gekrümmtem Untergurt

System und Belastung wie oben, nur im First mit aufgeleimtem Firstkeil. Trägerhöhe im First: h_{ap} = 1,32 *m* Radius: r = 19,50 + 1,32/2 = 20,16 *m*

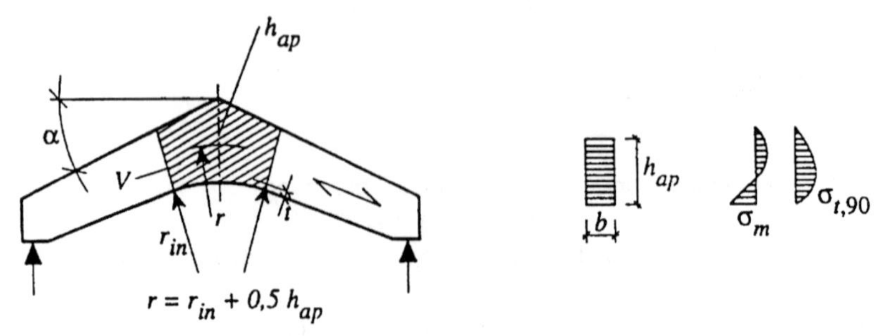

Bild 4.3.9: Satteldachträger mit Querzugbeanspruchung

Berechnung der Querzugspannung im First ($\alpha = \beta = 10°$):

mit: $V = 1{,}52\ m^3$ $k_{dis} = 1{,}7$ $k_r = 1{,}0$ $k_{Vol} = \left(\frac{V_0}{V}\right)^{0,2} = 0{,}36$

$$\left(\frac{h_{ap}}{r}\right) = 0{,}065$$

$$k_p = 0{,}2 \cdot \tan 10° + \left(0{,}25 - 1{,}5 \cdot \tan 10° + 2{,}6 \cdot \tan^2 10°\right) \cdot 0{,}065 + \left(2{,}1 \cdot \tan 10° - 4 \cdot \tan^2 10°\right) \cdot 0{,}065^2$$
$$= 0{,}041$$

$$\sigma_{t,90,d} = 0{,}041 \cdot \frac{6 \cdot 350 \cdot 10^6}{200 \cdot 1320^2} = 0{,}249\ N/mm^2$$

Der Tragfähigkeitsnachweis lautet:

$$\sigma_{t,90,d} = 0{,}249\ N/mm^2 \quad > \quad k_{Vol} \cdot k_{dis} \cdot f_{t,90,g,d} = 0{,}36 \cdot 1{,}7 \cdot 0{,}277 = 0{,}172\ N/mm^2$$

Der Tragfähigkeitsnachweis beim gekrümmten Satteldachträger ist nicht erfüllt. Hier entspricht der EC 5 der DIN 1052, wo bei der Bemessung gekrümmter Träger ähnliche Ergebnisse entstehen. Die Gründe liegen zum Teil in den Voraussetzungen für die Näherungsgleichungen zur Berechnung der Biege- und Querzugspannungen im First; zu ihrer Herleitung wurde von einem konstanten Moment im gekrümmten Bereich ausgegangen. Genauere Berechnungen bei Belastung mit Streckenlast zeigen, daß damit die Querzugspannungen in gekrümmten Satteldachträgern um bis zu 20 % überschätzt werden, während die Querzugspannungen im gekrümmten Träger konstanter Höhe fast unverändert bleiben. Trotzdem bleiben unerklärte Unterschiede zwischen Versuchsergebnissen und Bemessungsverfahren bestehen, denn beide Trägertypen haben ähnliche Bruchlasten.

4.3.3 Anschlußkraft unter einem Winkel zur Faserrichtung

Querzugversagen kann auch in Anschlüssen entstehen, bei denen das Holz quer zur Faser belastet wird (vgl. Bild 4.3.10). Für den Fall, daß das vom beanspruchten Holzrand am weitesten entfernt angeordnete Verbindungsmittel mindestens einen Abstand von halber Querschnittshöhe besitzt, wird in EC 5 eine Näherungslösung angegeben, die einem Schubspannungsnachweis im Restquerschnitt bei Aufreißen des Holzes entspricht.

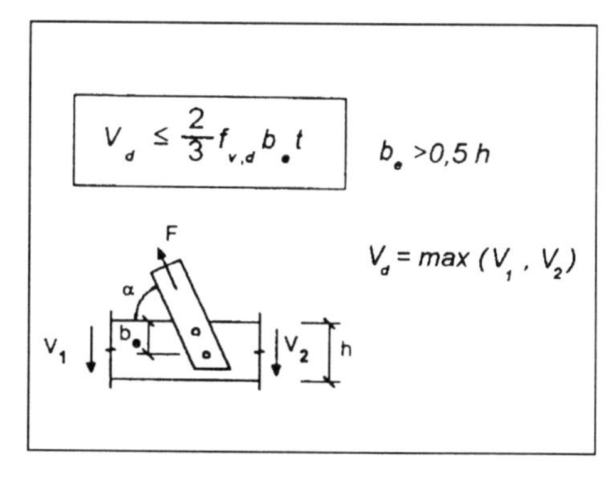

Bild 4.3.10: Querzug bei Verbindungen

4.3.4 Bemessungshilfen

4.3.4.1 Gekrümmter Träger konstanter Höhe

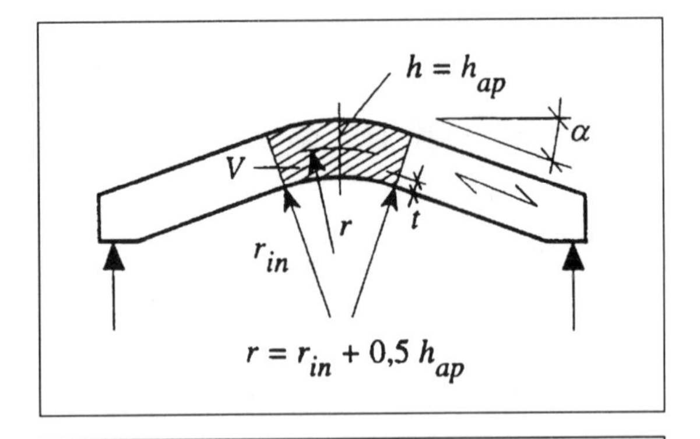

Bild 4.3.11

$$\sigma_{t,90,d} = \frac{3}{2} \cdot \frac{M_{ap,d}}{r b h_{ap}}$$

$$\sigma_{m,d} = \left(1 + 0{,}35 \cdot \frac{h_{ap}}{r} + 0{,}6 \cdot \left(\frac{h_{ap}}{r}\right)^2\right) \cdot \frac{6 M_{ap,d}}{b h_{ap}^2}$$

$$k_{dis} = 1{,}4$$

$$V = \frac{\alpha\pi}{180} b\left(h_{ap}^2 + 2 r_{in} h_{ap}\right)$$

Bild 4.3.12

4.3.4.2 Satteldachträger mit geradem Untergurt

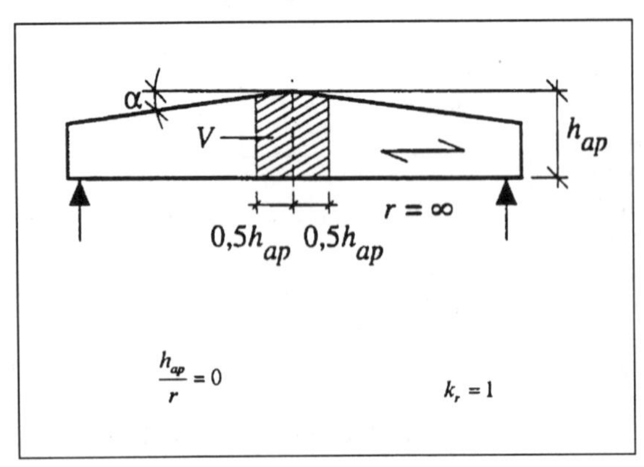

Bild 4.3.13

$$\sigma_{t,90,d} = 0{,}2 \tan\alpha \frac{6M_{ap,d}}{bh_{ap}^2}$$

$$\sigma_{m,d} = \left(1 + 1{,}4 \cdot \tan\alpha + 5{,}4 \cdot \tan^2\alpha\right) \cdot \frac{6M_{ap,d}}{bh_{ap}^2}$$

$$k_{dis} = 1{,}4$$

$$V = bh_{ap}^2\left(1 - \frac{\tan\alpha}{4}\right)$$

Bild 4.3.14

4.3.4.3 Gekrümmter Satteldachträger

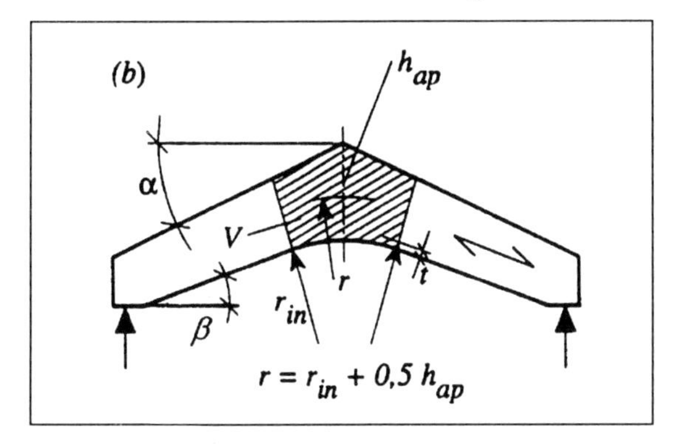

Bild 4.3.15

$$\sigma_{t,90,d} = k_p \frac{6M_{ap,d}}{bh_{ap}^2}$$

$$\sigma_{m,d} = k_l \frac{6M_{ap,d}}{bh_{ap}^2}$$

$$k_{dis} = 1{,}7$$

$$V = b\left(\left(r_{in} + h_{ap}\right)^2 \cdot \frac{\cos\alpha \sin\beta}{\cos(\alpha - \beta)} - r_{in}^2 \frac{\beta\pi}{180}\right)$$

Bild 4.3.16

Beiwert k_l

$$k_l = k_1 + k_2\left(\frac{h_{ap}}{r}\right) + k_3\left(\frac{h_{ap}}{r}\right)^2 + k_4\left(\frac{h_{ap}}{r}\right)^3$$

$$k_1 = 1 + 1{,}4\tan\alpha + 5{,}4\tan^2\alpha$$
$$k_2 = 0{,}35 - 8\tan\alpha$$
$$k_3 = 0{,}6 + 8{,}3\tan\alpha - 7{,}8\tan^2\alpha$$
$$k_4 = 6\tan^2\alpha$$

Bild 4.3.17

Beiwert k_p

$$k_p = k_5 + k_6\left(\frac{h_{ap}}{r}\right) + k_7\left(\frac{h_{ap}}{r}\right)^2$$

$$k_5 = 0{,}2\tan\alpha$$
$$k_6 = 0{,}25 - 1{,}5\tan\alpha + 2{,}6\tan^2\alpha$$
$$k_7 = 2{,}1\tan\alpha - 4\tan^2\alpha$$

Bild 4.3.18

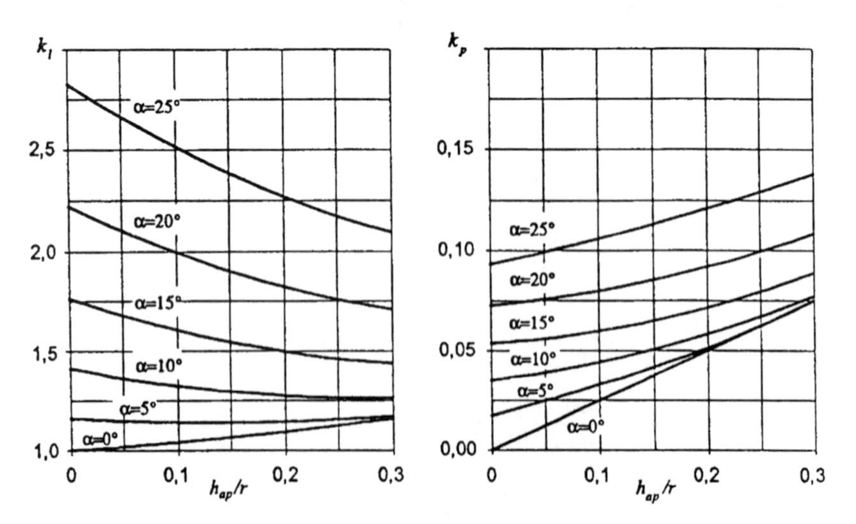

Bild 4.3.19: Faktoren k_l und k_p für verschiedene Krümmungsradien r und Neigungswinkel α

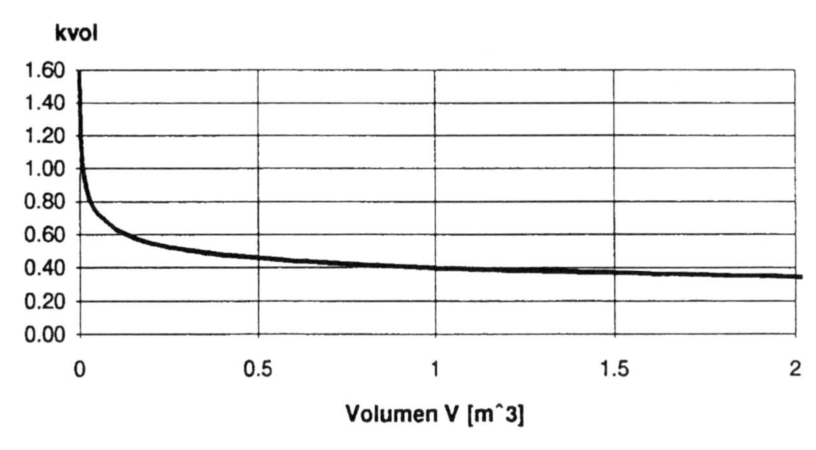

Bild 4.3.20: Volumenfaktor $k_{vol} = (0{,}01/V)^{0{,}2}$ in Abhängigkeit des querzugbeanspruchten Volumens V

4.3.4.4 Nachweise

Biegespannungsnachweis

$$\sigma_{m,d} \leq k_r f_{m,d}$$

$$k_r = \begin{cases} 1 & \text{für } \frac{r_{in}}{t} \geq 240 \\ 0{,}76 + 0{,}001\frac{r_{in}}{t} & \text{für } \frac{r_{in}}{t} < 240 \end{cases}$$

Bild 4.3.21

Querzugspannungsnachweis

$$\sigma_{t,90,d} \leq k_{dis}\left(\frac{V_0}{V}\right)^{0,2} f_{t,90,d}$$

k_{dis}: Faktor zur Berücksichtigung der Spannungsverteilung im Firstbereich
V: Volumen des Firstbereichs, max V=2/3 $V_{Träger}$
V_0: Bezugsvolumen von 0,01 m^3

Bild 4.3.22

Bereich mit angeschnittenen Fasern (wie Pultdachträger)

$$\sigma_{m,\alpha,d} = \left(1 - 4\tan^2\alpha\right)\frac{6M_d}{bh^2}$$

$$\sigma_{m,0,d} = \left(1 + 4\tan^2\alpha\right)\frac{6M_d}{bh^2}$$

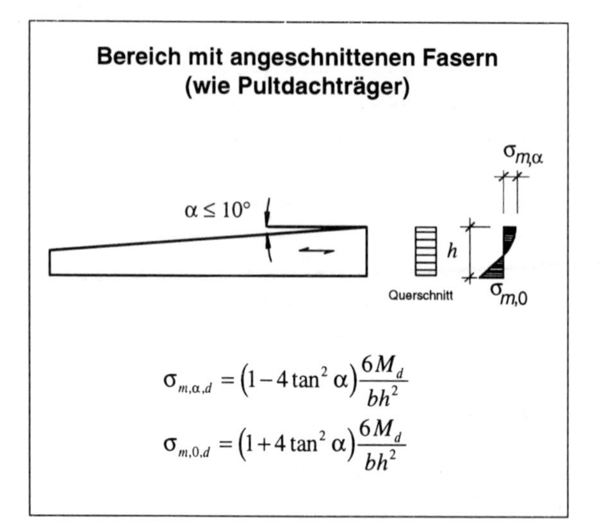

Bild 4.3.23

Bereich mit angeschnittenen Fasern (Bemessung)

$$\sigma_{m,\alpha,d} \leq f_{m,\alpha,d}$$

$$f_{m,\alpha,d} = \frac{f_{m,d}}{\frac{f_{m,d}}{f_{t,90,d}}\sin^2\alpha + \cos^2\alpha} \quad \text{Zugspannungen}$$

$$f_{m,\alpha,d} = \frac{f_{m,d}}{\frac{f_{m,d}}{f_{c,90,d}}\sin^2\alpha + \cos^2\alpha} \quad \text{Druckspannungen}$$

Bild 4.3.24

4.4 Tragsicherheitsnachweis nach der Spannungstheorie II. Ordnung

T. Wiegand

4.4.1 Allgemeines

Beim Tragsicherheitsnachweis nach der Spannungstheorie II. Ordnung werden die Schnittgrößen am verformten System ermittelt, wodurch sich eine Vergrößerung der Biegemomente ergibt. Dabei können geometrische und physikalische Nichtlinearitäten angenommen werden. Üblicherweise werden jedoch nur die geometrischen Nichtlinearitäten berücksichtigt.
Lediglich bezüglich der Eingangswerte für die Berechnung bestehen Unterschiede zwischen der Berechnung nach DIN 1052 und DINV ENV 1995-1-1.

4.4.2 Annahme der Imperfektionen

In beiden Normen werden Angaben zur ungewollten Schiefstellung ϕ bzw. ψ verschieblicher Rahmen und zur Vorkrümmung e der Stabachse gemacht.

ungewollte Schiefstellung

DIN 1052 T.1 9.6.4

$$\psi = \pm \frac{1}{100 \cdot \sqrt{h}}$$

Dabei ist h die Tragwerkshöhe oder Stablänge in [m].

DINV ENV 1995-1-1 5.4.4.(2)

$$\phi = 0{,}005 \qquad \text{für } h \leq 5 \text{ m}$$

$$\phi = 0{,}005 \cdot \sqrt{\frac{5}{h}} \qquad \text{für } h > 5 \text{ m}$$

Dabei ist h die Tragwerkshöhe oder Stablänge in [m].

Bei Konstruktionen unter 4 m Höhe ist die anzusetzende Schrägstellung nach DINV ENV 1995-1-1 kleiner als nach DIN 1052. Dies ist aber keine für die Praxis relevante Höhe.

Die *Vorkrümmung* von BS-Holz-Teilen wird in DINV ENV 1995-1-1 größer als in DIN 1052 angenommen (siehe Tabelle 4.4.1).

In DIN 1052 T.1 9.6.5 und 9.6.6 werden Grenzen der planmäßigen Ausmitte M/N angegeben, oberhalb derer Schiefstellungen bzw. Vorkrümmungen keine nennenswerten Anteile an den Zusatzmomenten liefern. Die DINV ENV 1995-1-1 nennt keine Grenzen, es steht jedoch im Ermessen des Tragwerksplaners, bei großen planmäßigen Ausmitten auf den Ansatz dieser Imperfektionen zu verzichten.

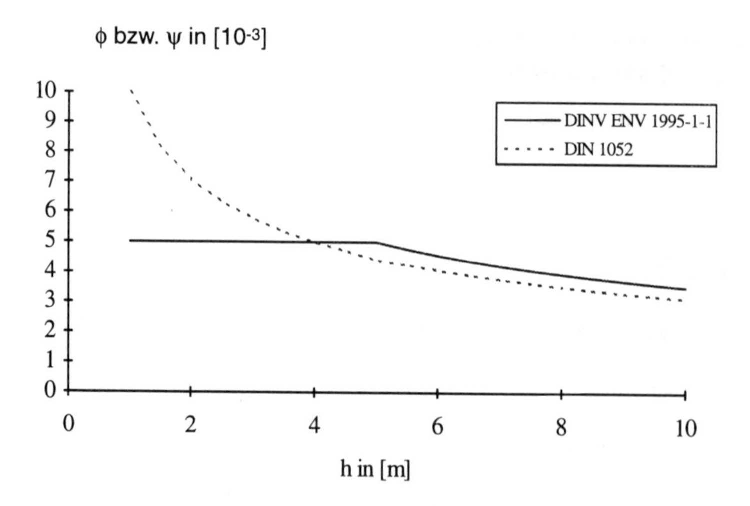

Bild 4.4.1: Vergleich der ungewollten Schiefstellung

DIN 1052 T.1 9.6.3	DINV ENV 1995-1-1 5.4.4(2)
$e = \eta \cdot k \cdot \frac{s}{i}$ mit: s = Netzlänge des Stabes k = Kernweite i = Trägheitsradius η = Vorkrümmungsbeiwert	$e = 0{,}003 \cdot l$
für Rechteckquerschnitte ergibt sich: $e = \frac{s}{577}$ für BS - Holz $e = \frac{s}{289}$ für Vollholz	für alle Querschnittsformen: $e = \frac{l}{333}$ für Voll - und BS - Holz

Tabelle 4.4.1: Vergleich der anzusetzenden Vorkrümmungen

4.4.3 Lasterhöhungsfaktoren und Materialeigenschaften

Die Berechnung erfolgt in DINV ENV 1995-1-1 mit den Bemessungswerten (also γ-fachen Werten) der Einwirkungen und Festigkeiten, die auch bei der Berechnung nach Theorie I. Ordnung angesetzt werden.

Für die Steifigkeiten soll der Bemessungswert der 5 % Fraktilwerte der Steifigkeiten verwendet werden, da es sich um die Ermittlung von Momenten für einen Tragsicherheitsnachweis handelt (Der Bemessungswert des 5 % Fraktilwertes der Steifigkeit ist wesentlich kleiner als der Mittelwert der Steifigkeit, der bei Gebrauchstauglichkeitsnachweisen angesetzt wird).
Nach DINV ENV 1995-1-1 Gl. 5.4.4d soll z.B. $E_{0,g,05,d}$ zu:

$$E_{0,g,05,d} = E_{0,g,05} \cdot \frac{f_{m,d}}{f_{m,k}} = E_{0,g,05} \cdot \frac{k_{mod}}{\gamma_M}$$ berechnet werden.

Der Tragsicherheitsnachweis wird nach DIN 1052 mit γ_1 = 2,0-fachen Lasten und zulässigen Spannungen durchgeführt. (Infolge der Nichtlinearität der Verformungen steigen die Schnittgrößen nach Theorie II. Ordnung unter γ - fachen Lasten überproportional an.)
Für die Berechnung der Verformungen ist nach DIN 1052, wie beim Gebrauchstauglichkeitsnachweis auch, mit den Werten der DIN 1052 T.1 Tab. 1 zu rechnen. Die dort angegebenen Rechenwerte der Elastizitätsmoduln können etwa als Mittelwerte betrachtet werden.

	DIN 1052	ENV 1995-1-1
Belastung	$\gamma_1 \cdot (g+s+w)$	$\gamma_G \cdot g + \gamma_{Q,1} \cdot s + \gamma_{Q,2} \cdot \psi_{0,1} \cdot w$ $\gamma_G \cdot g + \gamma_{Q,2} \cdot w + \gamma_{Q,1} \cdot \psi_{0,2} \cdot s$
Festigkeitswerte bzw. zulässige Spannungen	$\gamma_1 \cdot$ zul σ_B $\gamma_1 \cdot$ zul $\sigma_{D//}$	$f_{m,g,d} = \frac{f_{m,g,k} \cdot k_{mod}}{\gamma_M}$ $f_{c,0,g,d} = \frac{f_{c,0,g,k} \cdot k_{mod}}{\gamma_M}$
Elastizitätsmodul	z.B. BS-Holz GK II (bzw. BS 11 nach DIN 1052-3/A1) E = 11000 MN/m²	z.B. BS-Holz BS 11 $E_{0,g,05,d} = \frac{E_{0,g,05} \cdot k_{mod}}{\gamma_M}$ $E_{0,g,05,d} = \frac{9200 \cdot 0{,}9}{1{,}3} = 6369\ MN/m^2$ $E_{0,g,05}$ NAD Tab. 3.3 - 1 $k_{mod} = 0{,}9$ für kurze Lasteinwirkung und Nutzungsklasse 1, Tab. 3.1.7 $\gamma_M = 1{,}3$ für Holz, Tab. 2.3.3.2

Tabelle 4.4.2: Beispiele für Lasterhöhungsfaktoren und Steifigkeiten

4.4.4 Nachgiebigkeit der Verbindungsmittel

DIN 1052 T.1 9.6.1 und Erläuterung zur DIN 1052 E13:
Die Federsteifigkeiten nachgiebiger Anschlüsse sind mit den 0,8 - fachen Werten der Verschiebungsmoduln nach DIN 1052 T.2 Tab. 13 zu ermitteln.

NAD 5.4.4(2):
Bei der Berechnung nach der Spannungstheorie II. Ordnung ist mit dem Verschiebungsmodul:

$$K_u = \frac{2}{3} \cdot K_{ser} \cdot \frac{f_{m,d}}{f_{m,k}} = \frac{2}{3} \cdot K_{ser} \cdot \frac{k_{mod}}{\gamma_M}$$

zu rechnen. K_{ser} ist der Anfangsverschiebungsmodul für Verformungsberechnungn nach DINV ENV 1995-1-1 Tab. 4.2.

In beiden Vorschriften wird berücksichtigt, daß die Kraft-Verformungslinie von Verbindungsmitteln bei γ - fachen Belastungen ($\gamma > 1,0$) für Tragsicherheitsnachweise flacher verläuft, die Tangentenneigung also geringer ist.

4.4.5 Berücksichtigung des Kriechens

Das Kriechen ist für $g/q \geq 0,50$ zu berücksichtigen. Dabei sind gegebenenfalls Anteile der Verkehrslast als ständig wirkend anzunehmen.

Das Kriechen sollte nach 4.1(3) grundsätzlich, also auch beim Nachweis nach der Spannungstheorie II. Ordnung, berücksichtigt werden. Die elastischen Anfangsverformungen infolge der einzelnen Lastanteile sind dazu mit den jeweiligen Erhöhungsfaktoren k_{def} zu erhöhen.

4.4.6 Nachweis der Stabilität

In DIN 1052 T.1 9.6.2 wird neben dem Tragsicherheitsnachweis für $\gamma_1 = 2$- fachen Lasten der Nachweis gefordert, daß die Verformungen unter $\gamma_2 = 3$ - fachen Lasten das folgende Verhältnis einhalten:

$$\frac{v_{\gamma_2}}{v_{\gamma_1}} \overset{!}{\leq} 4,5$$

Diese Bedingung soll sicherstellen, daß auch gegenüber der idealen Knicklast mindestens eine 3,5 - fache Sicherheit vorhanden ist.
In DINV ENV 1995-1-1 ist eine solche Bedingung nicht für erforderlich erachtet worden.

4.4.7 Literatur

DINV ENV 1995 Teil 1-1	EUROCODE 5- Entwurf, Berechnung und Bemessung von Holztragwerken. Allgemeine Bemessungsregeln, Bemessungsregeln für den Holzbau (06/94). Beuth Verlag.
NAD	Nationales Anwendungsdokument. Richtlinie zur Anwendung von DINV ENV 1995-1-1 (10/94). Deutsches Institut für Normung e.V., Berlin, und Deutsche Gesellschaft für Holzforschung e.V., München.
DIN 1052 Teil 1 Norm Entwurf	Holzbauwerke. Berechnung und Ausführung (04/88). Beuth Verlag.
DIN 1052 Teil 1–3	Holzbauwerke. Änderung A1 (09/94) Normenausschuß Bauwesen (NABau) im DIN Deutschen Institut für Normung e.V.

4.5 Berechnung einer Rahmenstütze nach Theorie II. Ordnung

T. Wiegand

4.5.1 Berechnung nach DINV ENV 1995-1-1

Bauteilbeschreibung

Es wird die eingespannte Stütze einer Rahmenkonstruktion in BS-Holz BS 16k berechnet.

Statisches System

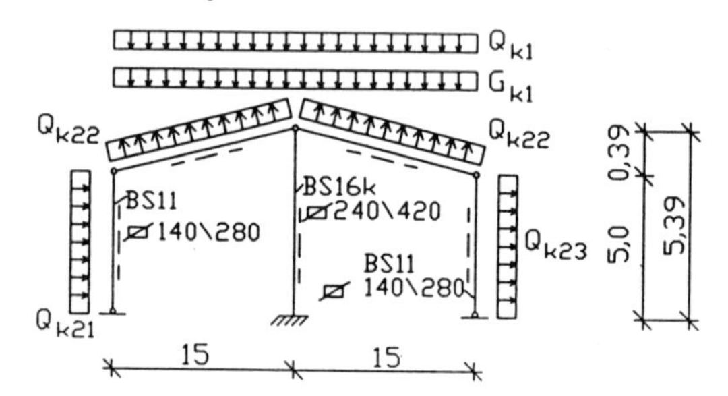

Rahmenabstand: 7,80 m

Bild 4.5.1: Statisches System und Geometrie des Rahmens

Einwirkungen

siehe Abschnitt 4.2.3.1

Baustoffeigenschaften

Für die nachfolgende Bemessung wird die Festigkeitsklasse BS 16k gewählt.
Der Bemessungswert X_d einer Baustoffeigenschaft ergibt sich im allgemeinen aus:

BS 16k kennzeichnet ein kombiniertes BS-Holz siehe Fußnote
NAD: Tab. 3.3-1

$$X_d = k_{mod} X_k / \gamma_M$$

EC 5: 2.2.3.2 (1)

Teilsicherheitsbeiwerte

γ_M = 1,3 für Holz in Grundkombinationen

EC 5: Tab. 2.3.3.2

Modifikationsbeiwert

Es wird die Nutzungsklasse 1 angenommen — EC 5: 3.1.5

Lasteinwirkungsdauer: k_{mod}: — EC 5: Tab. 3.1.7

ständig: 0,60 (Eigengewicht)

kurz: 0,90 (Schnee) $\Rightarrow$ maßgebend

Maßgebend ist der k_{mod}-Wert der Einwirkung mit der kürzesten Lasteinwirkungsdauer (EC 5: 3.1.7 (2)).

$f_{m,g,k} = 32\,N/mm^2;\quad f_{c,0,g,k} = 28\,N/mm^2$

Festigkeitswerte aus NAD: Tab. 3.3-1

$f_{m,g,d} = f_{m,g,k}\,k_{mod}\,/\,\gamma_M = \quad 32 \cdot 0{,}9\,/\,1{,}3 = \quad 22{,}2\,N/mm^2$

$f_{c,0,g,d} = \quad 28 \cdot 0{,}9\,/\,1{,}3 = \quad 19{,}4\,N/mm^2$

$E_{0,g,05,d} = E_{0,g,05}\,f_{m,d}\,/\,f_{m,k} = E_{0,g,05}\,k_{mod}\,/\,\gamma_M = 10800 \cdot 0{,}9\,/\,1{,}3 = 7577\,N/mm^2$ — EC 5: Gl. (5.4.4 d)

Ermittlung der Schnittgrößen nach Theorie II. Ordnung

Annahme der Imperfektionen

Die ungewollte Schiefstellung des Tragwerkes, sowie die sinusförmige Vorkrümmung der Stabachsen wird nach EC 5: 5.4.4 angesetzt.

ungewollte Schiefstellung

$$\phi = 0{,}005\sqrt{\frac{5}{h_E}} = 0{,}005\sqrt{\frac{5}{5{,}39}} = 0{,}0048 \text{ für } h_E > 5{,}00\,m$$ EC 5: Gl. (5.4.4 a)

Mindestwert der Ausmitte e

$$e = 0{,}003\,h_E = 0{,}003 \cdot 5{,}39 = 0{,}0162\,m$$ EC 5: Gl. (5.4.4 b)

Statisches Ersatzsystem

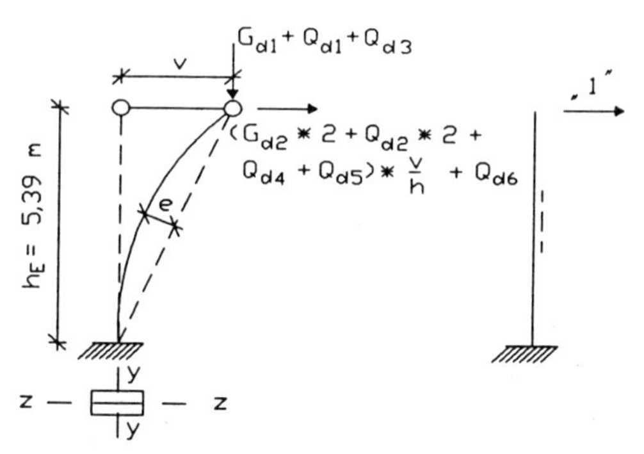

Bild 4.5.2: Statisches Ersatzsystem

Stützenauflast aus Eigengewichten	G_{d1} =	101 kN
Stntzenauflast aus Schnee	G_{d2} =	66,6 kN
	Q_{d1} =	92,2 kN
	Q_{d2} =	46,1 kN
Stützenauflast aus Wind	Q_{d3} =	-52,8 kN
	Q_{d4} =	-26,2 kN
	Q_{d5} =	-26,6 kN
Horizontalkraft aus Wind	Q_{d6} =	19,1 kN

Die Belastungen sind dem Kapitel 4.2, Abschnitt 3.1 zu entnehmen. Maßgebend ist die dortige Lastkombination 2. Eigen- und Fassadeneigengewichte werden hier zur Vereinfachung der Rechnung als am Stützenkopf wirkend angesetzt.

Beiwerte k_{def} zur Berücksichtigung des Kriechens

Nutzungsklasse 1

Lasteinwirkungsdauer

ständig	$k_{def,1}$ = 0,60	(Eigengewicht)
kurz	$k_{def,2}$ = 0,00	(Schnee + Wind)

EC 5: Tab. 4.1

Flächenträgheitsmoment

$I = 240 \cdot 420^3 / 12 = 1{,}482 \cdot 10^9$ mm^4

Schrittweise Ermittlung der Verformungen

$v_o = \phi\, h_E = 0{,}0048 \cdot 5390 = 25{,}9\,\text{mm}$; e = 16,2 mm

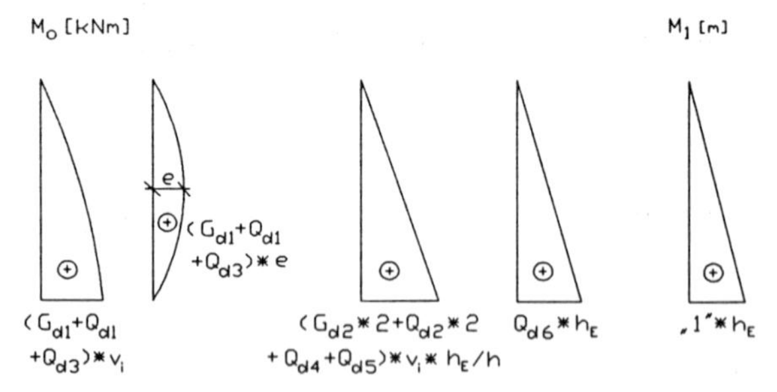

Bild 4.5.3: Zu überlagernde Momentenlinien

$$
\begin{aligned}
v_1 = v_o + \Bigg[& \frac{5}{12} G_{d1}\, v_o\, h_E^2 \left(1+k_{def,1}\right) + \frac{5}{12}\left(Q_{d1}+Q_{d3}\right) v_o \frac{h_E^3}{h}\left(1+k_{def,2}\right) + \\
& + \frac{1}{3} G_{d1}\, e h_E^2 \left(1+k_{def,2}\right) + \frac{1}{3}\left(Q_{d1}+Q_{d3}\right) e h_E^2 \left(1+k_{def,2}\right) + \\
& + \frac{1}{3} G_{d2}\, 2 v_o \frac{h_E^3}{h}\left(1+k_{def,1}\right) + \frac{1}{3}\left(Q_{d2}\, 2 + Q_{d4} + Q_{d5}\right) v_o \frac{h_E^3}{h}\left(1+k_{def,2}\right) + \\
& + \frac{1}{3} G_{d6}\, h_E^3 \left(1+k_{def,2}\right) \Bigg] \frac{1}{E_{0,g05,d}\, I}
\end{aligned}
$$

Bei Lastkombinationen, die zu verschiedenen Klassen der Lasteinwirkungsdauer gehören, sind die Durchbiegungsanteile aus den verschiedenen Einwirkungen mit dem jeweils entsprechenden Werten für k_{def} zu berechnen. EC 5: 4.1 (6)

$v_1 = 118{,}7\,mm + 0{,}461 v_o = \;\; 130{,}7\,mm$
$v_2 = 118{,}7\,mm + 0{,}461 v_1 = \;\; 179{,}0\,mm$
$v_3 = 118{,}7\,mm + 0{,}461 v_2 = \;\; 201{,}2\,mm$
$v_4 = 118{,}7\,mm + 0{,}461 v_3 = \;\; 211{,}5\,mm$
$v_5 = 118{,}7\,mm + 0{,}461 v_4 = \;\; 216{,}2\,mm$
$v_6 = 118{,}7\,mm + 0{,}461 v_5 = \;\; 218{,}4\,mm$
$v_7 = 118{,}7\,mm + 0{,}461 v_6 = \;\; 219{,}4\,mm$
$v_8 = 118{,}7\,mm + 0{,}461 v_7 = \;\; 219{,}9\,mm$
$v_9 = 118{,}7\,mm + 0{,}461 v_8 = \;\; 220{,}1\,mm$
$v_{10} = 118{,}7\,mm + 0{,}461 v_9 = 220{,}2\,mm$
$v_{11} = 118{,}7\,mm + 0{,}461 v_{10} = 220{,}2\,mm$

Moment nach Theorie II. Ordnung

$$M^{II} = (G_{d1} + Q_{d1} + Q_{d3}) v_{11} + (G_{d2}\,2 + Q_{d2}\,2 + Q_{d4} + Q_{d5}) v_{11} + Q_{d6}\,h$$
$$M^{II} = (101 + 92{,}2 - 52{,}8 + 66{,}6 \cdot 2 + 46{,}1 \cdot 2 - 26{,}2 - 26{,}6) \cdot 0{,}22 + \\ +19{,}1 \cdot 5{,}39$$
$$M^{II} = 313 \cdot 0{,}22 + 103 = 172\,kNm$$
$$N^{II} = 101 + 92{,}2 - 52{,}8 = 140$$

Spannungsnachweis

$$\frac{\dfrac{140 \cdot 10^3}{240 \cdot 420}}{19{,}4} + \frac{\dfrac{172 \cdot 10^6 \cdot 6}{240 \cdot 420^2}}{22{,}2} = 1{,}17 > 1{,}00$$

neu gew.: BS-Holz BS 11 □ 240/440

$v_1 = 106{,}6\,mm + 0{,}401 v_o = \;\; 117{,}0\,mm$
$v_2 = 106{,}6\,mm + 0{,}401 v_1 = \;\; 153{,}5\,mm$
$v_3 = 106{,}6\,mm + 0{,}401 v_2 = \;\; 168{,}1\,mm$
$v_4 = 106{,}6\,mm + 0{,}401 v_3 = \;\; 174{,}0\,mm$
$v_5 = 106{,}6\,mm + 0{,}401 v_4 = \;\; 176{,}4\,mm$
$v_6 = 106{,}6\,mm + 0{,}401 v_5 = \;\; 177{,}3\,mm$
$v_7 = 106{,}6\,mm + 0{,}401 v_6 = \;\; 177{,}7\,mm$
$v_8 = 106{,}6\,mm + 0{,}401 v_7 = \;\; 177{,}8\,mm$
$v_9 = 106{,}6\,mm + 0{,}401 v_8 = \;\; 177{,}9\,mm$
$v_{10} = 106{,}6\,mm + 0{,}401 v_9 = 177{,}9\,mm$

$M^{II} = 159\,kNm; \qquad N^{II} = 140\,kN$

$$\frac{\dfrac{\dfrac{140 \cdot 10^3}{240 \cdot 440}}{19{,}4}}{} + \frac{\dfrac{\dfrac{159 \cdot 10^6 \cdot 6}{240 \cdot 440^2}}{22{,}2}}{} = 0{,}99 < 1{,}00$$

4.5.2 Berechnung nach DIN 1052

Bauteilbeschreibung, statisches System und Einwirkungen

siehe Abschnitt 4.5.1

In DIN 1052 gibt es keine Unterscheidung zwischen kombiniertem und homogenem BS-Holz.

Ermittlung der Schnittgrößen nach Theorie II. Ordnung
Annahme der Imperfektionen

ungewollte Schiefstellung

$$\psi = \pm\frac{1}{100\sqrt{h_E}} = \frac{1}{100\sqrt{5{,}39}} = 0{,}0043 \qquad h_E \text{ in [m]}$$

DIN 1052 T.1 9.6.4

Mindestwert der Ausmitte e

$$e = h_E / 577 = 5{,}39 \cdot 10^3 / 577 = 9{,}34\,mm \qquad \text{für BS - Holz}$$

DIN 1052 T.1 9.6.3

Statisches Ersatzsystem
siehe Bild 4.5.2

γ_1 = 2-fache Lasten

Stützenauflast aus Eigengewichten	G_{d1}	=	150 kN
Stützenauflast aus Schnee	G_{d2}	=	98,6 kN
	Q_{d1}	=	176 kN
	Q_{d2}	=	87,8 kN
Stützenauflast aus Wind	Q_{d3}	=	-70,4 kN
	Q_{d4}	=	-34,8 kN
	Q_{d5}	=	-35,4 kN
Horizontalkraft aus Wind	Q_{d6}	=	25,4 kN

Ermittlung der planmäßigen Ausmitte

$N = 128$ kN $\quad M = 68{,}3$ kNm

$$\frac{M}{N} = \frac{68{,}3}{128} = 0{,}535\,m > \frac{1}{5}\sqrt{h_E} = \frac{1}{5}\sqrt{5{,}39} = 0{,}464\,m$$

DIN 1052 T.1 9.6.6

$\Rightarrow$ Die Schrägstellung muß nicht berücksichtigt werden

$$\frac{M}{N} = \frac{68{,}3}{128} = 0{,}535\,m > 20\,e = 20 \cdot 0{,}0934 = 0{,}187\,m$$

DIN 1052 T.1 9.6.5

$\Rightarrow$ Die ungewollte Ausmitte muß nicht berücksichtigt werden

Aus Gründen der besseren Vergleichbarkeit werden trotzdem beide Imperfektionen berücksichtigt.

Kriechverformungen

Der Anteil der ständigen Lasten ist kleiner als 50 % $\Rightarrow$ das Kriechen braucht nicht berücksichtigt zu werden.

Flächenträgheitsmoment

$I = 240 \cdot 420^3 / 12 = 1{,}482 \cdot 10^9\ mm^4$

Schrittweise Ermittlung der Verformungen

$v_o = \psi\, h_E = 0{,}0043 \cdot 5390 = 23{,}2\,mm$

$e = 9{,}34\,mm$

$E = 13000\,N/mm^2$

$$v_1 = v_o + \left[\frac{5}{12}(G_{d1} + Q_{d1} + Q_{d3})\,v_o\,h_E^2 + \frac{1}{3}(G_{d1} + Q_{d1} + Q_{d3})\,e\,h_E^2 + \right.$$

$$\left. + \frac{1}{3}(G_{d2}\,2 + Q_{d2}\,2 + Q_{d4} + Q_{d5})\,v_o\,\frac{h_E^3}{h} + \frac{1}{3}G_{d6}\,h_E^3\right]\frac{1}{EI}$$

$v_1 = 93{,}2\,mm + 0{,}325\,v_o = 100{,}7\,mm$

$v_2 = 93{,}2\,mm + 0{,}325\,v_1 = 125{,}9\,mm$

$v_3 = 93{,}2\,mm + 0{,}325\,v_2 = 134{,}1\,mm$

$v_4 = 93{,}2\,mm + 0{,}325\,v_3 = 136{,}8\,mm$

$v_5 = 93{,}2\,mm + 0{,}325\,v_4 = 137{,}7\,mm$

$v_6 = 93{,}2\,mm + 0{,}325\,v_5 = 138{,}0\,mm$

$v_7 = 93{,}2\,mm + 0{,}325\,v_6 = 138{,}1\,mm$

$v_8 = 93{,}2\,mm + 0{,}325\,v_7 = 138{,}1\,mm$

Moment nach Theorie II. Ordnung

$$M^{II} = (G_{d1} + Q_{d1} + Q_{d3})v_8 + (G_{d2}2 + Q_{d2}2 + Q_{d4} + Q_{d5})v_8 + Q_{d6}h$$

$$M^{II} = (150 + 176 - 70{,}4 + 98{,}6 \cdot 2 + 87{,}8 \cdot 2 - 34{,}8 - 35{,}4) \cdot 0{,}14 + \\ + 25{,}4 \cdot 5{,}39$$

$$M^{II} = 558 \cdot 0{,}14 + 137 = 214\,\text{kNm} \quad N^{II} = 150 + 176 - 70{,}4 = 256\,\text{kN}$$

$$\frac{\frac{256 \cdot 10^3}{240 \cdot 420}}{1{,}25 \cdot 2 \cdot 11{,}5} + \frac{\frac{214 \cdot 10^6 \cdot 6}{240 \cdot 420^2}}{1{,}25 \cdot 2 \cdot 16} = 0{,}85 < 1{,}00$$

Stabilitätskriterium

$$v_1 = 128{,}2\,\text{mm} + 0{,}488\,v_o = \quad 139{,}5\,\text{mm}$$
$$v_2 = 128{,}2\,\text{mm} + 0{,}488\,v_1 = \quad 196{,}3\,\text{mm}$$
$$v_3 = 128{,}2\,\text{mm} + 0{,}488\,v_2 = \quad 224{,}0\,\text{mm}$$
$$v_4 = 128{,}2\,\text{mm} + 0{,}488\,v_3 = \quad 237{,}5\,\text{mm}$$
$$v_5 = 128{,}2\,\text{mm} + 0{,}488\,v_4 = \quad 244{,}1\,\text{mm}$$
$$v_6 = 128{,}2\,\text{mm} + 0{,}488\,v_5 = \quad 247{,}3\,\text{mm}$$
$$v_7 = 128{,}2\,\text{mm} + 0{,}488\,v_6 = \quad 248{,}9\,\text{mm}$$
$$v_8 = 128{,}2\,\text{mm} + 0{,}488\,v_7 = \quad 249{,}7\,\text{mm}$$
$$v_9 = 128{,}2\,\text{mm} + 0{,}488\,v_8 = \quad 250{,}1\,\text{mm}$$
$$v_{10} = 128{,}2\,\text{mm} + 0{,}488\,v_9 = \quad 250{,}2\,\text{mm}$$
$$v_{11} = 128{,}2\,\text{mm} + 0{,}488\,v_{10} = \quad 250{,}2\,\text{mm}$$

$$\frac{v_{\gamma 2}}{v_{\gamma 1}} = \frac{250{,}2}{138{,}1} = 1{,}81 < 4{,}5 \quad \text{Stabilitätskriterium erfüllt}$$

4.5.3 Vergleich der Ausnutzungsgrade

	DINV ENV 1995-1-1 BS 16k		DIN 1052 BS 16
	□ 220/420	□ 220/440	□ 220/420
Theorie II.Ordnung	1,17	0,99	0,85
Knicksicherheits-nachw. Kap. 4.2.3	0,93	–	0,85

Tabelle 4.5.1: Vergleich der Ausnutzungsgrade

5 Bemessung von Verbindungen

5.1 Theoretische Grundlagen

M. Gerold

5.1.1 Allgemeines

Die Verbindungstechnik hat im Ingenieurholzbau bekanntlich eine große Bedeutung: nicht nur, da sie oft maßgend für die Bauteildimensionierung ist, sondern auch, da die Inhomogenität, die Hygroskopizität und vor allem die Anisotropie des Bauholzes eine einwandfreie Überleitung von Kräften und Momenten von einem Bauteil auf das andere erschweren können. Daher haben sich in den einzelnen Ländern nicht nur unterschiedliche Verbindungsmittel und -techniken, sondern auch verschiedene Bemessungsverfahren für Holzverbindungen entwickelt. Dabei hat man i.d.R. den auf Gebrauchslastniveau rechnerisch ermittelten Beanspruchungungen zulässige Werte gegenüber gestellt (Deterministisches Prinzip). Selbst die z.B. in DIN 1052 Teil 2 enthaltenen Formeln zur „Berechnung" der zulässigen Belastungen sind meist empirisch entstanden.

Im Zuge der Harmonisierung der Bestimmungen und der Umstellung auf das neue Sicherheitskonzept im Bauwesen mußte man sich auf eine Methode einigen, mit der man die Tragfähigkeit zuverlässiger abschätzen kann. Außerdem sollten die Theorien in der Lage sein, nicht nur die zwischenzeitlich europaweit gebräuchlichen Hölzer und Holzwerkstoffe anwenden zu können, sondern auch neue Hölzer und Verbindungsmittel mit unterschiedlichen Werkstoffkennwerten.

Im folgenden soll im wesentlichen auf die Tragfähigkeit von Verbindungen mit stiftförmigen Verbindungsmitteln eingegangen werden.

5.1.2 Verbindungen mit stiftförmigen Verbindungsmitteln

5.1.2.1 Beanspruchungsarten

Zu den stiftförmigen Verbindungsmitteln zählen Nägel und Klammern, Bolzen, Stabdübel sowie Holzschrauben. Diese können entweder rechtwinklig zur Stiftachse auf Abscheren beansprucht werden oder durch eine Beanspruchung in Schaftrichtung auf Herausziehen.
Bild 5.1.1 ist EHLBECK, GEROLD 1989 entnommen und zeigt die verschiedenen Anordnungsmöglichkeiten der Verbindungsmittel im Seitenholz bzw. im Hirnholz. Im folgenden soll ausschließlich der Fall der Beanspruchung im Seitenholz dargestellt werden. Vorschläge zur Bemessung von Hirnholzanschlüssen finden sich im Literaturverzeichnis.

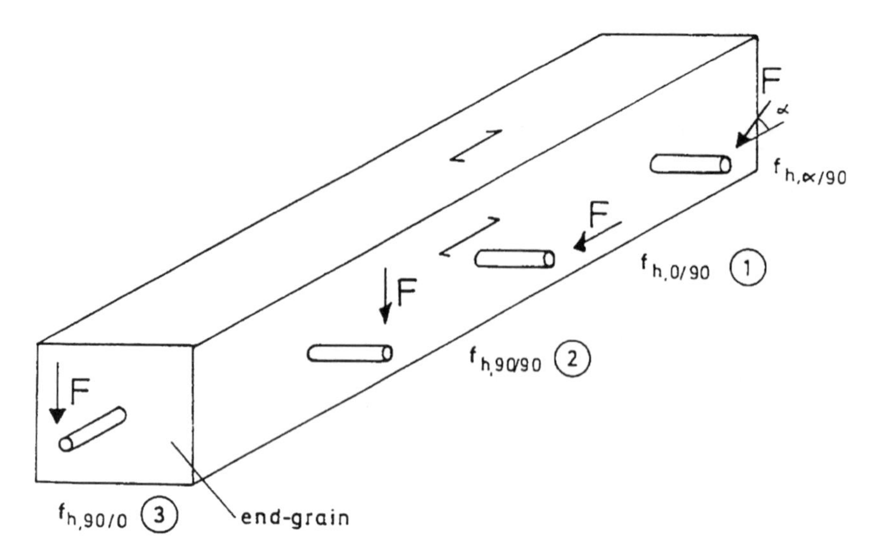

Bild 5.1.1: Verschiedene Bettungsspannungen f_h im Holz in Abhängigkeit von der Kraftrichtung, der Holzfaserrichtung und der Richtung des Stahlbolzens:
1 $f_{h,0/90}$ Kraft-Faserrichtung 0°/Schaft-Faserrichtung 90°
2 $f_{h,90/90}$ Kraft-Faserrichtung 90°/Schaft-Faserrichtung 90°
3 $f_{h,90/0}$ Kraft-Faserrichtung 90°/Schaft-Faserrichtung 0°

5.1.2.2 Beanspruchung rechtwinklig zur Stiftachse

5.1.2.2.1 Theoretische Grundlagen

Die Tragfähigkeit von Verbindungen mit stiftförmigen Verbindungsmitteln kann mit Hilfe der Plastizitätstheorie berechnet werden. Diese wurde von JOHANSEN 1949 entwickelt und von MOELLER 1950, MEYER 1957 und WERNER 1993 erweitert. Das Berechnungsmodell geht davon aus, daß sich sowohl der Stahl unter der Biegebeanspruchung als auch das Holz unter der Lochleibungsbeanspruchung linearelastisch-linearplastisch verhalten. In Bild 5.1.2 sind für die ein- und zweischnittige Verbindung die möglichen Bruchursachen dargestellt.

Am Beispiel der zweischnittigen Verbindungen sollen die Bruchursachen und die teilweise daraus hergeleiteten Bemessungsgleichungen erläutert werden: Die Bruchursachen g) und h) werden dadurch gekennzeichnet, daß die Lochleibungsfestigkeit der Seitenhölzer bzw. Mittelholzes überschritten wird, ohne daß sich die Verbindungsmittel an irgendeiner Stelle in einem plastischen Zustand befinden. Die Bruchursache j) wird durch das Ausbilden von zwei Fließgelenken im Verbindungsmittel und dem Erreichen der Lochleibungsfestigkeit des Holzes charakterisiert. Bei der Bruchursache k) wird angenommen, daß sich sowohl im Mittelholz

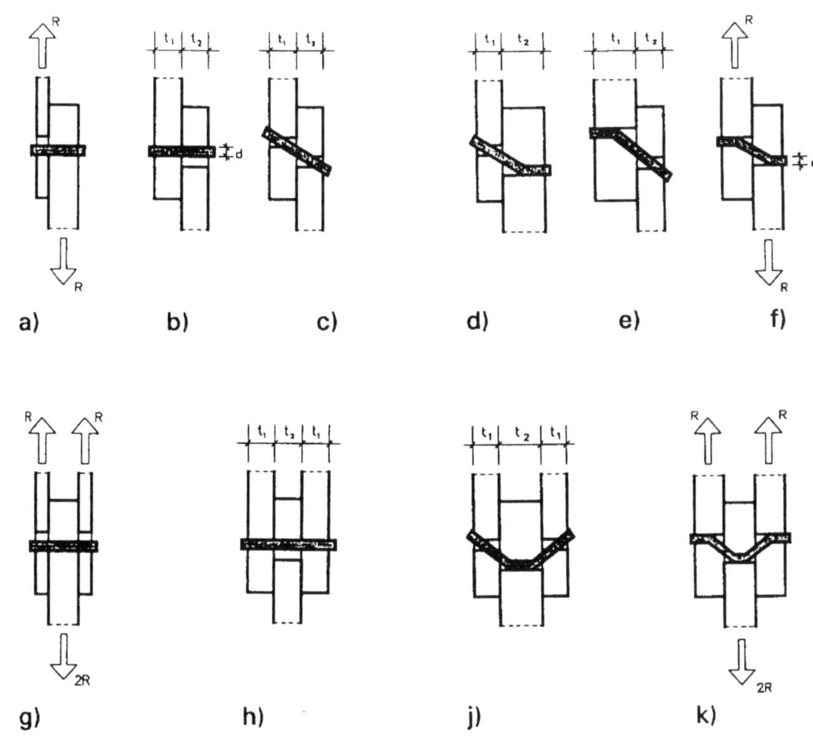

Bild 5.1.2: Schematische Darstellung der Bruchursachen
a) - f): Einschnittige Verbindungen
g) - k): Zweischnittige Verbindungen

als auch in den Seitenhölzern Fließgelenke ausbilden. Aufgeschnittene Versuchskörper zeigen, daß sich die Verbindungsmittel im Traglastzustand wie angenommen verformen. Für die Bruchursachen g) und h) läßt sich, unter Voraussetzung einer gleichmäßig verteilten Lochleibungsspannung unter dem Verbindungsmittel, der Bemessungswert der Tragfähigkeit pro Scherfläche R_d angeben zu:

$$R_d = f_{h,d,1} \cdot t_1 \cdot d \tag{1g}$$

$$R_d = 0{,}5 \cdot f_{h,d,2} \cdot t_2 \cdot d \tag{1h}$$

mit:

R_d	Bemessungswert der Tragfähigkeit pro Scherfläche
$f_{h,d,1}$, $f_{h,d,2}$	Bemessungswerte der Lochleibungsfestigkeiten der Hölzer
t_1, t_2	zugehörige Holzdicken
d	Durchmesser des Verbindungsmittels

Die wichtigsten Einflußparameter auf die Tragfähigkeit sind folglich

- die Geometrie der Verbindung,
  (Holzdicken, Durchmesser der Verbindungsmittel)
- die Lochleibungsfestigkeiten der an der Verbindung beteiligten Hölzer oder Holzwerkstoffe, sowie
- der Biegewiderstand der Verbindungsmittel.

Die Lochleibungsfestigkeit selbst hängt wiederum ab von
- der Rohdichte der Hölzer oder der Holzwerkstoffe,
- dem Durchmesser der Verbindungsmittel,
- den Abständen der Verbindungsmittel und
- dem Winkel zwischen Kraft- und Holzfaserrichtung.

In Tabelle 5.1.1 sind die Bemessungswerte der Tragfähigkeiten eines Verbindungsmittels in Abhängigkeit der Bruchursachen nach Bild 5.1.2 dargestellt. Die in den Gleichungen verwendeten weiteren Formelzeichen sind dabei wie folgt definiert:

$f_{h,d,1}$	Bemessungswert der Lochleibungsfestigkeit im Holz der Dicke t_1
$f_{h,d,2}$	Bemessungswert der Lochleibungsfestigkeit im Holz der Dicke t_2
$M_{y,d}$	Bemessungswert des Fließmomentes des Stahlstiftes nach Kapitel 2.2
$\alpha = t_2 / t_1$	Verhältnis der Holzdicken
$\beta = f_{h,d,2} / f_{h,d,1}$	Verhältnis der Bemessungswerte der Lochleibungsfestigkeiten der Hölzer

wobei

$$f_{h,d,1} = k_{mod,1} \cdot f_{h,k,1} / \gamma_{M,Holz}$$

$$f_{h,d,2} = k_{mod,2} \cdot f_{h,k,2} / \gamma_{M,Holz}$$

$$M_{y,d} = M_{y,k} / \gamma_{M,Stahl}$$

Entsprechend EHLBECK, LARSEN 1993 beträgt das Verhältnis R_d/R_k zwischen 0,54 bei reinem Holzversagen und 0,77 bei kombiniertem Lochleibungs-/Stahlversagen.

Bei großen Verformungen treten im Stahlstift Zugkräfte auf. Diese tragen durch die Reibung zwischen Schaft und Holz zur Erhöhung der Tragfähigkeiten bei (sog. „Einhängeeffekt"). Da die Theorie von Johansen diese Zugkräfte nicht berücksichtigt, können nach WERNER 1993 die im DIN V ENV 1995-1-1 angegebenen Bemessungswerte der Tragfähigkeiten für die in Bild 5.1.2 d) - f) und j), k) dargestellten Versagensfälle pauschal um 10 % angehoben werden.

Maßgebend für eine Bemessung ist jeweils der kleinste Wert, welcher sich aus den Gleichungen 1a - 1f bzw. 1g - 1k der einzelnen Bruchursachen ergibt.

Verbindung	Bemessungswerte R_d	Gleichung (Bruchursache vgl. Bild 5.1.2)
einschnittig		
	$f_{h,d,1} \cdot t_1 \cdot d$	(1a)
	$f_{h,d,1} \cdot t_2 \cdot d \cdot \beta$	(1b)
	$\frac{f_{h,d,1} \cdot t_1 \cdot d}{(1+\beta)} \cdot \left[\sqrt{\beta + 2 \cdot \beta^2 \cdot [1+\alpha+\alpha^2] + \beta^3\alpha^2} - \beta \cdot (1+\alpha) \right]$	(1c)
	$1{,}1 \cdot \frac{f_{h,d,1} \cdot t_1 \cdot d}{(2+\beta)} \cdot \left[\sqrt{2 \cdot \beta \cdot (1+\beta) + \frac{4 \cdot \beta \cdot (2+\beta) \cdot M_{y,d}}{f_{h,d,1} \cdot t_1^2 \cdot d}} - \beta \right]$	(1d)
	$1{,}1 \cdot \frac{f_{h,d,1} \cdot t_2 \cdot d}{(1+2 \cdot \beta)} \cdot \left[\sqrt{2 \cdot \beta^2 \cdot (1+\beta) + \frac{4 \cdot \beta \cdot (1+2 \cdot \beta) \cdot M_{y,d}}{f_{h,d,1} \cdot t_2^2 \cdot d}} - \beta \right]$	(1e)
	$1{,}1 \cdot \frac{2 \cdot \beta}{\sqrt{(1+\beta)}} \cdot \sqrt{2 \cdot M_{y,d} \cdot f_{h,d,1} \cdot d}$	(1f)
zweischnittig		
	$f_{h,d,1} \cdot t_1 \cdot d$	(1g)
	$0{,}5 \cdot f_{h,d,1} \cdot t_2 \cdot d \cdot \beta$	(1h)
	$1{,}1 \cdot \frac{f_{h,d,1} \cdot t_1 \cdot d}{(2+\beta)} \cdot \left[\sqrt{2 \cdot \beta \cdot (1+\beta) + \frac{4 \cdot \beta \cdot (2+\beta) \cdot M_{y,d}}{f_{h,d,1} \cdot t_1^2 \cdot d}} - \beta \right]$	(1j)
	$1{,}1 \cdot \frac{2 \cdot \beta}{\sqrt{(1+\beta)}} \cdot \sqrt{2 \cdot M_{y,d} \cdot f_{h,d,1} \cdot d}$	(1k)

Tabelle 5.1.1: Bemessungswerte der Tragfähigkeiten von Holz/Holz-Verbindungen mit stiftförmigen Verbindungsmitteln

Um eine zügige Bemessung durchführen zu können, ist es entweder sinnvoll, die Gleichungen 1 zu programmieren oder aber eine Eingrenzung der Bruchursachen anhand graphischer Auswertungen vornehmen zu können. Bild 5.1.3 für die einschnittigen Verbindungen und Bild 5.1.4 für die zweischnittigen Verbindungen zeigen, bei welchen geometrischen Verhältnissen einer Verbindung einzelne Ver-

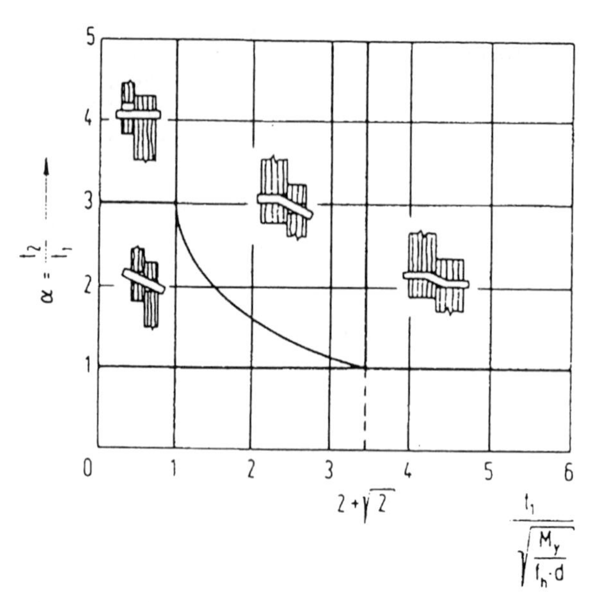

Bild 5.1.3: Geometrische Verhältnisse einer einschnittigen Verbindung bei unterschiedlichen Bruchursachen

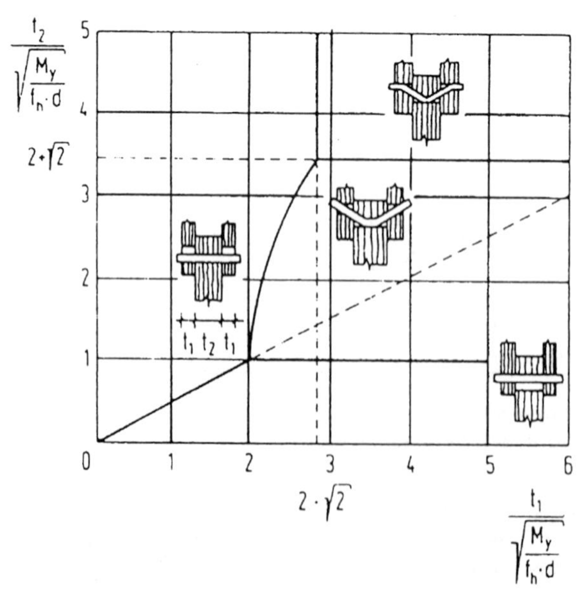

Bild 5.1.4: Geometrische Verhältnisse einer zweischnittigen Verbindung bei unterschiedlichen Bruchursachen

sagensformen eintreten. Zur besseren Anschaulichkeit wird dabei angenommen, daß die Lochleibungsfestigkeiten aller, an der Verbindung beteiligten Hölzer, gleich seien:

$$f_{h,1} = f_{h,2} = f_h$$

mit

f_h Lochleibungsfestigkeit der Hölzer

M_y Fließmoment des Stahlstiftes

5.1.2.2.2 Vielschnittige Verbindungen

Bei mehr als zweischnittigen Verbindungen kann der Bemessungswert der Tragfähigkeit ermittelt werden, in dem die Verbindung aus einer Anzahl von zweischnittigen Verbindungen bestehend betrachtet wird.

5.1.2.2.3 Stahlblech/Holz-Verbindungen

Die verschiedenen Versagensfälle für Stahlblech/Holz-Verbindungen sind in Bild 5.1.5 dargestellt. Dabei muß unterschieden werden, ob es sich um relativ dünne Stahlbleche mit $t \leq 0{,}5 \cdot d$ oder um dicke Bleche mit $t > d$ handelt. Zwischenwerte sind zu interpolieren. Ferner ist bei zweischnittigen Verbindungen zwischen Verbindungen mit einem innenliegenden Stahlblech und Verbindungen mit außenliegenden Stahlblechen zu unterscheiden.

In Tabelle 5.1.2 sind die Bemessungswerte der Tragfähigkeiten der Holzbauteile von Stahlblech/Holz-Verbindungen zusammengestellt.

Generell besitzen Stahlblech/Holz-Verbindungen höhere Tragfähigkeiten wie die entsprechenden, reinen Holz/Holz-Verbindungen. Auch entstehen die Fließgelenke an den Kanten der Stahlbleche. Daher wurden in Anlehnung an die Vorgehensweise bei den Holz/Holz-Verbindungen teilweise neue Gleichungen hergeleitet. Andere Gleichungen lassen sich auch aus den Gleichungen für die Holz/Holz-Verbindungen ableiten; z.B. ergibt sich Gl. 2a aus Gl. 1c unter Ansatz der äußeren Last

$$F = t_1 \cdot f_{h,d,1} = t_2 \cdot f_{h,d,2}$$

bzw. $\alpha = 1 / ß$.

Die Nachweise für die Stahlplatten sollen nach ENV 1993-1-1 unter Berücksichtigung des zugehörigen Nationalen Anwendungsdokumentes erfolgen. Alternativ ist der Nachweis nach DIN 18800 Teil 1 zulässig.

5.1.2.2.4 Lochleibungsfestigkeit der Hölzer

Die Lochleibungsfestigkeit ist vereinfachend definiert als mittlere Druckspannung unter der Höchstlast in einem Probekörper aus Bauholz oder eines Holzwerkstof-

einschnittige Verbindung mit dünnen Stahlblechen ($t \leq 0{,}5 \cdot d$)

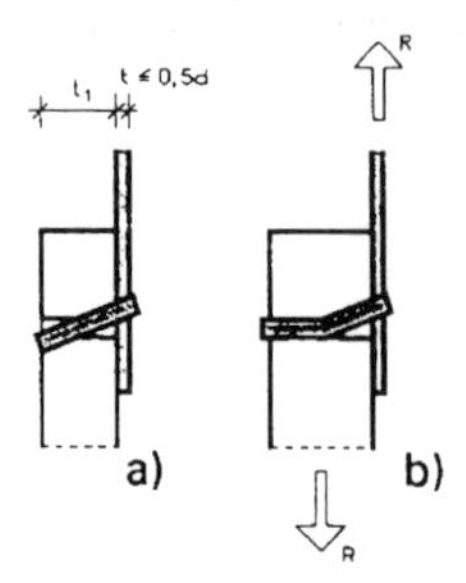

einschnittige Verbindung mit dicken Stahlblechen ($t > d$)

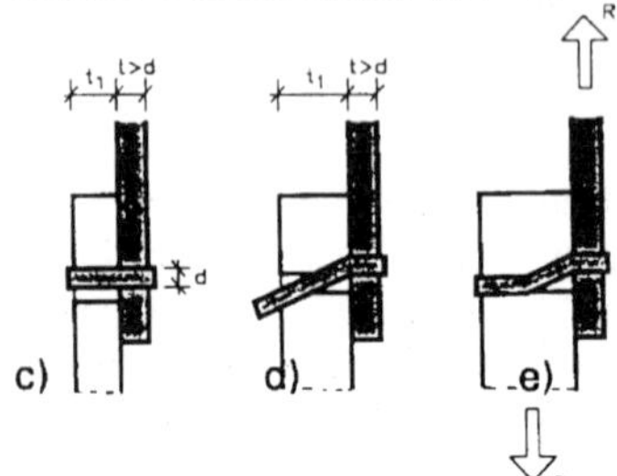

zweischnittige Verbindung mit innenliegenden Stahlblechen

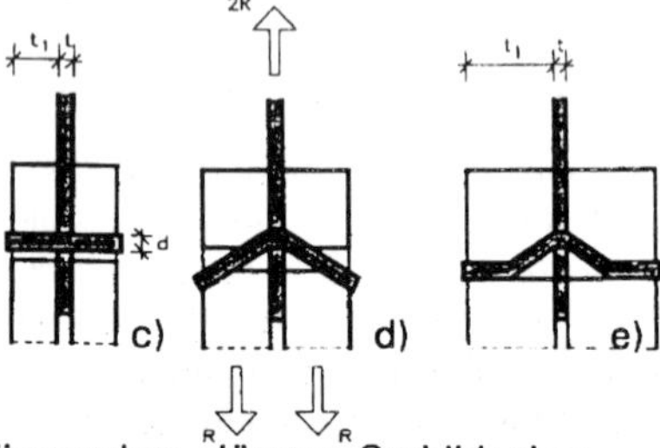

zweischnittige Verbindung mit außenliegenden, dünnen Stahlblechen ($t \leq 0{,}5 \cdot d$)

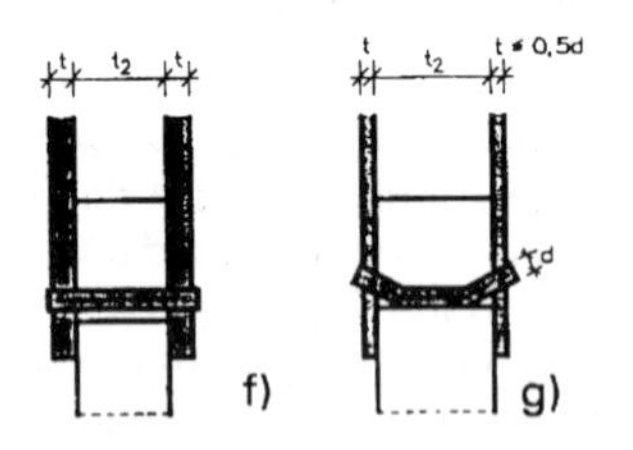

zweischnittige Verbindung mit außenliegenden, dicken Stahlblechen ($t > d$)

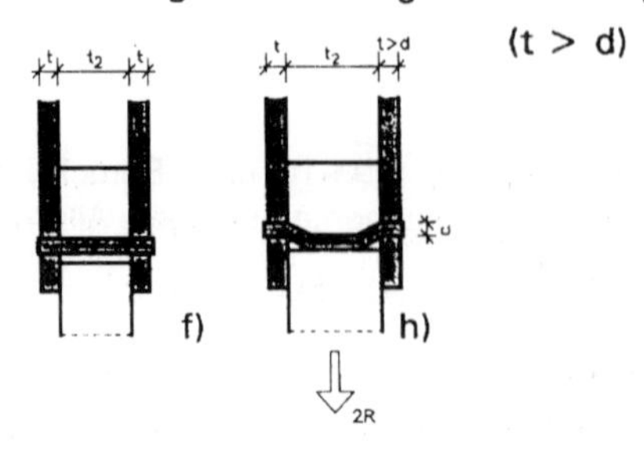

Bild 5.1.5: Mögliche Versagensfälle bei Stahlblech/Holz-Verbindungen

Verbindung Stahlblech *)	Bemessungswert der Tragfähigkeit R_d	Gl. **)
einschnittig		
dünn ($t \leq 0{,}5 \cdot d$)	$(\sqrt{2} - 1) \cdot f_{h,d,1} \cdot t_1 \cdot d$	(2a)
	$1{,}1 \cdot \sqrt{2 \cdot M_{y,d} \cdot f_{h,d,1} \cdot d}$	(2b)
dick ($t > d$)	$f_{h,d,1} \cdot t_1 \cdot d$	(2c)
	$1{,}1 \cdot f_{h,d,1} \cdot t_1 \cdot d \cdot \left[\sqrt{2 + \frac{4 \cdot M_{y,d}}{f_{h,d,1} \cdot t_1^2 \cdot d}} - 1 \right]$	(2d)
	$1{,}5 \cdot \sqrt{2 \cdot M_{y,d} \cdot f_{h,d,1} \cdot d}$	(2e)
zweischnittig		
innenliegend		(2c) (2e)
außenliegend, dünn ($t \leq 0{,}5 \cdot d$)	$0{,}5 \cdot f_{h,d,2} \cdot t_2 \cdot d$	(2f)
	$1{,}1 \cdot \sqrt{2 \cdot M_{y,d} \cdot f_{h,d,2} \cdot d}$	(2g)
außenliegend, dick ($t > d$)	$0{,}5 \cdot f_{h,d,2} \cdot t_2 \cdot d$	(2f)
	$1{,}5 \cdot \sqrt{2 \cdot M_{y,d} \cdot f_{h,d,2} \cdot d}$	(2h)

*) Zwischenwerte können nach EHLBECK, LARSEN 1993 linear interpoliert werden.

**) Bruchursache vgl. Bild 5.1.5

Tabelle 5.1.2: Bemessungswerte der Tragfähigkeiten von Stahlblech/Holz-Verbindungen mit stiftförmigen Verbindungsmitteln

fes unter der Einwirkung eines starren, geraden Verbindungsmittels. Die Höchstlast ist dabei definiert als diejenige Last, bei der der Probekörper bricht oder bei der eine Eindrückung des Verbindungsmittels von 5 mm erreicht ist. Nach DIN V ENV 1995-1-1 ist die Lochleibungsfestigkeit nach DIN EN 383 zu bestimmen. Für gewöhnliche Verbindungsmittel kann nach WHALE, SMITH 1985 die Lochleibungsfestigkeit nach den in Tabelle 5.1.3 angegebenen Werte ermittelt werden.

Werkstoff Verbindungsmittel	Charakteristische Lochleibungsfestigkeit $f_{h,k}$ [N/mm²]	Gl.
Bauholz, Brettschichtholz [1)] Nägel ohne Vorbohrung	$0{,}082 \cdot \rho_k \cdot d^{-0{,}3}$	(3a)
Nägel mit Vorbohrung, Bolzen, Stabdübel, Schrauben	$0{,}082 \cdot (1 - 0{,}01 \cdot d) \cdot \rho_k$	(3b)
Bausperrholz [2)] Nägel	$0{,}11 \cdot \rho_k \cdot d^{-0{,}3}$	(3c)
Bolzen, Stabdübel, Schrauben	$0{,}11 \cdot (1 - 0{,}01 \cdot d) \cdot \rho_k$	(3d)
Harte Holzfaserplatten Nägel	$30 \cdot d^{-0{,}3} \cdot t^{-0{,}6}$	(3e)

mit

ρ_k Charakteristische Rohdichte in [kg/m³]

d Durchmesser des Verbindungsmittels in [mm]

t Dicke der Holzfaserplatte in [mm]

Anmerkungen:

1) Für Nägel gelten die Werte für alle Winkel α zwischen Kraft- und Faserrichtung.
Für Bolzen, Stabdübel und Schrauben mit $d \geq 8$ mm gelten die Werte nur für $\alpha = 0°$; ansonsten gilt Gl. (4).

2) Werte gelten für alle Winkel α zwischen Kraft- und Faserrichtung der Deckfurniere.

Tabelle 5.1.3: Rechenwerte der charakteristischen Lochleibungsfestigkeiten

Für Verbindungen mit Bauholz bzw. Brettschichtholz (BSH) und Stabdübeln, Bolzen und Schrauben als Verbindungsmittel mit Durchmessern ab 8 mm gelten die Werte nach Tabelle 5.1.3 nur bei einer Kraftrichtung in Faserrichtung des Holzes. Dieser Wert wird dann mit $f_{h,0,k}$ bezeichnet. Für einen Winkel α zwischen Kraft- und Faserrichtung gilt, unter Berücksichtigung der allgemeinen Beziehung nach Hankinson:

$$f_{h,\alpha,k} = f_{h,0,k} / (k_{90} \cdot \sin^2\alpha + \cos^2\alpha) = f_{h,0,k} \cdot k_\alpha \quad (4)$$

wobei

$$k_{90} = f_{h,0,k} / f_{h,90,k} \quad (5)$$

mit

k_{90} Verhältniswert der Lochleibungsfestigkeiten $f_{h,0}$ und $f_{h,90}$
$f_{h,0,k}$ Char. Festigkeit in Faserrichtung
$f_{h,90,k}$ Char. Festigkeit rechtwinklig zur Faserrichtung

Von EHLBECK, WERNER 1992 wurden vereinfachte Beziehungen für k_{90} entwickelt. Sie berücksichtigen, daß dieser Verhältniswert mit steigendem Stiftdurchmesser zunimmt:

$$k_{90} = 0{,}90 + 0{,}015 \cdot d \quad (5a)$$

für Laubhölzer und

$$k_{90} = 1{,}35 + 0{,}015 \cdot d \quad (5b)$$

für Nadelhölzer mit

d Durchmesser der Verbindungsmittel in [mm]

Hinsichtlich des Nachweises der Lochleibungsbeanspruchung ist, wie bereits erwähnt, in der Dimensionierung einer Verbindung mit stiftförmigen Verbindungsmitteln der Einfluß des Winkels α mittels des Abminderungsfaktors k_α entsprechend Gl. 4 zu berücksichtigen.
Bild 5.1.6 zeigt, daß die DIN V ENV 1995-1-1 bei Nadelhölzern wesentlich stärker abmindert als der entsprechende Faktor $\eta_b = (1 - \alpha / 360) \geq 0{,}75$ der DIN 1052.

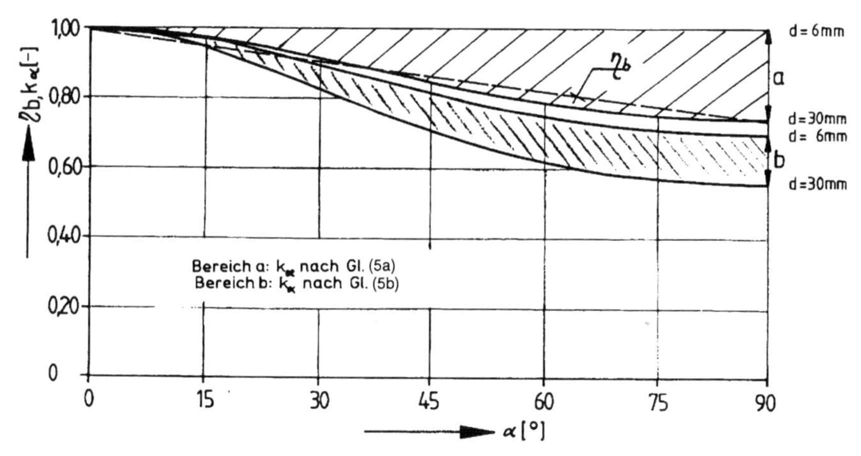

Bild 5.1.6: Abminderungsfaktoren k_α bzw. η_b in Abhängigkeit vom Winkel α zwischen Kraft- und Holzfaserrichtung

5.1.2.2.5 Querzugbeanspruchung

Greift eine Kraft F unter einem Winkel α zur Holzfaserrichtung entsprechend Bild 5.1.7 an, so ist zwischen einem Querzug- und einem Lochleibungsversagen zu unterscheiden. Einen wesentlichen Einfluß hat hierbei das Verhältnis des Abstandes des Verbindungsmittels vom beanspruchten Rand zur Balkenhöhe. Bei Verbindungen von mehreren stiftförmigen Verbindungsmitteln, z. B. bei Balkenschuh-Anschlüssen, ist das Verhältnis des Abstandes der obersten Verbindungsmittelreihe vom beanspruchten Rand zur Balkenhöhe ein entscheidender geometrischer Wert. Ferner beeinflussen sich die Verbindungsmittel bei geringen Abständen untereinander gegenseitig; unter Umständen ist dann mit einer geringeren Tragfähigkeit der Verbindung zu rechnen.

Verbindungen (Querzug)

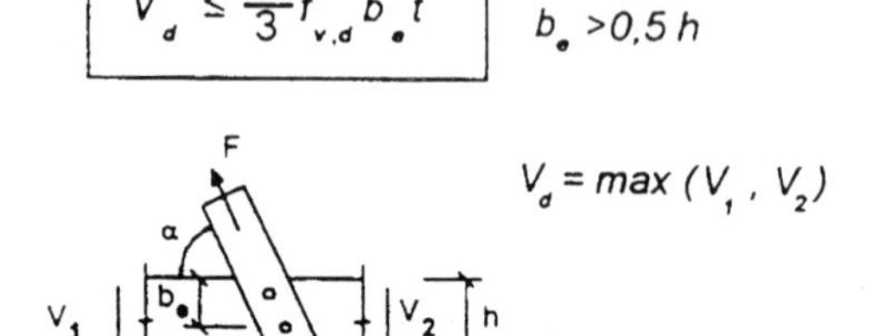

Bild 5.1.7:
Anschluß einer Kraft F unter einem Winkel α zur Holzfaserrichtung nach DIN V ENV 1995-1-1; Querzugrißgefahr

Für den Nachweis, daß im querbeanspruchten Holz kein Querzugriß auftreten kann, gibt der DIN V ENV 1995-1-1 die in Bild 5.1.6 mit angegebene Näherungslösung an. Dabei muß allerdings stets $b_e > h/2$ sein. Ein genauerer Nachweis darf geführt werden. Hinweise hierzu gibt es in Veröffentlichungen, die im wesentlichen auf deutschen Forschungarbeiten, z.B. EHLBECK et al. 1991, beruhen.

5.1.2.2.6 Alternierende Beanspruchungen

Der Einfluß von alternierenden Beanspruchungen um den Nullpunkt (Wechselbeanspruchung im Bauteil) auf die Tragfähigkeit mechanischer Verbindungsmittel ist nach DIN V ENV 1995-1-1 zu berücksichtigen, indem die Verbindung nachgewiesen wird für den jeweils größeren der beiden Bemessungswerte

$$F_{t,d} + 0,5 \cdot F_{c,d} \tag{7}$$

bzw.

$$F_{c,d} + 0,5 \cdot F_{t,d} \tag{8}$$

mit

$F_{t,d}$ Bemessungswert der maximalen Einwirkung (z.B. Zugkraft)

$F_{c,d}$ Bemessungswert der minimalen Einwirkung (z.B. Druckkraft)

Aufgrund der Untersuchungen von MÖHLER, MAIER 1973 scheint das vereinfachte Verfahren des DIN V ENV 1995-1-1 gerechtfertigt zu sein. Diese Anwendungsregel führt zu einer stärkeren Dimensionierung, als sie nach DIN 1052 erforderlich gewesen wäre. Außerdem brauchte bisher eine Wechselbeanspruchung bei der Bemessung nach DIN 1052 dann nicht berücksichtigt zu werden, wenn die alternierenden Kräfte nur aus Wind- und Schneelast-Einwirkungen resultierten.
Das Nationale Anwendungsdokument äußert sich daher im Anhang D zu den wechselbeanspruchten Bauteilen. Im Anhang D.2 heißt es:
Bei wechselbeanspruchten Bauteilen, bei denen der Vorzeichenwechsel der Beanspruchung nicht allein aus Wind- und Schneelasten herrührt, gilt DIN 1052 T.1, Abs. 6.5 . Hierbei sind anstelle der zulässigen Spannungen die Bemesungswerte der Beanspruchbarkeit einzusetzen. Für die Spannungen min $|\sigma|$ und max $|\sigma|$ sind die Bemessungswerte der Beanspruchungen einzusetzen.
Auswertungen zur Abminderung der Beanspruchbarkeiten von Bauteilen und Verbindungsmitteln in Abhängigkeit von Holzart, Art und Größe der Beanspruchung infolge von Schwell- und Wechselbeanspruchungen finden sich in GEROLD 1989. Die geringe Anzahl der weltweit vorhandenen Untersuchungen läßt genauere Angaben über entsprechende charakteristische Werte der Widerstände nicht zu.

5.1.2.2.7 Ausführungsregeln

1) Holzdicken und Einschlagtiefen

Bei stiftförmigen Verbindungsmitteln, die ohne jegliche Vorbohrung von Löchern in das Holz eingetrieben werden, besteht grundsätzlich die Gefahr des Aufspaltens des Holzes. Werden die Tragfähigkeiten der Verbindungen nach der Johansen-Theorie berechnet, so müssen bei Nagelverbindungen ohne Vorbohrung Mindestholzdicken eingehalten werden. Dabei gilt:

$$t = \max \begin{cases} 7 \cdot d \\ (13 \cdot d - 30) \cdot \rho_k / 400 \end{cases} \qquad (9)$$

mit
t Mindestholzdicke in [mm]
d Durchmesser der Verbindungsmittel in [mm]
ρ_k Charakteristische Rohdichte in [kg/m³]

Gl. 9 berücksichtigt, daß bei Nägeln mit einem Durchmesser von über 4 mm die Rohdichte einen merklichen Einfluß auf die Spaltgefahr des Holzes ausübt. Aus dem gleichen Grund muß bei zweischnittigen Verbindungen die Dicke t_2 des Mittelteiles, reduziert um die Eindringtiefe des Nagels, noch mindestens $4 \cdot d$ betragen. Hölzer mit einer charakteristischen Rohdichte von über 500 kg/m³ sind für Nagelverbindungen stets vorzubohren. Dies gilt entsprechend dem NAD auch für Douglasien-Holz. Der Durchmesser von vorgebohrten Löchern für Nägel soll etwa $0{,}9 \cdot d$ betragen.

Um eine ausreichende Haftung des Nagels im Holzteil zu erzielen, schreibt der DIN V ENV 1995-1-1 folgende Mindesteinschlagtiefen vor:

$$l \geq 8 \cdot d \qquad (10a)$$

für glattschaftige Nägel,

$$l \geq 6 \cdot d \qquad (10b)$$

für Schraub- und Rillennägel sowie

$$l \geq 4 \cdot d \qquad (10c)$$

für Holzschrauben.

Manchmal bestimmt die Einschlagtiefe auch die Tragfähigkeit der Verbindung, da sie beispielsweise bei einschnittigen Nagelverbindungen anstelle der entsprechenden Holzdicke in die Bemessungsgleichungen 1a - 1f einzusetzen ist.

2) Abstände der Verbindungsmittel
Für die Mindestabstände der Verbindungsmittel untereinander und von den Rändern wird in der DIN V ENV 1995-1-1 die in Bild 5.1.8 dargestellten Definitionen gewählt (vgl. auch EHLBECK, WERNER 1992). Dabei ist:

a_1 Abstand untereinander in Faserrichtung
a_2 Abstand untereinander rechtwinklig zur Faserrichtung
a_3 Abstand vom Hirnholzende (parallel zur Faserrichtung)
a_4 Abstand von den Rändern (rechtwinklig zur Faserrichtung)

Grundsätzlich wird in jedem der zu verbindenden Hölzer der Verbindungsmittelabstand vom Winkel α zwischen Kraft- und Faserrichtung abhängig gemacht. Die Pfeile in Bild 5.1.8 geben die Kraftrichtung an. Auf die Unterschiede zwischen DIN 1052 und DIN V ENV 1995-1-1 wurde bereits von EHLBECK, WERNER 1991 eingegangen. In den Tabellen 5.1.4 bis 5.1.6 sind die Mindestwerte der Abstände nach DIN V ENV 1995-1-1 für verschiedene Verbindungsmittel zusammengestellt.

3) Wirksame Anzahl der Verbindungsmittel
Die Tragfähigkeit einer Verbindung mit vielen Verbindungsmitteln ist oft geringer als die Summe der Tragfähigkeiten der einzelnen Verbindungsmittel. Entsprechend der DIN 1052 enthält der DIN V ENV 1995-1-1 hierzu bei mehr als sechs in Kraftrichtung hintereinanderliegenden Stabdübeln oder Bolzen die stark vereinfachte Anwendungsregel

$$n_{ef} = 6 + (n - 6) \cdot 2 / 3 \qquad (11)$$

mit
n_{ef} Wirksame Anzahl der Verbindungsmittel
n Gesamte Anzahl der in Kraftrichtung hintereinander angeordneten Verbindungsmittel

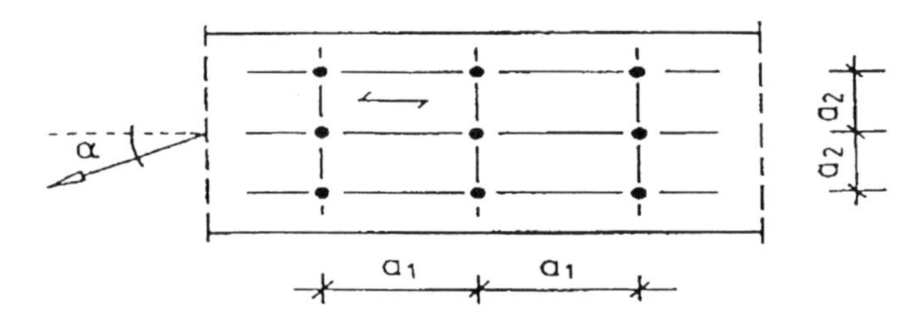

Verbindungsmittelabstand a_1 und a_2 untereinander

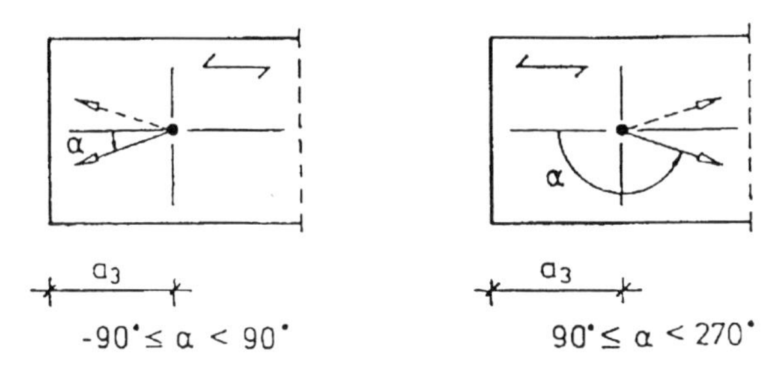

beanspruchtes Hirnholzende unbeanspruchtes Hirnholzende

Verbindungsmittelabstand a_3 vom Hirnholzende

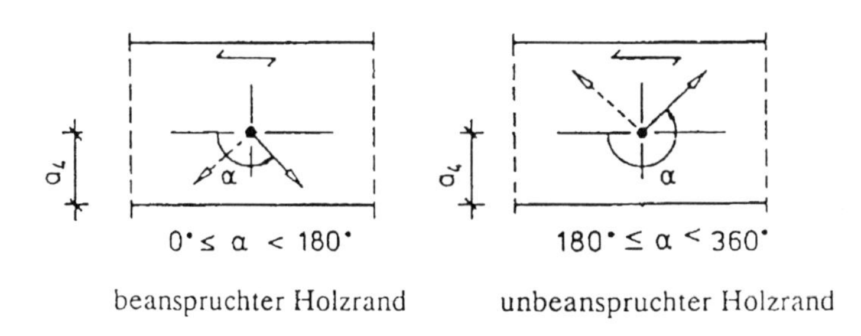

Verbindungsmittelabstand a_4 von den Rändern

Bild 5.1.8: Definition der Abstände der Verbindungsmittel untereinander und von den Rändern

Abstand	ohne vorgebohrte Nagellöcher		mit vorgebohrten Nagellöchern
	$\rho_k \leq 420$ kg/m³	$420 < \rho_k < 500$ kg/m³	
a_1 in Faserrichtung	$d < 5$mm: $(5+5\cdot\lvert\cos\alpha\rvert)\cdot d$ $d \geq 5$mm: $(5+7\cdot\lvert\cos\alpha\rvert)\cdot d$	$(7+8\cdot\lvert\cos\alpha\rvert)\cdot d$	$(4+3\cdot\lvert\cos\alpha\rvert)\cdot d$ *)
a_2 rechtwinklig zur Faserrichtung	$5 \cdot d$	$7 \cdot d$	$(3+\lvert\sin\alpha\rvert)\cdot d$
$a_{3,t}$ belastetes Holzende	$(10+5\cdot \cos\alpha)\cdot d$	$(15+5\cdot \cos\alpha)\cdot d$	$(7+5\cdot \cos\alpha)\cdot d$
$a_{3,c}$ unbelastetes Holzende	$10 \cdot d$	$15 \cdot d$	$7 \cdot d$
$a_{4,t}$ belasteter Rand	$(5+5\cdot \sin\alpha)\cdot d$	$(7+5\cdot \sin\alpha)\cdot d$	$(3+4\cdot \sin\alpha)\cdot d$
$a_{4,c}$ unbelasteter Rand	$5 \cdot d$	$7 \cdot d$	$3 \cdot d$

*) Entsprechend dem NAD darf der Mindestabstand a_1 weiter bis auf $[(4 + \lvert\cos\alpha\rvert) \cdot d]$ verringert werden, wenn die Lochleibungsfestigkeit $f_{h,k}$ mit dem Faktor $[\sqrt{a_1 / ((4 + 3\lvert\cos\alpha\rvert) \cdot d)}]$ abgemindert wird.

Tabelle 5.1.4: Mindestwerte für Nagelabstände

a_1	in Faserrichtung	$(3+4 \cdot \lvert\cos\alpha\rvert) \cdot d$ *)
a_2	rechtwinklig zur Faserrichtung	$3 \cdot d$
$a_{3,t}$	$-90° \leq \alpha \leq 90°$	$7 \cdot d$ jedoch mind. 80 mm
$a_{3,c}$	$90° < \alpha < 150°$ $210° < \alpha < 270°$	$a_{3,t} \cdot \lvert\sin\alpha\rvert$
	$150° \leq \alpha \leq 210°$	$3 \cdot d$
$a_{4,t}$	$0° \leq \alpha \leq 180°$	$(2+2 \cdot \sin\alpha) \cdot d$ jedoch mind. $3 \cdot d$
$a_{4,c}$	alle anderen Winkel α	$3 \cdot d$

*) Entsprechend dem NAD darf der Mindestabstand a_1 weiter bis auf $[(3 + 2 \cdot \lvert\cos\alpha\rvert) \cdot d]$ verringert werden, wenn die Lochleibungsfestigkeit $f_{h,k}$ mit dem Faktor $[\sqrt{a_1 / (3 + 4 \lvert\cos\alpha\rvert) \cdot d}]$ abgemindert wird.

Tabelle 5.1.5: Mindestwerte für Stabdübelabstände

a_1	in Faserrichtung	$(4+3 \cdot \lvert\cos\alpha\rvert) \cdot d$ *)
a_2	rechtwinklig zur Faserrichtung	$4 \cdot d$
$a_{3,t}$	$-90° \leq \alpha \leq 90°$	$7 \cdot d$ jedoch mind. 80 mm
$a_{3,c}$	$90° < \alpha < 150°$ $210° < \alpha < 270°$	$(1+6 \cdot \lvert\sin\alpha\rvert) \cdot d$
	$150° \leq \alpha \leq 210°$	$4 \cdot d$
$a_{4,t}$	$0° \leq \alpha \leq 180°$	$(2+2 \cdot \sin\alpha) \cdot d$ jedoch mind. $3 \cdot d$
$a_{4,c}$	alle anderen Winkel α	$3 \cdot d$

*) Entsprechend dem NAD darf der Mindestabstand a_1 weiter bis auf $[(4 + \lvert\cos\alpha\rvert) \cdot d]$ verringert werden, wenn die Lochleibungsfestigkeit $f_{h,k}$ mit dem Faktor $[\sqrt{a_1 / (4 + 3 \lvert\cos\alpha\rvert) \cdot d}]$ abgemindert wird.

Tabelle 5.1.6: Mindestwerte für Bolzenabstände

Die Regelung der DIN 1052, daß nicht mehr als 12 Verbindungsmittel hintereinander in Rechnung gestellt werden dürfen, kennt die DIN V ENV 1995-1-1 nicht.

4) Anweisungen
Hinweise des DIN V ENV 1995-1-1 zur Zulässigkeit von Wuchsunregelmäßgkeiten, zu Bohrlochdurchmessern, Größe von Unterlagsscheiben u.v.m. sind in EHLBECK, LARSEN 1993 sehr ausführlich zusammengestellt. Im NAD sind zu folgenden Punkten noch Anmerkungen getroffen:

- Der Bemessungswert der Druckbeanspruchung unter der Unterlagsscheibe sollte $1{,}8 \cdot f_{c,90,d}$ nicht überschreiten.
- Nagelverbindungen aus Douglasien-Holz sind stets über die ganze Nagellänge vorzubohren.

5.1.2.2.8 Bemessungstabellen

Eine Bemessungstabelle für Holz/Holz-Verbindungen mit runden glattschaftigen Nägeln wurde in WERNER 1992 gegeben (vgl. Tabelle 5.1.7). Im folgenden wurde versucht, für die zweischnittige Stahlblech/Holz-Verbindung eine weitere Bemessungstabelle (Tabelle 5.1.8) zu erstellen. Folgende Eingangsgrößen liegen den Tabellen zugrunde:

Klasse der Lasteinwirkungsdauer: mittel
Nutzungsklassen 1 und 2 $k_{mod} = 0{,}8$

$\rho_k = 380$ kg/m³ — Charakteristische Rohdichte nach EHLBECK 1976 des in Deutschland verwendeten Fichtenholzes

$f_{h,k} = 0{,}082 \cdot (1 - 0{,}01 \cdot d) \cdot \rho_k$ — Charakteristische Lochleibungsfestigkeit nach Gl. 3b

ρ_k und $\gamma_{M,Holz} = 1{,}3$ — eingesetzt ergibt:

$f_{h,d} = 23{,}97 \cdot (1 - 0{,}01 \cdot d)$ — Bemessungswert der Lochleibungsfestigkeit in [N/mm²] für Nägel (Hölzer vorgebohrt) und Stabdübel

$M_{y,d} = 164 \cdot d^{2,6}$ — Bemessungswert des Fließmomentes in [Nmm] für stiftförmige Verbindungsmittel mit

$\gamma_{M,Stahl} = 1{,}1$ — vgl. GEROLD 1994

In Tabelle 5.1.8 sind für die Verbindungen mit außenliegenden, dünnen Stahlblechen in der jeweils zweiten Zeile diejenigen Grenzschlankheiten angegeben, ab denen Gl. 2g maßgebend wird und sich folglich die Bemessungswerte der Tragfähigkeiten nicht mehr erhöhen. Bei Anordnung von dicken Stahlblechen, welche brandschutztechnisch ggfs. sinnvoll sind, lassen sich die Bemessungswerte noch um bis zu 36 % erhöhen entsprechend dem Verhältnis 1,5/1,1 der Gleichungen 2g zu 2h.

Nageldurch-messer d [mm]	Nagellöcher			
	nicht vorgebohrt		vorgebohrt	
	l_{min} [mm]	R_d [N]	l_{min} [mm]	R_d [N]
1,8	18	210	16	225
2	19	250	18	275
2,2	21	295	19	325
2,5	24	360	21	410
2,8	27	435	23	500
3,1	28	515	25	600
3,4	32	600	27	710
3,8	36	725	30	865
4	38	785	31	950
4,2	39	850	32	1035
4,6	43	990	35	1215
5	46	1135	37	1410
5,5	51	1330	40	1670
6	55	1535	44	1950
7	64	1980	50	2560
8	73	2470	55	3235

mit
l_{min} Mindesteinschlagtiefe = Mindestholzdicke
R_d Bemessungswert der Tragfähigkeit in [N] für
$k_{mod} = 0{,}8$ und
$\rho_k = 380$ kg/m³

Tabelle 5.1.7: Bemessungswerte der Tragfähigkeit je Nagel und Scherfläche für runde glattschaftige Nägel in Holz/Holz-Verbindungen (Auszug aus WERNER 1992)

5.1.2.3 Beanspruchung in Schaftrichtung

5.1.2.3.1 Glattschaftige Nägel

Der Bemessungswert des Ausziehwiderstandes von runden, glattschaftigen Nägeln ergibt sich nach DIN V ENV 1995-1-1 aus dem kleinsten Wert der nachfolgenden drei Gleichungen:

$$\min R_d = \min \begin{cases} f_{1,d} \cdot d \cdot l & (12a) \\ f_{1,d} \cdot d \cdot h + f_{2,d} \cdot d^2 & (12b) \\ f_{2,d} \cdot d^2 & (12c) \end{cases}$$

Stabdübel-durchmesser d [mm]	Bemessungswerte der Tragfähigkeit Holzdicken t_1 , t_2 [cm]								
	3	4	5	6	8	10	12	14	16
6	2,1	2,5	2,6						
	1,6	1,9	---> λ_{grenz} = 6,15						
8	3,3	3,6	4,1	4,3					
	2,1	2,8	3,2	---> λ_{grenz} = 5,86					
10	4,7	5,0	5,5	6,0	7,3				
	2,6	3,5	4,3	4,7	---> λ_{grenz} = 5,67				
12		6,6	7,0	7,6	8,7	8,7			
		4,0	5,1	6,1	6,4	---> λ_{grenz} = 5,53			
16			10,8	11,3	12,7	14,3	14,3		
			6,4	7,7	10,3	10,5	---> λ_{grenz} = 5,34		
20				15,7	16,9	18,7	20,7	20,9	
				9,2	12,3	15,3	15,3	---> λ_{grenz} = 5,24	
24					21,7	23,3	25,4	27,8	28,3
					14,0	17,5	20,7	20,7	---> λ_{grenz} = 5,18
30					31,1	33,0	35,2	37,8	
					20,1	24,2	28,2	29,7	---> λ_{grenz} = 5,16

mit

R_d		Bemessungswert der Tragfähigkeit in [KN] für
k_{mod} = 0,8		und
ρ_k = 380 kg/m³		bei Kraft- in Faserrichtung;
	1.Zeile	innenliegendes Stahlblech
	2.Zeile	außenliegende dünne Stahlbleche
t_1		Seitenholz-Dicken
t_2		Mittelholz-Dicke
$\lambda_{grenz} = t_2 / d$		Grenzschlankheit

Tabelle 5.1.8: Bemessungswerte der Tragfähigkeit je Stabdübel und Scherfläche bei zweischnittigen Stahlblech/Holz-Verbindungen

mit

R_d	Ausziehwiderstand
$f_{1,d} = k_{mod} \cdot f_{1,k} / \gamma_{M,Holz}$	Bemessungswert des Schaft-Ausziehwertes
$f_{2,d} = k_{mod} \cdot f_{2,k} / \gamma_{M,Holz}$	Bemessungswert des Kopfdurchziehwertes
l	Wirksame Einbindelänge des Nagelschaftes

Der Ausziehwiderstand eines in Schaftrichtung beanspruchten Verbindungsmittels hängt, wie bereits in GEROLD 1995 erwähnt, nicht nur vom Ausziehwiderstand des Schaftes alleine, sondern in einigen Fällen auch vom Kopfdurchziehwiderstand ab. Für Bolzen unter Beanspruchung in Schaftrichtung können die Abmessungen der Unterlagscheiben und/oder die Zugfestigkeit des Bolzenwerkstoffes maßgebend werden. Entsprechend dem NAD kann der Nachweis des Kopfdurchziehens für runde Drahtnägel nach DIN 1151 entfallen, wenn der Kopfdurchmesser mindestens das 1,8-fache des Nageldurchmessers beträgt; Gl. 12c ist daher i.d.R. für Schraub- und Rillennägel maßgebend.

Die Ausziehparameter f_1 und f_2 hängen sowohl von der Schaftoberfläche als auch von der Holzart und ihrer Rohdichte ab. In einer Arbeitsgruppe des CEN/TC 124 werden z. Zt. entsprechende einheitliche Prüfverfahren für die Bestimmung der Ausziehparameter vorbereitet.
Auf der Grundlage von verfügbaren Versuchsdaten mit glattschaftigen Nägeln in europäischen Holzarten empfiehlt der DIN V ENV 1995-1-1, für eine Bemessung folgende charakteristische Ausziehparameter zu verwenden:

$$f_{1,k} = 18 \cdot 10^{-6} \cdot \rho_k^2 \qquad (13)$$

$$f_{2,k} = 300 \cdot 10^{-6} \cdot \rho_k^2 \qquad (14)$$

mit
$f_{1,k}$ Charakteristischer Schaft-Ausziehwert in [N/mm²]
$f_{2,k}$ Charakteristischer Kopfdurchziehwert in [N/mm²]
ρ_k Charakteristische Rohdichte in [kg/m³]

Besonders der Parameter f_1 neigt dazu, mit der Zeit und der Holzaustrocknung deutlich abzunehmen. Deshalb dürfen glattschaftige Nägel unter ständiger oder langer Lasteinwirkung (vgl. Klassen der Lasteinwirkungsdauer) nicht planmäßig auf Herausziehen beansprucht werden.
Der DIN V ENV 1995-1-1 enthält ferner Hinweise zur Bemessung ovaler Nägel sowie von Nägeln ohne Kopf oder mit ovaler Kopfform.

5.1.2.3.2 Sondernägel

Für Schraub- und Rillennägel sind entsprechend dem NAD für die charakteristischen Ausziehwerte $f_{1,k}$ und die charakteristischen Kopfdurchziehwerte $f_{2,k}$ nach Tabelle 5.1.9 in Abhängigkeit von den Tragfähigkeitsklassen nach DIN 1052 Teil 2, Abs. 6.3.1, anzusetzen. Sondernägel in vorgebohrten Nagellöchern dürfen ohne gesonderten Nachweis auf Herausziehen nicht in Rechnung gestellt werden.

Tragfähigkeits-klasse	Charakteristische Ausziehwerte $f_{1,k}$	$f_{2,k}$
I	$28 \cdot 10^{-6} \cdot \rho_k^2$	$600 \cdot 10^{-6} \cdot \rho_k^2$
II	$40 \cdot 10^{-6} \cdot \rho_k^2$	
III	$50 \cdot 10^{-6} \cdot \rho_k^2$	
mit ρ_k Rohdichte in [kg/m³] $f_{1,k}$ Charakteristischer Ausziehwert in [N/mm²] $f_{2,k}$ Charakteristischer Kopfdurchziehwert in [N/mm²]		

Tabelle 5.1.9: Charakteristische Werte $f_{1,k}$ und $f_{2,k}$ für Sondernägel in [N/mm²] in Abhängigkeit von der Rohdichte ρ_k in [kg/m³]

5.1.2.3.3 Holzschrauben

Bei in Schaftrichtung beanspruchten Holzschrauben ist i.d.R. das Herausziehen der Schraube aus dem Holzteil maßgebend. Die empirische Gleichung des DIN V ENV 1995-1-1 zur Ermittlung des Bemessungswertes des Ausziehwiderstandes lautet

$$R_d = f_{3,d} \cdot (l_{ef} - d) \qquad (12d)$$

mit
$f_{3,d}$ Ausziehparameter in [N/mm]
l_{ef} wirksame Gewinde-Einschraubtiefe in [mm] nach Bild 5.1.9
d Durchmesser der Verbindungsmittel in [mm]

Für nach nationalen Normen spezifizierte Schrauben kann dabei angenommen werden

$$f_{3,d} = k_{mod} \cdot f_{3,k} / \gamma_{M,Holz}$$

und

$$f_{3,k} = (1{,}5 + 0{,}6 \cdot d) \cdot \sqrt{\rho_k} \qquad (13a)$$

Hinweise zu den Holzschlüsselschrauben bzw. zu den eingeleimten Gewindestangen finden sich z.B. in GEROLD 1992.

5.1.2.4 Gleichzeitige Beanspruchung auf Abscheren und Herausziehen

Bei einer derartigen kombinierten Beanspruchung muß ein Interaktions-Nachweis geführt werden. Vereinfachte Interaktionsbeziehungen sind in Bild 5.1.10 dargestellt. Dabei bedeuten:

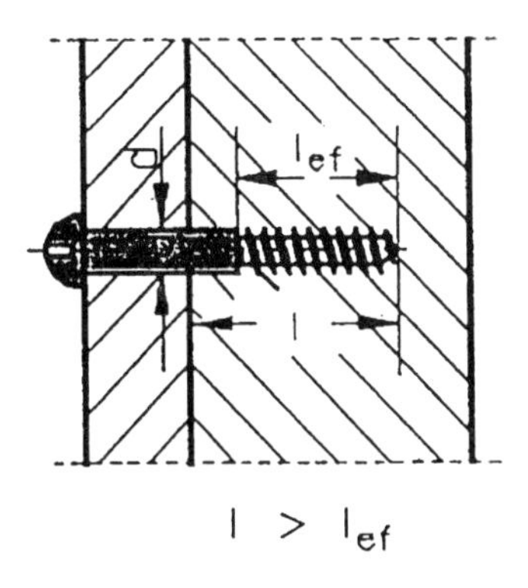

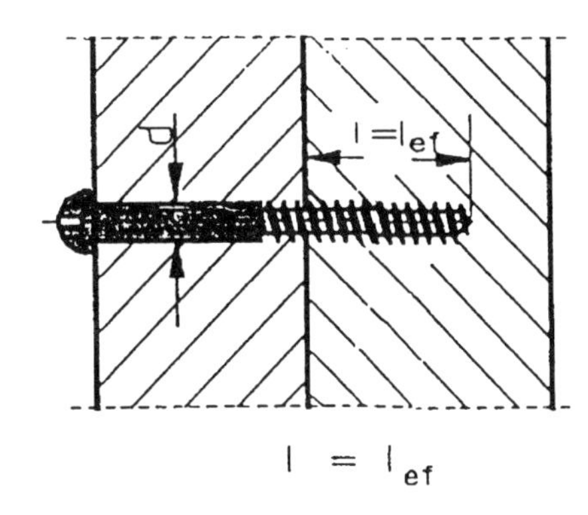

Bild 5.1.9: Wirksame Gewinde- Einschraubtiefe l_{ef}

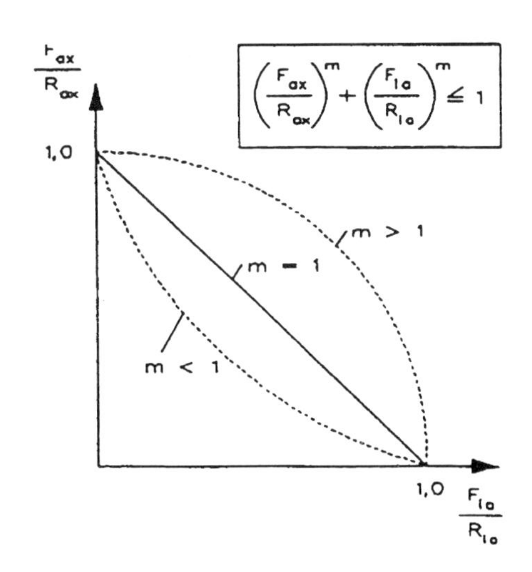

Bild 5.1.10: Vereinfachte Interaktionsbeziehungen

F_{ax} Kraft in Schaftrichtung (Beanspruchung auf Herausziehen)
F_{la} Kraft rechtwinklig zur Schaftrichtung (Beanspruchung auf Abscheren)
R_{ax} Widerstand in Schaftrichtung
R_{la} Widerstand rechtwinklig zur Schaftrichtung

Nach DIN V ENV 1995-1-1 ist nachzuweisen:

$$\frac{F_{ax,d}}{R_{ax,d}} + \frac{F_{la,d}}{R_{la,d}} \leq 1 \qquad (15a)$$

für glattschaftige Nägel und

$$\left(\frac{F_{ax,d}}{R_{ax,d}}\right)^2 + \left(\frac{F_{la,d}}{R_{la,d}}\right)^2 \leq 1 \qquad (15b)$$

für Rillen- und Schraubnägel sowie für Holzschrauben.

5.1.3 Verbindungen mit Stahlblechformteilen

Für die Ausführung von Fachwerkbindern mit Nagelplatten finden sich im NAD einige Hinweise. Danach sind für Herstellung und Montage insbesondere die Bestimmungen der für die jeweilige Nagelplatte erteilten allgemeinen bauaufsichtlichen Zulassung zu beachten.
Für den Grenzzustand der Tragfähigkeit wurden für die Nägel und die Platte in Kapitel 2.2 bereits die entsprechenden Hinweise gegeben.
Für den Grenzzustand der Gebrauchstauglichkeit gelten für die Anfangsverschiebungsmoduln K_{ser} bzw. für die vorgeschriebenen Verschiebungen u_{ser} die Werte der für die jeweilige Nagelplatte erteilten allgemeinen bauaufsichtlichen Zulassung, sofern sich die Zulassung auch auf die Verwendung der Nagelplatte für Holzbauwerke erstreckt, die nach DIN V ENV 1995-1-1 bemessen werden soll.

5.1.4 Verbindungen mit Dübeln besonderer Bauart

Auf Grund der noch laufenden Arbeiten einer Arbeitsgruppe im CEN/TC 124 soll auf die charakteristische Tragfähigkeit von Verbindungen mit Dübeln besonderer Bauart hier nicht näher eingegangen werden. Bis zur endgültigen europäischen Lösung, die in einer europäischen Produktnorm in Verbindung mit einer entsprechenden Ergänzung der ENV 1995-1-1 dargestellt werden wird, findet der Tragwerksplaner im NAD eine vorläufige Regelung. Sie erlaubt es, auch nach dem neuen Bemessungskonzept Dübel besonderer Bauart einzusetzen. Entsprechend den Regelungen zu den geotechnischen und brandschutztechnischen Nachweisen werden die nach DIN V ENV 1995-1-1 ermittelten Bemessungswerte der Schnittgrößen pauschal durch den Teilsicherheitsfaktor 1,4 dividiert, um dann den zulässigen Belastungen im Lastfall H nach DIN 1052 Teil 2 gegenübergestellt zu werden. Für Interessierte finden sich Hinweise zum Stand der Normungsarbeit auf diesem Gebiet z.B. in EHLBECK, LARSEN 1993.

5.1.5 Nachgiebigkeit von Holzverbindungen

5.1.5.1 Allgemeines

Sowohl zur Ermittlung der Beanspruchung nachgiebig miteinander verbundener Bauteile (z.B. Trägerrost) als auch zur Ermittlung von Verformungen nachgiebig zusammengesetzter Bauteile ist die Kenntnis von Rechenwerten der Verschiebungsmoduln erforderlich. Sie ermöglichen dem Tragwerksplaner, die Verformung einer Verbindung bei verschiedenen Lasthöhen zu kalkulieren. Der Verschiebungsmodul nimmt in der Regel jedoch mit ansteigender Last ab. Daher werden vereinfachend in der DIN V ENV 1995-1-1 zwei sich unterscheidende Rechenwerte für Gebrauchstauglichkeits- und Tragfähigkeitsnachweise angegeben:

Der sogenannte „anfängliche" Verschiebungsmodul für Gebrauchstauglichkeitsnachweise wird mit K_{ser} bezeichnet und soll etwa dem Sekantenmodul der Last-Verschiebungs-Kurve bei näherungsweise 40 % der Höchstlast (Tragfähigkeit) der Verbindung entsprechen. Er wird in einem genormten Kurzzeitversuch ermittelt, wobei im unteren Lastbereich (bis zu 40 % der charakteristischen Tragfähigkeit) ein geradliniger Zusammenhang zwischen Last und Verschiebung angenommen wird:

$$K_{ser} = F / u_{inst} \qquad (16)$$

mit
K_{ser} Anfänglicher Verschiebungsmodul
für den Grenzzustand der Gebrauchstauglichkeit in [N/mm]
F Last in [N]
u_{inst} Anfängliche Verschiebung in [mm]

K_{ser} wird deshalb als „anfänglicher" Verschiebungsmodul bezeichnet, da bei längerer Lasteinwirkungsdauer die Verschiebungen infolge des Kriechens zunehmen.

Der „anfängliche" Verschiebungsmodul für Tragfähigkeitsnachweise wird mit K_u bezeichnet und soll etwa dem Sekantenmodul der Last-Verschiebungs-Kurve bei näherungsweise 60 bis 70 % der Höchstlast der Verbindung entsprechen. Als angemessene Vereinfachung für Bemessungsverfahren sieht der DIN V ENV 1995-1-1 vor:

$$K_u = 2 / 3 \cdot K_{ser} \qquad (17)$$

mit
K_u Anfänglicher Verschiebungsmodul
für den Grenzzustand der Tragfähigkeit in [N/mm]

Damit werden die Nachweise für die Grenzzustände der Gebrauchstauglichkeit und für die der Tragfähigkeit auf einen vertretbaren Aufwand reduziert.

5.1.5.2 Rechenwerte für die Verschiebungsmoduln

Die Rechenwerte für die Verschiebungsmoduln hat man unter Abschätzung der Tragfähigkeiten für Nagelverbindungen nach der Johansen-Theorie und den in vielen Versuchen beobachteten Anfangsverschiebungen bei etwa 40 % dieser Tragfähigkeiten entwickelt:

Für die Tragfähigkeit von Nagelverbindungen ist in den meisten Fällen die Gl. 1f maßgebend. Nagelverbindungen mit vorgebohrten Löchern sind wegen der reduzierten Spaltgefahr steifer als solche ohne vorgebohrte Löcher. Dies wird bei der Bemessung durch 50% größere anfängliche Verformungen berücksichtigt. Mit ß = 1, dem Fließmoment $M_{y,k}$ nach Kapitel 2.2 und den Lochleibungfestigkeiten $f_{h,1,k}$ nach Tabelle 5.1.3 für Bauholz und BSH beträgt dann der charakteristischer Wert der Tragfähigkeit für

– Verbindungen mit Vorbohrung der Löcher

$$R_k = \sqrt{0{,}3 \cdot (100\text{-}d) \cdot d^{3,6} \cdot \rho_k} \qquad (18a)$$

mit

$$u_{inst} = 40 \cdot d^{0,8} / \rho_k \qquad (19a)$$

– Nagelverbindungen ohne Vorbohrung

$$R_k = \sqrt{30 \cdot d^{3,3} \cdot \rho_k} \qquad (18b)$$

mit

$$u_{inst} = 60 \cdot d^{0,8} / \rho_k \qquad (19b)$$

wobei
R_k Charakteristischer Wert der Tragfähigkeit in [N]
ρ_k Charakteristische Rohdichte in [kg/m³]

Aus den Gln. 18 und 19 ergibt sich der anfängliche Verschiebungsmodul für den Gebrauchstauglichkeitsnachweis dann zu:

$$K_{ser} = 0{,}4 \cdot R_k / u_{inst} \qquad (16a)$$

Ergänzt durch einige andere Rechenwerte aus Erfahrungen wurden diese Verschiebungsmoduln in der DIN V ENV 1995-1-1 aufgenommen, siehe Tabelle 5.1.10. Sie sind mit hinreichender Genauigkeit geeignet, bei Gebrauchstauglichkeitsnachweisen die anfänglichen Verschiebungen zu berechnen. Dicke Nägel in vorgebohrten Löchern verhalten sich dabei näherungsweise wie dünne Stabdübel, die in eng passende, vorgebohrte Löcher eingetrieben werden. Für Verbindungen mit dünnen Stabdübeln und dicken Nägeln mit Vorbohrung der Hölzer hat man daher gleiche Verschiebungsmoduln empfohlen.
Bei Bolzenverbindungen mit einem Lochspiel bis zu 1 mm kann der anfängliche Verschiebungsmodul abgeschätzt werden zu

$$K_{ser} = 0{,}4 \cdot R_k / (u_{inst} - 1\text{mm}) \qquad (16b)$$

Typ des Verbindungsmittels	Anfänglicher Verschiebungsmodul K_{ser} [N/mm]	Gl.
Stabdübel, Holzschrauben, Nägel mit Vorbohrung	$\rho_k^{1,5} \cdot d / 20$	(20a)
Nägel ohne Vorbohrung	$\rho_k^{1,5} \cdot d^{0,8} / 25$	(20b)
Klammern	$\rho_k^{1,5} \cdot d^{0,8} / 60$	(20c)
mit ρ_k Charakteristische Rohdichte in [kg/m³] d Durchmesser der runden Verbindungsmittels in [mm]		

Tabelle 5.1.10: Rechenwerte für die anfänglichen Verschiebungsmoduln K_{ser} für stiftförmige Verbindungsmittel

Haben die zu verbindenden Teile unterschiedliche charakteristische Rohdichten $\rho_{k,1}$ und $\rho_{k,2}$, so kann der Verschiebungsmodul mit folgender Vergleichsrohdichte berechnet werden:

$$\rho_k = \sqrt{\rho_{k,1} \cdot \rho_{k,2}} \qquad (21)$$

5.1.5.3 Zunahme der Verschiebung unter Zeiteinfluß

Der DIN V ENV 1995-1-1 hat ferner Deformationsfaktoren k_{def} eingeführt, die die zeitabhängigen Verformungszunahmen auf Grund des Kriecheffektes und der Holzfeuchte rechnerisch erfassen sollen. Tabelle 5.1.11 enthält diese Faktoren für Bauteile aus Bauholz, BSH und Bausperrholz sowie für Verbindungen mit diesen Werkstoffen. Für Holzwerkstoffe werden im DIN V ENV 1995-1-1 ebenfalls Rechenwerte für k_{def} angegeben.

Mit diesen Deformationsfaktoren werden die Endverformungen berechnet zu

$$u_{fin} = u_{inst} \cdot (1+k_{def}) \qquad (22a)$$

für Verbindungen ohne Lochspiel bzw. bei Bolzenverbindungen zu

$$u_{fin} = (u_{inst} - 1mm) \cdot (1 + k_{def}) + 1 \text{ mm} \qquad (22b)$$

mit

u_{fin} Endverformung in [mm]

Besteht eine Verbindung aus Teilen mit unterschiedlichen Kriecheigenschaften $k_{def,1}$ und $k_{def,2}$, dann wird empfohlen, die Endverformung abzuschätzen mit

$$u_{fin} = u_{inst} \cdot \sqrt{(1 + k_{def,1}) \cdot (1 + k_{def,2})} \qquad (23a)$$

für Verbindungen ohne Lochspiel bzw. analog bei Bolzenverbindungen mit

$$u_{fin} = (u_{inst} - 1\text{mm}) \cdot \sqrt{(1 + k_{def,1}) \cdot (1 + k_{def,2})} + 1 \text{ mm} \qquad (23b)$$

Besteht eine Lastkombination aus Einwirkungen, die verschiedenen Lasteinwirkungsdauern zugewiesen sind, dann ist der Beitrag jeder Einwirkung an der gesamten Endverformung getrennt zu berechnen und die zu erwartende Endverformung aus der Summation der Einzelanteile abzuschätzen.

Werkstoff Klasse der Last- einwirkungsdauer	Nutzungsklasse		
	1	2	3
Bauholz*), Brettschichtholz			
ständig	0,60	0,80	2,00
lange Zeitdauer	0,50	0,50	1,50
mittlere Zeitdauer	0,25	0,25	0,75
kurze Zeitdauer	0,00	0,00	0,30
Bausperrholz			
ständig	0,80	1,00	2,50
lange Zeitdauer	0,50	0,60	1,80
mittlere Zeitdauer	0,25	0,30	0,90
kurze Zeitdauer	0,00	0,00	0,40

*) Für Bauholz, das mit einer Feuchte im Bereich der Fasersättigung oder mehr eingebaut wird und unter Lasteinwirkung austrocknet, ist der Rechenwert für k_{def} um 1,0 zu erhöhen.

Tabelle 5.1.11: Rechenwerte für die Deformationsfaktoren k_{def} für Bauholz, Brettschichtholz, Bausperrholz und Verbindungen mit diesen Werkstoffen

5.1.6 Zusammenwirken verschiedener Verbindungsmittel

Hinsichtlich der gleichzeitigen Verwendung verschiedener Verbindungsmittel überläßt der DIN V ENV 1995-1-1 dem Anwender einen größeren Spielraum gegenüber den Regelungen der DIN 1052. So ist z.B. ein Zusammenwirken von Bolzenverbindungen mit anderen mechanischen Verbindungsmitteln erlaubt, sofern die unterschiedlichen Nachgiebigkeiten berücksichtigt werden. Leime und mechanische Verbindungsmittel besitzen sehr unterschiedliche Last-Verformungs-Kurven und sollten daher nicht als gleichzeitig wirkend angenommen werden.

Entsprechend der Regelung der DIN 1052 sieht auch der DIN V ENV 1995-1-1 die Möglichkeit einer Rechenvereinfachung vor. Danach sind, falls kein genauerer Nachweis erfolgt, die rechnerischen Bemessungswerte der Tragfähigkeiten der einzelnen Verbindungsmittel um 1/3 abzumindern. Diese Regelung gilt nach DIN V ENV 1995-1-1 auch für die Kombination von Dübeln besonderer Bauart mit Stabdübeln. Für die Kombination von Bolzen mit Nägeln sollte nach BLAß et al. 1992 auf Grund der sehr unterschiedlichen Last-Verformungs-Charakteristiken stets ein genauerer Nachweis geführt werden.

5.1.7 Literatur

DIN 1052 Holzbauwerke
insbes. Teil 1 Berechnung und Ausführung (04/88)
Teil 2 Mechanische Verbindungen (04/88).

DIN 1151 Drahtstifte, rund – Flachkopf, Senkkopf (04/73).

DIN 18800 Stahlbauten
Teil 1 Bemessung und Konstruktion (11/90).

DIN EN 383 Holzbauwerke - Prüfverfahren – Bestimmung der Lochleibungsfestigkeit und Bettungswerte für stiftförmige Verbindungsmittel (10/93).

DIN EN 409 Holzbauwerke - Prüfverfahren – Bestimmung des Fließmoments von stiftförmigen Verbindungsmitteln - Nägel (10/93).

DIN V ENV 1995 EUROCODE 5 – Entwurf, Berechnung und Bemessung von Holztragwerken, Teil 1.1 Allgemeine Bemessungsregeln, Bemessungsregeln für den Hochbau (06/94), Nachdruck in bauen mit holz 1994, H. 12 und 1995, H. 1,2.

prEN 1995 EUROCODE 5 – Entwurf, Berechnung und Bemessung von Holztragwerken
Teil 1.2 Allgemeine Bemessungsregeln, Bemessung unter Brandeinwirkung (E 11/94).
Teil 2 Bemessungsregeln für den Brückenbau (z.Zt. in Bearbeitung).

BLAß, H. J.; EHLBECK, J.; WERNER, H. 1992: Grundlagen der Bemessung von Holzbauwerken nach dem EUROCODE 5 Teil 1 - Vergleich mit DIN 1052. In: Betonkalender Teil II, Verlag Ernst & Sohn, Berlin.
Vorsicht !! Regelungen zwischenzeitlich teilweise überholt !!

BLAß, H.J.; GÖRLACHER, R.; STECK, G. 1995: Holzbauwerke, STEP 1: Bemessung und Baustoffe nach Eurocode 5, Fachverlag Holz der ARGE Holz e.V., Düsseldorf (Hrsg.), ISSN-Nr. 0446-2114.

EHLBECK, J. 1976: Versuche mit Sondernägeln für den Holzbau. In: Holz als Roh- und Werkstoff, H. 7, S. 205 - 211.

EHLBECK, J.; BELCHIOR-GASPARD, P.; GEROLD, M. 1992: Eingeleimte Gewindestangen unter Axialbelastung bei Übertragung von großen Kräften und bei Aufnahme von Querzugkräften in Biegeträgern. Teil 2: Einfluß von Klimaeinwirkung und Langzeitbelastung. Forschungsbericht: Versuchsanstalt für Stahl, Holz und Steine, Abt. Ingenieurholzbau, Universität Karlsruhe.

EHLBECK, J.; GEROLD, M. 1989: End-Grain Connections with laterally loaded Steel Bolts – A draft proposal for design rules in the CIB-Code. Proceedings CIB-W 18 A, Paper 22-7-1, Berlin.

EHLBECK, J.; GÖRLACHER, R.; WERNER, H. 1991: Empfehlung zum einheitlichen genaueren Querzugnachweis für Anschlüße mit mechanischen Verbindungsmitteln. In: bauen mit holz, H. 11, S. 825-828.

EHLBECK, J.; LARSEN, H.J. 1993: Grundlagen der Bemessung von Verbindungen im Holzbau. In: bauen mit holz, H.10, S. 821-840.

EHLBECK, J.; WERNER, H. 1988: Untersuchungen über die Tragfähigkeit von Stabdübelverbindungen. In: Holz als Roh- und Werkstoff 46, S. 281-288.

EHLBECK, J.; WERNER, H. 1991: Tragende Holzverbindungen mit Stabdübeln. In: bauen mit holz, H. 6, S. 443-446.

EHLBECK, J.; WERNER, H. 1992: Softwood and hardwood embedding strength for dowel-type fasteners. Proceedings CIB-W 18 A, Paper 25-7-2, Ahus, Schweden.

GEROLD, M. 1989: Zur Berechnung und Konstruktion von Glockenstühlen. In: bauen mit holz, H. 4, S. 232-234.

GEROLD, M. 1992: Verbund von Holz und Gewindestangen aus Stahl. In: Bautechnik, H.4, S. 167-178 und H.12, S. 725.

GEROLD, M. 1993: Anwendung von in Holz eingebrachten, in Schaftrichtung beanspruchten Gewindestangen aus Stahl. In: Bautechnik, H. 10, S. 603-613.

GEROLD, M. 1994: Das neue Bemessungskonzept. In: Bemessung von Holzbauwerken nach EUROCODE 5. Technische Akademie Eßlingen (Hrsg.).

GEROLD, M. 1995: Werkstoffeigenschaften - Verbindungsmittel. In: Bemessung von Holzbauwerken nach EUROCODE 5. Technische Akademie Eßlingen (Hrsg.).

JOHANSEN, K. W. 1949: Theory of timber connections. In: International Association for Bridge and Structural Engineering (IABSE) Vol. 9, S. 249–262.

MÖHLER, K.; MAIER, G. 1973: Untersuchungen über das Dauerschwingverhalten von Holzverbindungen. Forschungsbericht der Versuchsanstalt für Stahl, Holz und Steine, Abt.: Ingenieur-Holzbau, Universität Karlsruhe.

MOELLER, T. 1950: En ny metod för beräkning av spikförband. Chalmers Tekniska Hoegskola Handlingar, No. 117, Goeteborg, Schweden.

MEYER, A. 1957: Die Tragfähigkeit von Nagelverbindungen bei statischer Belastung. In: Holz als Roh- und Werkstoff 15, S. 96–109.

NAD Nationales Anwendungsdokument. Richtlinie zur Anwendung von DINV ENV 1995 Teil 1-1 (02/95) DIN, DGfH (Hrsg.), Beuth Verlag GmbH, Berlin.

WERNER, H. 1993: Tragfähigkeit von Holz-Verbindungen mit stiftförmigen Verbindungsmitteln unter Berücksichtigung streuender Einflußgrößen. Dissertation Universität Karlsruhe.

WERNER, H. 1992: Bemessung von Verbindungen nach Entwurf EUROCODE 5. In: Der Holzbau und die europäische Normung, Ingenieurtagung Friedrichshafen, Arge Holz, Düsseldorf (Hrsg.).

WHALE, L.R.J.; SMITH, I. 1985: Mechanical joints in structural timberwork. Timber Research and Development Association (TRADA) Bericht Nr. 17/86, High Wycombe, UK.

5.2 Beispiele

M. Derix

5.2.1 Bemessung eines Knotenpunktes eines Fachwerkbinders mit eingeschlitztem Knotenblech und Stabdübeln

5.2.1.1 Berechnung nach ENV 19991-1

5.2.1.1.1 Bauteilbeschreibung

Der Knotenpunkt eines Fachwerkträgers einer Schwimmhalle mit einer Spannweite von ca. 32 m soll bemessen werden. Die Diagonalen und der Gurt haben eine Breite von 22 cm und werden über ein Knotenblech mit Stabdübel Ø 24 verbunden.

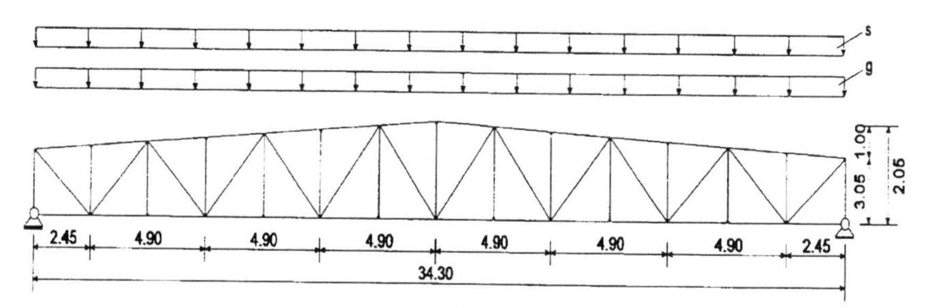

Bild 5.2.1: Statisches System

5.2.1 1.2 System und Stabkräfte

Diagonalstab $D_{29} = -303$ kN
Diagonalstab $D_{30} = 325$ kN

Resultierende Kräfte im Untergurt:

$U_H = 303 \cdot \cos 40° + 325 \cdot \cos 36,7° = 492,6$ kN
$U_v = 303 \cdot \sin 40° + 325 \cdot \sin 36,7° = 0,54 \text{ kN} \approx 0$ kN

5.2.1.1.3 Einwirkungen

Es wird von 50 % ständigen und 50 % veränderlichen Lasten ausgegangen.

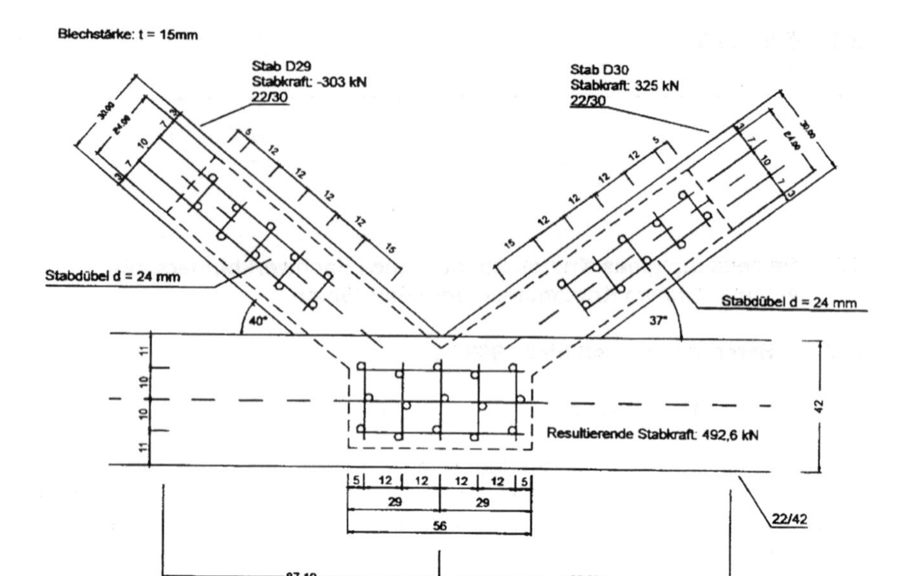

Bild 5.2.2: Knotengeometrie

5.2.1.1.4 Bemessungswerte der Beanspruchungen

$\gamma_G = 1{,}35$
$\gamma_Q = 1{,}50$ für veränderliche Einwirkungen s. DIN V ENV 1995-1-1 Tab. 2.3.3.1

$D_{29} = -431{,}8$ kN
$D_{30} = -463{,}1$ kN
$U_H = 702{,}1$ kN

5.2.1.1.5 Baustoffeigenschaften

Für die nachfolgende Bemessung wurde die Festigkeitsklasse Gl 24 gewählt. Festigkeits- und Steifigkeitswerte aus prEN 1194 Tab. 1; für Stahl aus DIN 18800 T.1 bzw. aus dem NAD.

Charakteristische Werte der Baustoffeigenschaften

Berechnungsannahmen:

Klasse der Lasteinwirkungsdauer: mittel; Nutzungsklasse 1
Eine veränderliche Einwirkung aus Schnee ⇒ $k_{mod} = 0{,}9$

Werkstoffe:

Stabdübel: Ø 24 aus S 235

$\gamma = 1{,}1$ s. DIN V ENV 1995-1-1 Tab. 2.3.3

$f_{u,k} = 360$ N/mm²

Fachwerk: Brettschichtholz GL 24

$\rho_{g,k} = 380$ kg/m³

Stabdübelabstände:

$a_1 = 5 \cdot d = 120$ mm $< 7 \cdot d$ s. DIN V ENV 1995-1-1 Tab. 6.6 a und Fußnote

$\Rightarrow f_{h,0,k}$ muß abgemindert werden

$a_2 = 100$ mm $> 3 \cdot d = 72$ mm

$a_{3,t} = 150$ mm $< 7 \cdot d = 168$ mm; > 80 mm $\Rightarrow a_{3,t}$ muß auf 170 mm vergrößert werden

Bemessungswerte der Baustoffeigenschaften

Fließmoment:

$$M_{y,d} = 0{,}8 \cdot f_{u,k} \cdot d^3 / (6 \cdot \gamma_M)$$

s. DIN V ENV 1995-1-1 Gl (6.5.1.2e)

$$= 0{,}8 \cdot 360 \cdot 24^3 / (6 \cdot 1{,}1) = 603.229 \, \text{Nmm}$$

Lochleibungsfestigkeit für Belastung in Faserrichtung:

$$f_{h,1,d} = 0{,}082 \cdot (1 - 0{,}01 \cdot d) \cdot \rho_k \cdot \sqrt{\frac{a_1}{7 \cdot d}} \cdot \frac{k_{mod}}{\gamma_M} = 13{,}86 \, \text{N/mm}^2$$

s. DIN V ENV Gl (6.5.1.2b)

Bemessungswert der Tragfähigkeit eines Verbindungsmittels pro Scherfläche einer zweischnittigen Stahl-Holz-Verbindung:

Seitenholzdicke: $t_1 = 100$ mm

$$R_d = \min \begin{cases} f_{h,1,d} \cdot t_1 \cdot d & = 33.255 \, \text{N} \\ 1{,}1 \cdot f_{h,1,d} \cdot t_1 \cdot d \cdot \left[\sqrt{2 + \dfrac{4 \cdot M_{y,d}}{f_{h,1,d} \cdot d \cdot t_1^2}} - 1 \right] & = 23.811 \, \text{N} \\ 1{,}5 \cdot \sqrt{2 \cdot M_{y,d} \cdot f_{h,1,d} \cdot d} & = 30.045 \, \text{N} \end{cases}$$

s. DIN V ENV Gl (6.2.2 e-g)

Für zwei Scherflächen ergibt sich somit der Bemessungswert eines Stabdübels:

$2 \cdot R_d = 2 \cdot 23811 = 47622\text{N} = 47{,}6$ kN

Unter der Annahme gleichmäßig verteilter Einwirkungen ergibt sich eine zur DIN 1052 vergleichbare Stabdübelkraft:

$N_{vergleich} = 47{,}6 / 1{,}43 = 33{,}3$ kN

In den nachfolgenden Tabellen sind die Ergebnisse dieser Rechnung für Stabdübel Ø 12, 16 und 24, Stahl S235 und S355 und für die Rohdichten des Holzes von $\rho_{g,k} = 380$ kg / m³ für Gl 24 bzw. $\rho_{g,k} = 410$ kg / m³ für Gl 28 dargestellt.
Es wird immer von einer konstanten Seitenholzdicke von $t_1 = 100$ mm ausgegangen. Der Abstand a_2 (Stabdübelabstand untereinander ⊥ zur Faser) beträgt nach DIN V ENV 1995 und DIN 1052 3d.

5.2.1.2 Berechnung nach DIN 1052

5.2.1.2.1 Bauteilbeschreibung, System und Stabkräfte

wie bei der Berechnung nach DIN V ENV 1995-1-1

5.2.1.2.2 Ermittlung der zulässigen Stabdübelkräfte

$$\text{zul } N_{St} = \min.\begin{cases} 2 \cdot \text{zul}\,\sigma_l \cdot a \cdot d_{St} \cdot 1{,}25 & \text{s. DIN1052 T.2, Abs. 5.8} \quad (3) \\ 2 \cdot B \cdot d_{St}^2 \cdot 1{,}25 & \text{s. DIN 1052 T.2, Abs. 5.8} \quad (4) \end{cases}$$

Für Stabdübel Ø 12, 16 und 24 sind diese Formeln in den nachfolgenden Tabellen ausgewertet und den Ergebnissen der Berechnung nach DIN V ENV 1995-1-1 gegenübergestellt.

Tabelle 5.2.1: Ergebnisse der Vergleichsrechnung der Stabdübelbelastung nach ENV 1995-1-1 und DIN 1052

Stabdübel ∅ 12			Bemessung nach ENV 1995 -1-1							
Zeile/ Spalte	1	2	3	4	5	6	7	8	9	10
1	Stabdübelabstände	mm	**a_1= 84 mm ("Mindestabstand" nach ENV 1995)**				**a_1= 60 mm (Mindestabstand nach DIN 1052)**			
2	Festigkeitsklasse		**GL 24**		**GL 28**		**GL 24**		**GL 28**	
3	Stahlsorte der Stabdübel		**S235**	**S355**	**S235**	**S355**	**S235**	**S355**	**S235**	**S355**
4	Lochleibungsfestigkeit $f_{h,1,d}$	N/mm²	19,0	19,0	20,5	20,5	16,0	16,0	17,3	17,3
5	2 • min R_d	KN	17,6	20,9	18,3	21,7	16,2	19,2	16,8	20,0
6	Versagensart		g	g	g	g	g	g	g	g
7	vergleichbare Belastung	KN	**12,3**	**14,6**	**12,8**	**15,2**	**11,3**	**13,5**	**11,7**	**14,0**
8	erf. n für Diagonale D_{29}	Stk.	25	21	24	20	27	23	26	22
9	erf. n für Diagonale D_{30}	Stk.	27	22	26	22	29	24	28	24
10	erf. n für Untergurt	Stk.	40	34	39	33	44	37	42	35
11	vergl. Belastung/Fläche	N/mm²	4,07	4,84	4,22	5,03	5,23	6,23	5,44	6,47
	Bemessung nach DIN 1052									
12	Stabdübelmindestabstand	mm	60/36							
13	Festigkeitsklasse		GK I oder GK II							
14	Stahlsorte der Stabdübel		St 37 - 2							
15	zul σ_l	N/mm²	5,5							
16	zul N_{st}	KN	**11,88**							
17	erf. n für Diagonale D_{29}	Stk.	26							
18	erf. n für Diagonale D_{30}	Stk.	28							
19	erf. n für Untergurt	Stk.	42							
20	vergl. Belastung/Fläche	N/mm²	5,50							
	Prozentuale Abweichung ENV 1995 -1-1 zu DIN 1052									
21	pro Anschlußfläche ([11]-[20])/[20]	%	**-26,0**	**-12,0**	**-23,3**	**-8,5**	**-4,9**	**13,3**	**-1,1**	+17,6
22	pro Stabdübel ([7]-[16])/[16]	%	+3,	**+23,3**	+7,5	+27,9	-4,9	+13,2	-1,2	+17,8

Tabelle 5.2.2: Ergebnisse der Vergleichsrechnung der Stabdübelbelastung nach ENV 1995-1-1 und DIN 1052

Stabdübel ∅ 16			**Bemessung nach ENV 1995 -1-1**							
Zeile/ Spalte	1	2	3	4	5	6	7	8	9	10
1	Stabdübelabstände	mm	**a_1= 112 mm ("Mindestabstand" nach ENV 1995)**				**a_1= 80 mm (Mindestabstand nach DIN 1052)**			
2	Festigkeitsklasse		**GL 24**		**GL 28**		**GL 24**		**GL 28**	
3	Stahlsorte der Stabdübel		**S235**	**S355**	**S235**	**S355**	**S235**	**S355**	**S235**	**S355**
4	Lochleibungsfestigkeit $f_{h,1,d}$	N/mm²	18,1	18,1	19,6	19,6	15,3	15,3	16,5	16,5
5	2 • min R_d	KN	30,5	34,0	31,7	36,1	27,7	29,8	29,2	31,6
6	Versagensart		g	g	g	g	g	g	g	g
7	vergleichbare Belastung	KN	**21,4**	**23,8**	**22,1**	**25,2**	**19,4**	**20,9**	**20,4**	**22,1**
8	erf. n für Diagonale D_{29}	Stk.	15	13	14	12	16	15	15	14
9	erf. n für Diagonale D_{30}	Stk.	15	14	15	13	17	16	16	15
10	erf. n für Untergurt	Stk.	23	21	23	20	26	24	24	23
11	vergl. Belastung/Fläche	N/mm²	3,97	4,42	4,13	4,69	5,04	5,43	5,31	5,76
			Bemessung nach DIN 1052							
12	Stabdübelmindestabstand	mm	80/48							
13	Festigkeitsklasse		GK I oder GK II							
14	Stahlsorte der Stabdübel		St 37 - 2							
15	zul σ_1	N/mm²	5,5							
16	zul N_{st}	KN	**21,12**							
17	erf. n für Diagonale D_{29}	Stk.	15							
18	erf. n für Diagonale D_{30}	Stk.	16							
19	erf. n für Untergurt	Stk.	24							
20	vergl. Belastung/Fläche	N/mm²	5,50							
			Prozentuale Abweichung ENV 1995 -1-1 zu DIN 1052							
21	pro Anschlußfläche [illegible]	%	**-27,8**	**-19,6**	**-25,0**	**+ 14,6**	**-8,3**	**-1,2**	**-3,4**	**+4,7**
22	pro Stabdübel [illegible]	%	**+1,1**	**+12,5**	**5**	**-19,6**	**-8,3**	**-1,2**	**-3,4**	**+4,7**

Tabelle 5.2.3: Ergebnisse der Vergleichsrechnung der Stabdübelbelastung nach ENV 1995-1-1 und DIN 1052

Stabdübel ∅ 24			**Bemessung nach ENV 1995 -1-1**							
Zeile/ Spalte	1	2	3	4	5	6	7	8	9	10
1	Stabdübelabstände	mm	**a_1= 168 mm ("Mindestabstand" nach ENV 1995)**				**a_1= 120 mm (Mindestabstand nach DIN 1052)**			
2	Festigkeitsklasse		**GL 24**		**GL 28**		**GL 24**		**GL 28**	
3	Stahlsorte der Stabdübel		**S235**	**S355**	**S235**	**S355**	**S235**	**S355**	**S235**	**S355**
4	Lochleibungsfestigkeit $f_{h,1,d}$	N/mm²	16,4	16,4	17,7	17,7	13,9	13,9	15,0	15,0
5	2 • min R_d	KN	53,4	60,1	56,3	63,0	47,6	54,1	50,1	56,7
6	Versagensart		f	f	f	f	f	f	f	f
7	vergleichbare Belastung	KN	**37,3**	**42,0**	**39,4**	**44,1**	**33,3**	**37,9**	**35,0**	**39,7**
8	erf. n für Diagonale D_{29}	Stk.	9	8	8	8	9	8	9	8
9	erf. n für Diagonale D_{30}	Stk.	13	9	9	8	10	9	10	9
10	erf. n für Untergurt	Stk.	19	14	13	12	15	13	14	13
11	vergl. Belastung/Fläche	N/mm²	3,09	3,47	3,25	3,64	3,85	4,38	4,06	4,59
	Bemessung nach DIN 1052									
12	Stabdübelmindestabstand	mm	120/72							
13	Festigkeitsklasse		GK I oder GK II							
14	Stahlsorte der Stabdübel		St 37 - 2							
15	B	N/mm²	33							
16	zul N_{St}	KN	**33,00**							
17	erf. n für Diagonale D_{29}	Stk.	10							
18	erf. n für Diagonale D_{30}	Stk.	10							
19	erf. n für Untergurt	Stk.	15							
20	vergl. Belastung/Fläche	N/mm²	3,82							
	Prozentuale Abweichung ENV 1995 zu DIN 1052									
21	pro Anschlußfläche ([11]-[20])/[20]	%	**-19,1**	-9,2	-14,9	-4,7	+0,8	+14,7	+6,3	+20,2
22	pro Stabdübel ([7]-[16])/[16]	%	+13,.	+27,3	+19,4	+33,6	+0,9	+14,9	+6,06	+20,3

5.2.2 Bemessung eines Knotenpunktes eines Fachwerkbinders

5.2.2.1 Berechnung nach ENV 1995-1-1

5.2.2.1.1 Bauteilbeschreibung

In diesem Beispiel werden die Druckkräfte der Fachwerkdiagonalen über Druckkontakt bzw. über eine genagelte Knagge und die Zugkräfte über eine zweischnittige Holz-Holz-Stabdübelverbindung weitergeleitet.

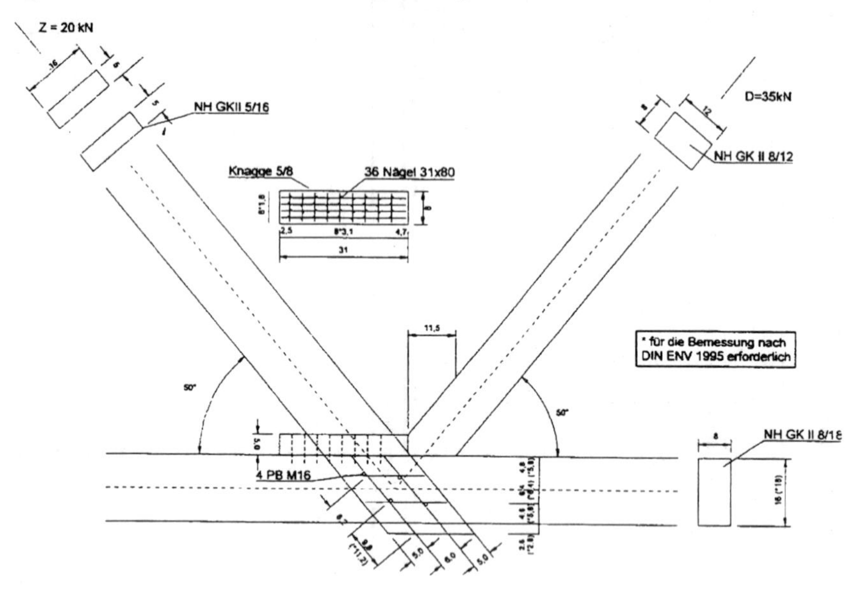

Bild 5.2.3: Knotengeometrie

5.2.2.1.2 System und Stabkräfte

Druckstab Z = 20 kN
Zugstab D = 35 kN

5.2.2.1.3 Einwirkungen

Die Belastung setzt sich zu 40 % aus EG und zu 60 % aus Schnee zusammen.

5.2.2.1.4 Bemessungswerte der Beanspruchungen

γ_G = 1,35
γ_Q = 1,50 für veränderliche Einwirkungen — s. DIN V ENV 1995-1-1 Tab. 2.3.3.1

$$\sum \gamma_{G,j} \cdot G_{k,j} + \gamma_{Q,1} \cdot Q_{k,1} + \sum_{i>1} \gamma_{Q,i} \cdot \psi_{0,i} \cdot Q_{k,i}$$

s. DIN V ENV 1995-1-1
Gl. (2.3.2.2a)

D = 0,4 · 20 · 1,35 + 0,6 · 20 · 1,5 = 28,8 kN
Z = 0,4 · 35 · 1,35 + 0,6 · 35 · 1,5 = 50,4 kN

5.2.2.1.5 Baustoffeigenschaften

Für die nachfolgende Bemessung wurde die Festigkeitsklasse C 24 gewählt. Festigkeits- und Steifigkeitswerte aus prEN 1194 Tab. 1; für Stahl aus DIN 18800 T. 1.

5.2.2.1.6 Bemessung

Berechnungsannahmen:
Klasse der Lasteinwirkungsdauer: mittel; Nutzungsklasse 1
Eine veränderliche Einwirkung aus Schnee ⇒ $k_{mod} = 0,9$

Werkstoffe:

Paßbolzen: Ø 16 aus S235
$\gamma = 1,1$ — DIN V ENV 1995-1-1; Tab. 2.3.3.2
$f_{u,k} = 360\ N/mm^2$

Fachwerk: Nadelholz C 24
$f_{c,90,k} = 5,70\ MN/m^2$
$\rho_{g,k} = 380\ kg/m^3$

Nachweis des Knaggenanschlußes

Horizontale Fuge Diagonale-Untergurt

$$l = \frac{12}{\sin 50°} - 5 \cdot \cot 50° = 11,5\ cm$$

$$A = 11,5 \cdot 8 = 91,8\ cm^2$$

$$\sigma_{c,90,d} \leq k_{c,90,d} \cdot f_{c,90,d}$$

$$\sigma_{c,90,d} = \frac{D \cdot \sin 50°}{A} = 2,403\ MN/m^2$$

$$f_{c,90,d} = \frac{k_{mod} \cdot f_{c,90,k}}{\gamma_M} = 3,946\ MN/m^2$$

$$k_{c,90,d} = 1 + \frac{150 - l}{170} \quad \text{für } 150mm \geq l \geq 15mm$$

$$k_{c,90,d} = 1 + \frac{150 - 115}{170} = 1,206$$

mit l = Aufstandslänge der Diagonalen auf dem Untergurt

$$\Rightarrow \frac{\sigma_{c,90,d}}{k_{c,90cd} \cdot f_{c,90,d}} = \frac{2{,}403}{1{,}206 \cdot 3{,}946} = 0{,}51 < 1{,}0$$

Vertikale Fuge Diagonale-Knagge

$$\sigma_{c,\alpha,d} \le \frac{f_{c,0,d}}{\frac{f_{c,0,d}}{f_{c,90,d}} \cdot \sin^2\alpha + \cos^2\alpha}$$

s. DIN V ENV Gl. (5.1.5b)

$$\sigma_{c,50°,d} = \frac{D \cdot \sin 50°}{A} = 5{,}516 \text{ MN/m}^2$$

$$f_{c,0,d} = \frac{k_{mod} \cdot f_{c,0,k}}{\gamma_M} = 14{,}538 \text{ MN/m}^2$$

$$f_{c,0,d} = 3{,}946 \text{ MN/m}^2 \Rightarrow \frac{\sigma_{c,50°,d}}{f_{c,0,d}} \cdot \left(\frac{f_{c,0,d}}{f_{c,90,d}} \cdot \sin^2 50° + \cos^2 50°\right) = 0{,}98 \le 1{,}0$$

Nägel

gewählt: 36 Nägel 31x80

Fließmoment:

$$M_{y,k} = 180 \cdot d^{2,6} = 3.410 \text{ Nmm}$$

s. DIN V ENV Gl. (6.3.1.2c)

$$M_{y,d} = \frac{M_{y,k}}{\gamma_M} = 3.100 \text{ Nmm}$$

mit: $\gamma_M = 1{,}1$ für Stahl

s. DIN V ENV Tab. (2.3.3.2)

Lochleibungsfestigkeit:

$$f_{h,1,d} = f_{h,2,d} = \frac{k_{mod}}{\gamma_M} \cdot 0{,}082 \cdot \rho_k \cdot d^{-0,3} = 15{,}363 \text{ N/mm}^2$$

s. DIN V ENV Gl. (6.3.1.2a)

mit: $\rho_k = 380 \text{ kg/m}^3$; $k_{mod} = 0{,}9$; $\gamma_M = 1{,}3$

Angaben zur Geometrie des Anschlußes

$\beta = f_{h,1,d} / f_{h,2,d} =$ $t_1 = 50$ mm
$d = 3{,}1$ mm $t_2 = 30$ mm

Bemessungswert der Tragfähigkeit eines Nagels auf Abscheren nach DIN V ENV 1995-1-1 Gl. (6.2.1a) – (6.2.1f):

$$R_d = \min\begin{cases} f_{h,1,d} \cdot t_1 \cdot d & = 2.381\ N \\ f_{h,2,d} \cdot t_2 \cdot d \cdot \beta = 1429N & = 1.429\ N \\ \dfrac{f_{h,1,d} \cdot t_1 \cdot d}{1+\beta} \cdot \left[\sqrt{\beta + 2 \cdot \beta^2 \left[1 + \dfrac{t_2}{t_1} + \left(\dfrac{t_2}{t_1}\right)^2\right] + \beta^3 \cdot \left(\dfrac{t_2}{t_1}\right)^2} - \beta \cdot \left(1 + \dfrac{t_2}{t_1}\right)\right] & = 831\ N \\ 1{,}1 \cdot \dfrac{f_{h,1,d} \cdot t_1 \cdot d}{2+\beta} \cdot \left[\sqrt{2 \cdot \beta \cdot (1+\beta) + \dfrac{4 \cdot \beta \cdot (2+\beta) \cdot M_{y,d}}{f_{h,1,d} \cdot d \cdot t_1^2}} - \beta\right] & = 940\ N \\ 1{,}1 \cdot \dfrac{f_{h,1,d} \cdot t_2 \cdot d}{1+2 \cdot \beta} \cdot \left[\sqrt{2 \cdot \beta^2 \cdot (1+\beta) + \dfrac{4 \cdot \beta \cdot (1+2 \cdot \beta) \cdot M_{y,d}}{f_{h,1,d} \cdot d \cdot t_2^2}} - \beta\right] & = 632\ N \\ 1{,}1 \cdot \sqrt{\dfrac{2 \cdot \beta}{1+\beta}} \cdot \sqrt{2 \cdot M_{y,d} \cdot f_{h,1,d} \cdot d} & = 598\ N \end{cases}$$

$\rightarrow R_d = 598$ N pro Scherfläche

$$\frac{D \cdot \sin 50°}{n \cdot R_d} = 1{,}02 \approx 1{,}0$$

Erforderliche Mindestholzdicke nach DIN V ENV 1995-1-1, Abs. 6.3.1.2, Gl. (11)

$$\text{vorh } t = 50\ mm \leq 22\ mm = \max\begin{cases} 7 \cdot d & = 22\ mm \\ (13 \cdot d - 30) \cdot \dfrac{\rho_k}{400} & = 10\ mm \end{cases}$$

s.EC5 Gl.(6.3.1.2e) u. (6.3 1.2f)

Erforderliche Mindesteinschlagtiefe für glattschaftige Nägel nach DIN V ENV 1995-1-1, Abs. 6.3.1.2, Gl. (4)

erf s = 8 · d = 25 mm ≤ vorh. s = 30 mm

Mindestnagelabstände (für d ≤ 5 mm; $\rho_k \leq 420$ kg/m³ und nicht vorgebohrte Nagellöcher)

Nagelabstände		ENV 1995-1-1	DIN 1052
untereinander	‖ der Faserrichtung a_1	10 · d = 3,1 cm	10 · d = 3,1 cm
untereinander	⊥ zur Faserrichtung a_2	5 · d = 1,6 cm	5 · d = 1,6 cm
vom beanspruchten Rand	⊥ zur Faserrichtung a_4	5 · d = 1,6 cm	7 · d = 2,2 cm
vom unbeanspruchten Rand	‖ zur Faserrichtung $a_{3,c}$	10 · d = 3,1 cm	7 · d = 2,2 cm

Nachweis der Paßbolzenverbindung

gewählt: 4 Paßbolzen M16

Bemessungswert der Baustoffeigenschaften

Fließmoment:

$M_{y,d} = 0{,}8 \cdot f_{u,k} \cdot d^3 / (6 \cdot \gamma_M$ s. DIN V ENV 1995-1-1 Gl. (6.5.1.2e)

$= 198.594\,\text{Nmm}$

Lochleibungsfestigkeit für Belastung in Faserrichtung:

$$f_{h,0,d} = 0{,}082 \cdot (1 - 0{,}01 \cdot d) \cdot \rho_k \cdot \sqrt{\frac{a_1}{7 \cdot d}} \cdot \frac{k_{mod.}}{\gamma_M} = 18{,}12\,\text{N/mm}^2$$

s. DIN V ENV Gl. (6.5.1.2e)

Für Paßbolzenabstände parallel zur Faser $4 \cdot d \le a_1 < (3 + 4\,|\cos\alpha|) \cdot d$ muß $f_{h,0,k}$

$\sqrt{a_1 / (3 + 4 \cdot |\cos\alpha|) \cdot d}$ abgemindert werden :

Seitenhölzer $\alpha = 0°$:

$\text{vorh. } a_1 = 8{,}4\text{ cm} \quad \ge 4 \cdot d = 6{,}4\text{ cm}$

$\le 7 \cdot d = 11{,}2\text{ cm}$

$$\Rightarrow f_{h,1,d} = \sqrt{\frac{8{,}4}{11{,}2}} \cdot f_{h,0,k} = 15{,}59\ \text{N/mm}^2$$

Mittelholz ($\alpha = 50°$)

$$\text{vorh. } a_1 = \frac{6}{\sin 50°} = 7{,}8\text{ cm} \qquad \ge 4 \cdot d = 6{,}4\text{ cm}$$

$$\le (3 + 4 \cdot \cos 50°) \cdot 1{,}3 = 8{,}9\text{ cm}$$

$$\Rightarrow f_{h,1,d} = \sqrt{\frac{7{,}8}{8{,}9}} \cdot \frac{f_{h,0,k}}{(k_{90} \cdot \sin^2\alpha + \cos^2\alpha)} = 12{,}59\ \text{N/mm}^2$$

mit $k_{90} = 1{,}35 + 0{,}015 \cdot d = 1{,}59$

Angaben zur Geometrie:

$ß = f_{h,2,d} / f_{h,1,d} = 0{,}926$

$d = 16$ mm

$t_1 = 50$ mm

$t_2 = 80$ mm

$$R_d = \min.\begin{cases} f_{h,0,d} \cdot t_1 \cdot d & = 10.073\ N \\ 0{,}5 \cdot f_{h,0,d} \cdot t_2 \cdot d \cdot \beta & = 7.466\ N \\ 1{,}1 \cdot \dfrac{f_{h,1,d} \cdot t_1 \cdot d}{2+\beta} \cdot \left[\sqrt{2 \cdot \beta \cdot (1+\beta) + \dfrac{4 \cdot \beta \cdot (2+\beta) \cdot M_{y,d}}{f_{h,1,d} \cdot d \cdot t_1^{\,2}}} - \beta\right] & = 7.059\ N \\ 1{,}1 \cdot \sqrt{\dfrac{2 \cdot \beta}{1+\beta}} \cdot \sqrt{2 \cdot M_{y,d} \cdot f_{h,1,d} \cdot d} & = 9.650\ N \end{cases}$$

→ $R_d = 7{,}056$ N (pro Scherfäche)

$$\frac{Z}{2 \cdot n \cdot R_d} = 0{,}89 < 1{,}0$$

Stabdübelabstände:

Abstand	DIN ENV 1995-1-1	DIN 1052
untereinander ‖ der Faserrichtung a_1	s.o.	$5 \cdot d = 8{,}0$ cm
untereinander ⊥ zur Faserrichtung a_2	$a_2 = 3 \cdot d = 4{,}8$ cm	$3 \cdot d = 4{,}8$ cm
vom beanspruchten Rand ⊥ zur Faser-richtung $a_{3,t}$	$a_{3,t} = 7 \cdot d = 11{,}2$ cm	$3 \cdot d = 4{,}8$ cm
vom beanspruchten Rand unter einem Winkel zur Faser-richtung $a_{4,t}$	$a_{4,t} = \max.\begin{cases}(2+2\cdot\sin\alpha)\cdot d = 5{,}7\ cm \\ 3 \cdot d = 4{,}8\ cm\end{cases}$ $= 5{,}8$ cm	$3 \cdot d + \frac{90-\alpha}{90} \cdot 3 \cdot d = 6{,}9$ cm
vom unbeanspruchten Rand $a_{3,c}$	$a_{3,c} = 3 \cdot d = 4{,}8$ cm	$3 \cdot d = 4{,}8$ cm

5.2.2.2 Berechnung nach DIN 1052

5.2.2.2.1 Bauteilbeschreibung, System und Stabkräfte

wie bei der Berechnung nach ENV 1995-1-1

5.2.2.2.2 Materialien

Nadelholz GKII

Stabdübel St 37-2

Der Knoten liegt im inneren einer Halle ⇒ Gleichgewichtsfeuchte

Nachweis des Knaggenanschlußes

Horizontale Fuge Diagonale-Untergurt

$A = 91{,}8\ cm^2$

$$\frac{\dfrac{D \cdot \sin 50°}{A}}{k_{d\perp} \cdot zul\,\sigma_{D\perp}} = 0{,}79 < 1{,}0$$

$$\text{mit } k_{d\perp} = \sqrt[4]{\frac{150}{1}} = 1{,}07$$

Vertikale Fuge Diagonale-Knagge

$$A = 5 \cdot 8 = 40\,cm^2$$

$$zul.\ \sigma_{D,50°} = 0{,}85 \cdot (0{,}85 - 0{,}2) \cdot \sin 50° = 0{,}352\,kN/cm^2$$

$$\frac{\dfrac{D \cdot \cos 50°}{A}}{zul.\ \sigma_{D,50°}} = 0{,}92 < 1{,}0$$

Nagelung

<u>gewählt:</u> 36 Nä. 31x80 mit zul. N_l = 365 N

$$\frac{D \cdot \cos 50°}{n \cdot zul\,N_l} = 0{,}98 < 1{,}0$$

Nachweis des Paßbolzenanschlußes

Seitenhölzer

$$zul.N_{PB} = min.\begin{cases} 2 \cdot zul.\sigma_l \cdot a \cdot d_{PB} & = 8.800\,N \\ 2 \cdot B \cdot d_{PB}^2 & = 16.896\,N \end{cases}$$

$$= 8.800\,N$$

Mittelhölzer

$$zul.N_{PB} = \left(1 - \frac{\alpha}{360°}\right) \cdot min.\begin{cases} zul.\sigma_l \cdot a \cdot d_{PB} & = 9.369\,N \\ B \cdot d_{PB}^2 & = 11.243\,N \end{cases}$$

$$= 9.369\,N$$

$$\frac{Z}{n \cdot zul.N_{PB}} = \frac{35}{4 \cdot 8{,}8} = 0{,}99 \leq 1$$

Vergleich der Ergebnisse

Der Knotenpunkt kann mit einigen geometrischen Änderungen gegenüber der Berechnung nach DIN 1052 bemessen werden.

- Der Randabstand der Nägel in der Knagge am unbelasteten Rand muß von 7 · d (DIN 1052) auf 10 · d (DIN V ENV 1995) erhöht werden.

- Der Randabstand der Paßbolzen zum belasteten Rand $\parallel$ zur Faser muß von 6 · d auf 7 · d erhöht werden.

- Infolge der Erhöhung des erforderlichen Randabstandes der Paßbolzen $\perp$ zur Faser von 3 · d auf (2+2 sinα)· d muß, wenn man die Symetrie des Anschlußes erhalten will, der Untergurt 2 cm höher dimensiniert werden.

5.2.3 Grafiken

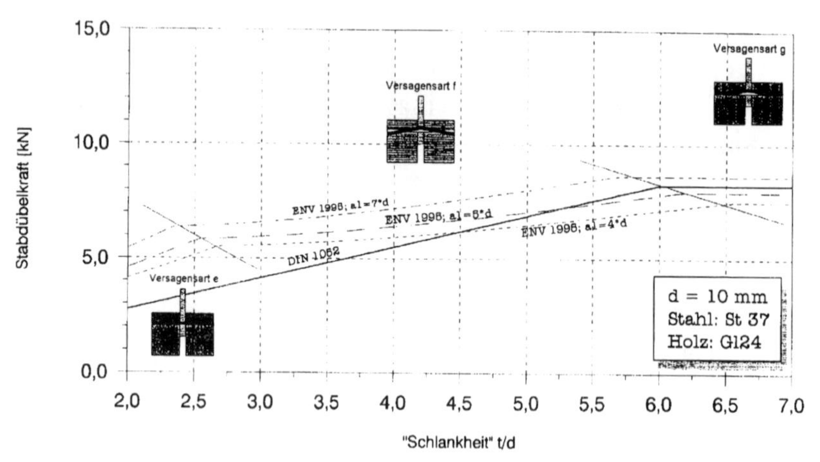

*) Die Bemessungswerte der Stabdübel wurden zum Vergleich durch 1,43 geteilt

Bild 5.2.4: Vergleich der Stabdübelkräfte nach DIN V ENV 1995-1-1 und DIN 1052 in Abhängigkeit der Schlankheit

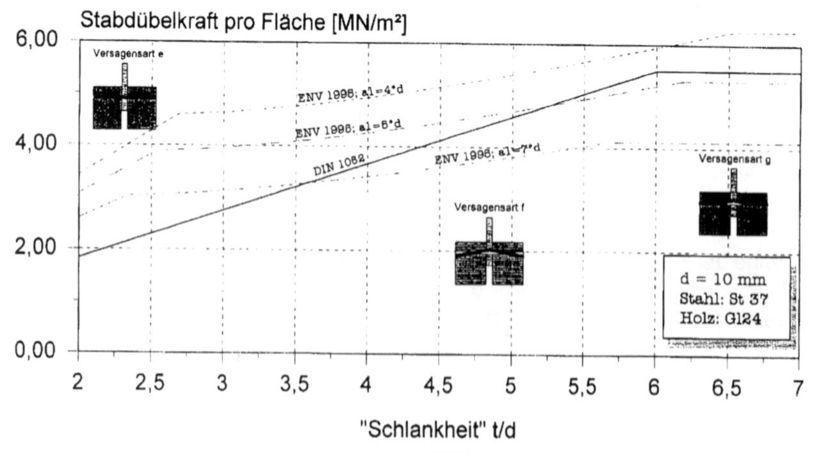

*) Die Bemessungswerte der Stabdübel wurde zum Vergleich durch 1,43 geteilt

Bild 5.2.5: Vergleich der Stabdübelkräfte pro Fläche nach DIN V ENV 1995-1-1 und DIN 1052 in Abhängigkeit der Schlankheit

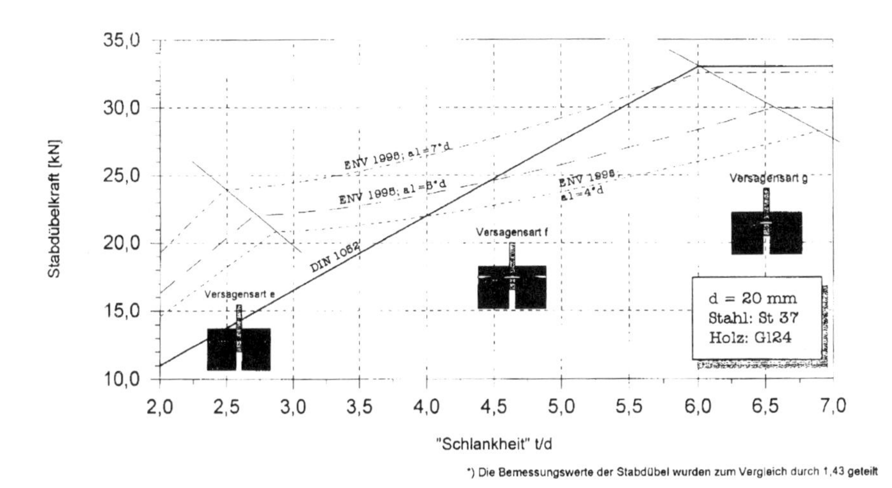

Bild 5.2.6: Vergleich der Stabdübelkräfte nach DIN V ENV 1995-1-1 und DIN 1052 in Abhängigkeit der Schlankheit

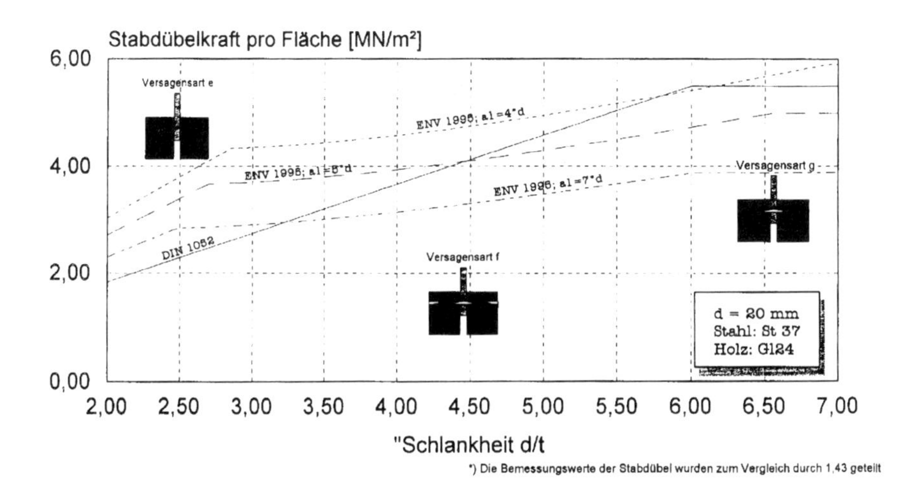

Bild 5.2.7: Vergleich der Stabdübelkräfte pro Fläche nach DIN V ENV 1995-1-1 und DIN 1052 in Abhängigkeit der Schlankheit

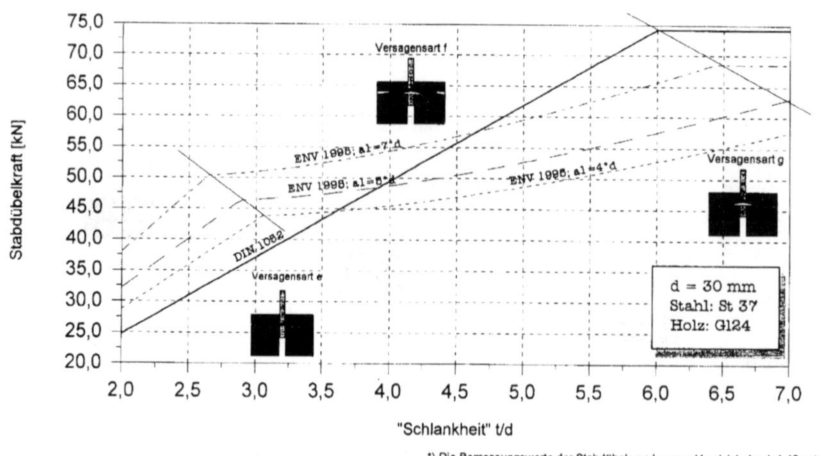

Bild 5.2.8: Vergleich der Stabdübelkräfte nach DIN V ENV 1995-1-1 und DIN 1052 in Abhängigkeit der Schlankheit

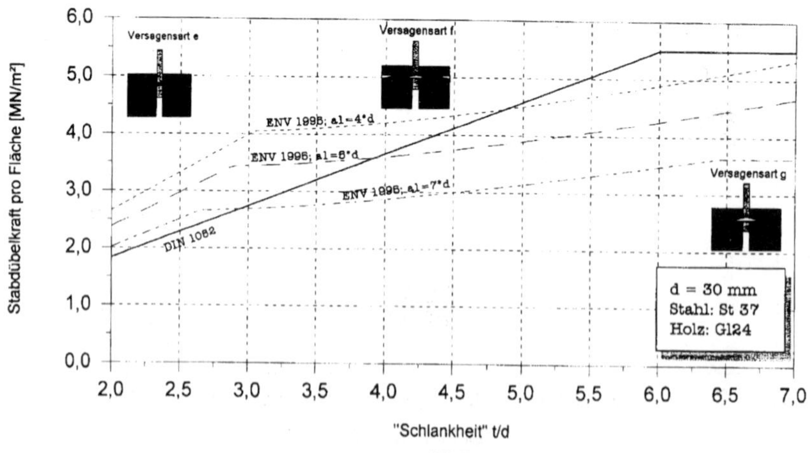

Bild 5.2.9: Vergleich der Stabdübelkräfte pro Fläche nach DIN V ENV 1995-1-1 und DIN 1052 in Abhängigkeit der Schlankheit

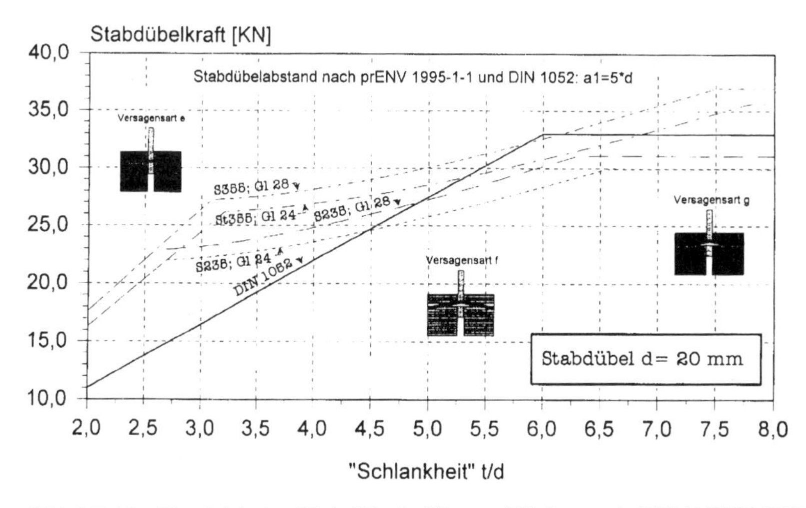

Bild 5.2.10: Vergleich der Stabdübelkräfte pro Fläche nach DIN V ENV 1995-1-1 u. DIN 1052 in Abhängigkeit von der Schlankheit und der Materialien

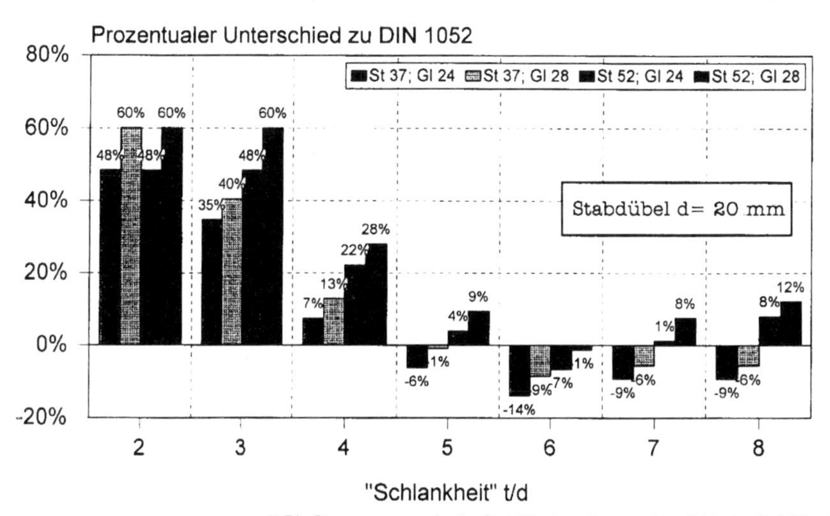

*) Die Bemessungswerte der Stabdübel wurden zum Vergleich durch 1,43 geteilt

Bild 5.2.11: Prozentualer Unterschied der Tragfähigkeiten eines Stabdübels (d=20 mm) nach DIN V ENV 1995-1-1 und DIN 1052 in Abhängigkeit von der Schlankheit

Sachregister

Autorenverzeichnis

Dipl.-Ing. Matthias Gerold
Prüfingenieur für Baustatik
Karlsruhe

Prof. Dr.-Ing. Heinz Brüninghoff
Bergische Universität Wuppertal

Dipl.-Ing. Markus Derix
W. u. J. Derix GmbH & Co.
Niederkrüchten

Dipl.-Ing. Fritz Kunz
Merk Holzbau GmbH & Co.
Aichach

Dipl.-Ing. Jürgen Kürth
Universität Karlsruhe

Dipl.-Ing. Tobias Wiegand
Bergische Universität Wuppertal